utb 6328

Eine Arbeitsgemeinschaft der Verlage

Brill | Schöningh – Fink · Paderborn
Brill | Vandenhoeck & Ruprecht · Göttingen – Böhlau · Wien · Köln
Verlag Barbara Budrich · Opladen · Toronto
facultas · Wien
Haupt Verlag · Bern
Verlag Julius Klinkhardt · Bad Heilbrunn
Mohr Siebeck · Tübingen
Narr Francke Attempto Verlag – expert verlag · Tübingen
Psychiatrie Verlag · Köln
Ernst Reinhardt Verlag · München
transcript Verlag · Bielefeld
Verlag Eugen Ulmer · Stuttgart
UVK Verlag · München
Waxmann · Münster · New York
wbv Publikation · Bielefeld
Wochenschau Verlag · Frankfurt am Main

Majana Beckmann

Promovieren mit Kind

Ein Ratgeber zur Vereinbarkeit von Promotion und Elternschaft

Verlag Barbara Budrich
Opladen & Toronto 2024

Die Autorin:

Dr. Majana Beckmann, KLARwärts – Coaching für Promovierende, Bad Rothenfelde

Bibliografische Information der Deutschen Nationalbibliothek
Die Deutsche Nationalbibliothek verzeichnet diese Publikation in der Deutschen Nationalbibliografie; detaillierte bibliografische Daten sind im Internet über https://portal.dnb.de abrufbar.

Gedruckt auf FSC®-zertifiziertem Papier. CO_2-kompensierte Produktion
Printed in Germany

www.budrich.de

utb-Bandnr.	**6328**
utb-ISBN	**978-3-8252-6328-7**
utb-e-ISBN	**978-3-8385-6328-2 (PDF)**
DOI	**10.36198/9783838563282**

Online-Angebote oder elektronische Ausgaben sind erhältlich unter www.utb-shop.de.

Druck: Elanders Waiblingen GmbH
Lektorat: Dr. Andrea Lassalle, Berlin – andrealassalle.de
Satz: Ulrike Weingärtner, Gründau – info@textakzente.de
Umschlaggestaltung: siegel konzeption | gestaltung
Titelbildnachweis: LucidSurf / iStock

Inhaltsverzeichnis

Vorwort

Dieses Buch ist entstanden in einem Alltag mit drei Kindern, in einem unfertigen Zuhause mit Renovierungslärm, inmitten vieler großer und kleiner Entscheidungen und in dem täglichen Auf und Ab, das du als Elternteil womöglich auch kennst.

Der Entstehungsprozess war geprägt von vielen Unterbrechungen, Momenten der Erschöpfung und eingeschränkter Selbstbestimmung. Sehr oft kam „das Leben dazwischen". Ein Großteil meiner Energie floss in das tägliche Ringen um Vereinbarkeit, in dem Wissen, dass es sie gar nicht zu 100 Prozent geben kann. Es galt also, das Unmögliche möglich zu machen und mein Schreibprojekt für eine Weile in mein und unser Leben zu integrieren.

Dieses Buch konnte entstehen dank der Freiräume, die ich mir organisiert habe, dank vieler Absprachen, die ich getroffen habe, dank der Grenzen, die ich gezogen habe, und dank unperfekter Alternativen, mit denen ich mich arrangiert habe. Es konnte auch entstehen dank meiner eigenen Auseinandersetzung mit meiner Mutterschaft, die in dieses Buch einfließt.

Ich habe mir viele kleine Inseln geschaffen und besonders dann weitergemacht, wenn das organisatorische Kartenhaus mal wieder zusammengebrochen war. In meinem Kopf herrschte eine Mischung aus „Jetzt erst recht" und „Immer wieder aufs Neue". Gleichzeitig ging es darum, mich in Akzeptanz zu üben und ungeplant für meine Kinder da zu sein, wenn es keine anderen Betreuungsmöglichkeiten gab. Ich habe mich mit meinem schlechten Gewissen auseinandergesetzt und eine neue Haltung entwickelt. Statt, wie geplant, an meinem neuen Arbeitsplatz zu schreiben, wurden alle möglichen Orte zu Schreiborten. Was mich immer motiviert hat, war, dich als Leser:in beim Schreiben vor Augen zu haben und mit dir in einen imaginären Austausch zu gehen. Letztendlich habe ich mir mit diesem Buch selbst einen Wunsch erfüllt – den Wunsch, meine Erfahrungen und Ideen in die Welt zu bringen und dich zu ermutigen. Es ist möglich: Du kannst eine Dissertation schreiben – auch und gerade dann, wenn du Kinder hast!

Hier kreuzen sich unsere Wege und meine Worte fließen in deine Welt ein. Wenn sie dich inspirieren, wenn du neue Impulse für deinen Alltag mitnimmst, oder wenn du etwas in deinem Leben umgestaltest, dann hat sich diese Reise für mich mehr als gelohnt.

Es wäre zu viel gesagt, dass alle Tipps in diesem Buch persönlich erprobt sind, doch ich konnte mich in meinen Schreibphasen immer wieder in deine Herausforderungen einfühlen. Auch wenn dieses Buch etwas anderes ist als eine Promotionsschrift, teilen wir sicherlich einige Erfahrungen, die mit einem ambitionierten Projekt und der Verantwortung für kleinere Menschen einhergehen. Um dir zu zeigen, wie vielfältig und wie subjektiv das Erleben einer Promotion mit Kind ist, habe ich auf die Erfahrungen von vielen Menschen zurückgegriffen, die ich auf ihren Reisen begleiten durfte. Ich sage Danke an alle promovierenden Eltern, die mit mir ihre Geschichten geteilt und sich bereits auf den Weg gemacht haben. Auch dank euch konnte dieses Buch entstehen!

Ich bedanke mich bei Dr. Jutta Wergen, die mir als geschätzte Kollegin und Ratgeberin zur Seite steht. Ich danke allen feministischen Begleiterinnen auf meinem Weg, die mich inspiriert haben, zu mir und meiner Stimme zu stehen. Ich danke meinen Eltern und Schwiegereltern für ihre tatkräftige Unterstützung. Und ich bedanke mich bei meinem Mann dafür, dass wir die Verantwortung für unsere Familie gemeinsam tragen und dass die Idee für dieses Buch einen Platz in unserem Leben gefunden hat.

Für meine Kinder

1 Einleitung: Was du über dieses Buch wissen solltest

Willkommen zu deiner Informations- und Reflexionsreise rund um das Promovieren mit Kind. Damit du das Buch bestmöglich für dich nutzen kannst, habe ich zu Beginn einige Hinweise zusammengetragen.

1.1 Für wen ist dieses Buch?

Dieses Buch richtet sich insbesondere an dich als Promovierende:n, wenn du Kinder hast. Es ist für Menschen gedacht, die bei der Bewältigung dieser unterschiedlichen Lebensbereiche an ihre Grenzen kommen und sich fragen, wie die Kombination aus Elternschaft und Wissenschaft anders gestaltet werden kann. Vielleicht ist deine Dissertation gerade aus deinem Blickfeld gerückt, vielleicht verknüpfst du sie mit negativen Gedanken, Scham, einem schlechten Gewissen. Vielleicht fühlst du dich unter Druck gesetzt und hast das Gefühl, weder als Elternteil noch als Wissenschaftler:in genug zu leisten. Dieses Buch ist für dich, wenn du deine Promotion in dein Leben mit Familie integrieren möchtest, wenn du Klarheit für deine Dissertation und neue Strategien für deinen Alltag suchst.

Dieses Buch ist auch für Promovierende, die sich Gedanken über ihre Familienplanung machen. Wenn dich die Frage nach einem Kind während deiner Promotion umtreibt, kannst du das Buch als Unterstützung für deinen Entscheidungsprozess verwenden. Es liefert dir Einblicke in das Leben mit Promotion und Kind und kann dir bei der Reflexion darüber helfen, was dir persönlich wichtig ist. Ebenso richtet sich das Buch an Menschen, die bereits Kinder haben und sich fragen, wie eine Promotion mit der bestehenden familiären Verantwortung zusammengebracht werden kann. Alle, die das Spannungsfeld Wissenschaft und Elternschaft genauer verstehen wollen und sich für lebensnahe Einblicke und unterschiedliche Perspektiven interessieren, können sich hier inspirieren lassen. Promotionsbetreuer:innen finden Anregungen für eine passgenaue Begleitung von Promovierenden mit Kindern.

1.2 Was ist das Ziel dieses Buches?

In erster Linie möchte ich mit diesem Buch promovierenden Eltern wie dir Mut machen: Mut, um inmitten der Anforderungen von Wissenschaft und Elternschaft deinen eigenen Weg zu gehen. Ich möchte dir Möglichkeiten aufzeigen, wie du deine Dissertation mit Struktur und einem guten Gefühl angehen kannst. Ich lade dich ein, mithilfe meiner Impulse neue Ideen für deinen Alltag zu entwickeln und deine innere Welt dabei nicht außen vor zu lassen. Mit diesem Buch möchte ich dazu beitragen, dass Menschen wie du sich in ihrer Situation gesehen fühlen. Auch einige promovierende Eltern kommen hier zu Wort. Änderungsvorschlag zur Vereinfachung: Ihre Stimmen veranschaulichen die vielfältigen Herausforderungen und den individuellen Umgang damit, machen die empfundene Belastung sichtbar und zeigen erprobte Lösungsstrategien auf. Diese geteilten Erfahrungen können auch dazu dienen, dein Erleben in einen größeren Kontext einzuordnen. Ich möchte zeigen, wie Wissenschaft und Gesellschaft den Druck auf dich verstärken. Ungleichheiten und Ungerechtigkeiten werden daher offengelegt und nicht verschwiegen. Und schließlich geht es darum, dass du die Kraft findest, in diesem Rahmen deinen eigenen Handlungsspielraum zu nutzen, ohne dabei deine Grenzen zu überschreiten.

1.3 Wie arbeitest du mit diesem Buch?

Informieren – beobachten – erkennen – verstehen – hinterfragen – verändern: Dieses Buch eröffnet den Raum für verschiedene Dimensionen. Du kannst es beschreibend lesen, du kannst die Schilderungen auf dich selbst übertragen, du kannst dir Fragen stellen lassen, du kannst neue Perspektiven einnehmen und du kannst konkrete Handlungsschritte für deine eigene Situation formulieren.

Hilfreich ist es, wenn du mit Offenheit an das Buch herangehst. Lass dich von den Schilderungen inspirieren und schaue, was sie eventuell mit dir zu tun haben. Sollten sich Widerstände einstellen, nimm sie zur Kenntnis und lass bestenfalls nicht zu, dass sie dich vom Weiterdenken abhalten.

Es ist sinnvoll, das Buch chronologisch zu lesen; du kannst jedoch auch dort anfangen, wo es dich gerade hinzieht. Folge im Zweifel den Querverweisen, wenn du das Gefühl hast, etwas Relevantes verpasst zu haben. Arbeite in deinem Tempo, nimm lieber kleine als zu große Schritte und lass alle Inhalte in Ruhe wirken. Ich werde dich zwischendurch an Pausen und wohldosierte Ansprüche erinnern. Sollte etwas nicht auf dich zutreffen, dann überspringe die Passagen. Richte das Buch an deinem Alltag aus, denn dafür ist es geschrieben.

Am Ende jedes Kapitels hast du die Möglichkeit, ein digital ausfüllbares Reflexionsblatt zu bearbeiten. Damit kannst du Inhalte für dich rekapitulieren und auf deine eigene Lebenssituation übertragen. Ich leite dich dazu an, dir weiterführende Gedanken zu machen und neue Ideen zu entwickeln. Die Reflexionsblätter kannst du mehrfach bearbeiten, etwa in regelmäßigen Abständen oder wenn es wichtige Einschnitte gibt. Am Ende des Buches führst du deine Ergebnisse in einem Etappenplan für deine Promotion mit Kind zusammen: Du erstellst dir damit eine wohldurchdachte und motivierende Übersicht für deine persönlichen Veränderungsschritte. Ich empfehle dir, dir die Zeit für diese Reflexionen zu nehmen. Durch die Arbeit mit diesen Aufgaben ziehst du aus dem Buch den größten Nutzen für dich selbst.

1.4 Wie ist das Buch aufgebaut?

Kapitel 2 setzt mitten im Alltag an. Ich schildere, warum promovierende Eltern ihre Situation als belastend erleben und wovon sie besonders herausgefordert sind. Es wird deutlich, wie komplex die Doppelrolle Wissenschaftler:in/Elternteil ist und welche Faktoren in das tägliche Erleben hineinspielen. Ein bewusster Perspektivwechsel verhilft anschließend dazu, auch die Vorteile und positiven Seiten deiner Situation zu betrachten.

Kapitel 3 beschreibt, wie die strukturellen Bedingungen in Wissenschaft und Gesellschaft dafür sorgen, dass sich das Promovieren mit Kind wie ein Dilemma und Kraftakt anfühlt. Es beleuchtet den schwierigen Kontext mit seinen Ungerechtigkeiten, in denen auch du dich vielleicht bewegst. Viele deiner Empfindungen lassen sich auf dieser größeren Ebene einordnen.

Mit Kapitel 4 wendest du dich deinem eigenen Handlungsspielraum innerhalb dieses Rahmens zu. Ich bespreche eine der wichtigsten Stellschrauben für das Gelingen deiner Promotion: die Frage, welchen Platz sie gerade in deinem Alltag einnimmt und was sie braucht, um von dir mehr Raum zu bekommen.

In Kapitel 5 geht es um eine promotionsfreundliche Struktur für deinen Alltag. Du findest hier eine vielfältige Auswahl an Methoden, mit denen das Schreiben an deiner Dissertation möglich und machbar wird. Weiterhin kannst du deinen Umgang mit Plänen und Unterbrechungen reflektieren und dein Vorgehen überdenken.

Kapitel 6 schließt direkt an: Ich zeige dir, wie du mithilfe deiner Struktur eine Regelmäßigkeit etablieren kannst, die für Familienturbulenzen gewappnet ist. Du entwirfst eine neue Promotionsroutine, die genau auf dich abgestimmt ist. Außerdem erwarten dich viele hilfreiche Impulse, um dich fokussiert dem Schreiben zu widmen.

In Kapitel 7 steht das Thema Partnerschaft und Promotion im Mittelpunkt. Du erfährst etwas über die Herausforderungen, die das Nebeneinander von Dissertation und Kind für Paare hervorbringt. Ich gebe dir Anregungen, wie du mit deinem:deiner Partner:in über schwierige Themen ins Gespräch kommen kannst. Auch zum Umgang mit Konflikten bezüglich deiner Promotion erhältst du hier konstruktive Hinweise.

Mit Kapitel 8 wendest du dich deiner inneren Welt zu. Ich zeige dir, wie du in eine positiv-realistische Haltung kommst und den Mut findest, um deinen Weg nach deinen Bedürfnissen zu gestalten. Diese innere Sicherheit kann auch in schwierigen Zeiten als starke Säule für die Promotion fungieren.

In Kapitel 9 widmest du dich deiner Veränderung. Wenn du das Buch aufgrund einer Unzufriedenheit oder eines Leidensdrucks zur Hand genommen hast, ist das die Gelegenheit, aus deiner Situation etwas Neues zu machen. Du erfährst, wie du deinen Veränderungsprozess nachhaltig gestaltest und was dir womöglich bisher im Wege stand. Schließlich formulierst du kleine und konkrete Schritte, mit denen du dir bessere Promotionsbedingungen schaffen wirst.

Mit Kapitel 10 gebe ich dir einen Notfallkoffer für schwierige Situationen im Alltag an die Hand. In aller Kürze findest du hier hilfreiche Tools, um dich wieder handlungsfähig zu fühlen. Dabei verweise ich mitunter auf die Reflexionsblätter, die du zur Unterstützung erneut heranziehen oder ausfüllen kannst.

Hinweise zu den digitalen Inhalten

Wenn du dich bereit fühlst, nimm dir noch vor dem Weiterlesen einen Moment Zeit, um deine Wünsche für die Arbeit mit dem Buch festzuhalten. Du kannst dieses Reflexionsblatt als eine Art Aufwärmübung nutzen. Lade es dir gleich herunter:

Reflexionsblatt Kapitel 1: Deine Fragen und Ziele.

Im nächsten Kapitel steigen wir ein in das tägliche Erleben promovierender Eltern. Es wird ehrlich und lebensnah.

Nicht alle Zusatzmaterialien sind ohne Passwort zugänglich. Den Zugang zum digitalen Zusatzmaterial bekommst du wie folgt:

1. Registriere dich kostenlos auf https://elibrary.utb.de oder https://utb.de
2. Gehe auf „Mein Profil“ → „Zugangscode aktivieren“
3. Gebe dort den Code PROMO6328 ein und klicke auf „Abschicken“
4. Das Material findest du beim Titel auf https://elibrary.utb.de oder https://utb.de.

2 Promovieren mit Kind: Herausforderungen und Ressourcen

Als Elternteil zu promovieren bedeutet, mindestens zwei Lebensbereiche zu haben, die dir persönlich wichtig sind. Aus der Gleichzeitigkeit von Promotion und Familie entspringen besondere Herausforderungen: Im Vergleich zu kinderlosen Promovierenden leistest du etwa familiäre Fürsorgearbeit, bist weniger selbstbestimmt und hast weniger Zeit für die Aufgaben deiner Promotion. Im Vergleich zu berufstätigen, nicht promovierenden Eltern verfolgst du – unter Umständen zusätzlich zu deinem Job – ein anspruchsvolles, langfristiges und schwer planbares Projekt, das dich reizt, aber auch belastet.

Ich vermute, dass du dich in einigen dieser Eigenschaften wiederfindest: Du bist eine Person, die sich gerne herausfordert, die Freude am Lernen und Forschen hat, die ehrgeizig und klug ist, die sich mit dem Doktortitel ein ambitioniertes Ziel gesetzt hat, die im beruflichen Leben etwas erreichen möchte und die bereit ist, zusätzliche Zeit und Energie in ihr eigenes Projekt zu stecken. Und du bist eine Person, die gerade kleinere oder größere Menschen beim Aufwachsen begleitet, der ihre eigene Familie viel bedeutet, die Elternschaft bewusst gestalten möchte und dabei vieles anders macht, als sie es selbst erfahren hat, die Verantwortung trägt und ihre Werte weitergibt, die sich entschieden hat, für ihre Kinder da zu sein in den vielen wundervollen und sehr anstrengenden Momenten, die das mit sich bringt. Kurzum: Du bewegst dich gleichzeitig in zwei bedeutsamen und anspruchsvollen Lebensbereichen. Für viele bedeutet das, unter Druck zu stehen, überfordert zu sein, nicht mehr weiter zu wissen und Erschöpfung zu spüren.

In diesem Kapitel gehst du den Ursachen für diese unangenehmen Gefühle auf den Grund. Dabei geht es nicht darum, einem der beiden Lebensbereiche seine Daseinsberechtigung abzusprechen oder ihn als Störfaktor für den anderen Bereich zu sehen. Vielmehr geht es um das Wahrnehmen, Hinschauen und Sortieren der Herausforderungen, die gerade in deiner Lebenssituation präsent sein können. Um mit ihnen einen neuen Umgang zu finden, kannst du verschiedene Stellschrauben bewegen, die ich dir anschließend kurz vorstelle. Am Schluss des Kapitels lade ich dich ein, aus einer ressourcenorientierten Perspektive gezielt auf dich und deine Promotion mit Kind zu blicken.

2.1 Herausforderungen von promovierenden Eltern

Ich kann mir vorstellen, dass du zu diesem Buch gegriffen hast, weil du deine Situation als überfordernd erlebst und darunter leidest, wie es gerade läuft. Wenn du eine hohe emotionale Belastung spürst, dann geht es dir wie vielen anderen promovierenden Eltern. Manchmal sind die genauen Ursachen der Überforderung gar nicht greifbar. Daher schauen wir zuerst, welche Faktoren hier eine Rolle spielen können. Deine emotionale Belastung kann insbesondere durch Schuldgefühle, Zweifel und Druck zustande kommen. Auch die Ebenen der mentalen und physischen Belastung werden später thematisiert. Im Arbeitsblatt am Ende dieses Kapitels kannst du deine Erfahrungen für dich reflektieren und eine erste Bestandsaufnahme machen.

Ambivalenz und Schuldgefühle

Beginnen wir bei der Gleichzeitigkeit von Familie und Promotion, die jeweils für sich genommen bereits eine Herausforderung bedeuten. Sobald du morgens aufwachst, bist du mindestens in doppelter Mission unterwegs. Als Elternteil bist du damit beschäftigt, deine Kinder in den Tag zu begleiten und sowohl ihre als auch deine Bedürfnisse möglichst gut zusammenzubringen. Wenn deine Kinder in eine Betreuungseinrichtung oder in die Schule gehen, können Zeitdruck und organisatorische Fragen für Stress sorgen. Je nachdem, wie präsent deine Promotion in deinem Leben ist, kommen kurz danach erste Gedanken daran auf. Vielleicht sind sie sofort kritischer Natur: „Ob ich heute genug Zeit zum Schreiben haben werde?"; „Eigentlich müsste ich längst das Kapitel abgeschickt haben."; „Ich muss wirklich schneller vorankommen."; „Wie soll ich überhaupt weitermachen?" „Die anderen Promovierenden sind bestimmt schon in die Arbeit eingetaucht." Während du deine Kinder aus dem Haus begleitest, sitzt dir die Dissertation womöglich schon im Nacken. Und wenn du schließlich am Schreibtisch ankommst, hängt dir der Morgen mit den Kindern nach und es gelingt nicht oder nur schwer, in die Dissertation einzutauchen.

Dem gegenüber steht vielleicht die Idealvorstellung, dass du fokussiert deine Dissertation voranbringst, solange deine Kinder betreut sind, und dass du in der Zeit mit deinen Kindern ganz präsent bist und dich ihnen voll zuwendest. Das ist ein nachvollziehbarer Wunsch, der für Bedürfnisse wie Klarheit, Eindeutigkeit und Zufriedenheit steht. In der Realität spürst du hingegen, wie deine Lebensbereiche sich vermischen und ineinandergreifen. Beim Spielen mit deinem Kind geht dir ein ungelöstes Problem aus deiner Datenanalyse im Kopf herum. Dein Schreibfluss am Arbeitsplatz wird von sorgenvollen Gedanken an dein Kind unterbrochen. Vielleicht verurteilst du dich dafür oder hast ein schlechtes Gewissen. An dieser Stelle möchte ich dir zur Entlastung bereits sagen: Diese Vermischung der Lebensbereiche ist normal, denn schließlich promovierst und „elterst" du als ganzheitliches Wesen. Beide und noch viel mehr Aspekte machen dich als Menschen aus und sind in jedem Moment präsent.

Die Empfindung, dass Gedanken, Gefühle, Wünsche oder Bedürfnisse gleichzeitig existieren, wird als Ambivalenz bezeichnet. Es lohnt sich, diese Gleichzeitigkeit für deine Lebenssituation näher anzusehen. Ambivalenz bedeutet also: Deine Vorstellungen von Elternschaft und Promotion stehen *nebeneinander*, du fühlst sie gleichzeitig, auch wenn sie sich widersprechen. Abbildung 1 zeigt anhand einiger Beispiele, in Bezug auf welche Themen promovierende Eltern Ambivalenz empfinden können. Häufig wird diese als innere Spannung oder Konflikt erlebt, mit dem du dich bewusst oder unbewusst auseinandersetzt.

Abbildung 1: Beispiele für die Ambivalenz promovierender Eltern

Dieses Nebeneinander zu managen, ist herausfordernd und emotional anstrengend. Insbesondere, wenn du eher unterbewusst eine innere Spannung spürst, zieht das viel Energie. Daher ist es ein erster wichtiger Schritt, dir deine Ambivalenz bewusst zu machen und den gleichzeitigen Empfindungen ihre Berechtigung zuzusprechen.

Deine innere Zerrissenheit, mit der du ganz bestimmt nicht allein bist, hat also zunächst einen guten Grund: Verschiedene, oftmals gegensätzliche Einflüsse, bewegen dich und stehen nebeneinander. Aufgrund dieser Ambivalenz führt eine getroffene Entscheidung manchmal nicht zu einer vollkommenen Zufriedenheit. Es bleiben Restzweifel, die sich etwa in selbstkritischen Fragen wie „Habe ich das so richtig gemacht?“, „War es das wert?“, „Wäre es nicht anders besser gewesen?“ oder auch einem diffusen Unwohlsein äußern. Wenn du diese Bedenken das nächste Mal spürst, führe dir im ersten Schritt vor Augen, dass sich zuvor womöglich zwei Bedürfnisse gegenüberstanden. Die Situation ist manchmal nicht vollständig auflösbar.

Wenn dich dabei zusätzlich die Meinungen anderer Personen beeinflussen, wird die Situation noch komplexer. Du leidest womöglich unter einem schlechten Gewissen, etwa weil du befürchtest, dein Verhalten schade einer anderen Person oder falle negativ auf dich selbst zurück. Das schlechte Gewissen ist eine Mischung aus Schuld- und Schamgefühlen. Diese differenziere ich im Folgenden genauer. Es geht an dieser Stelle, wie gesagt, darum, die emotionale Belastung transparent zu machen, damit du dein Empfinden einordnen kannst. Ein anderer Umgang damit wird später noch Thema sein. Um die inneren Prozesse des schlechten Gewissens nachzuvollziehen, helfen Informationen aus der Emotionspsychologie.

In seinem Ansatz des Integrativen Emotionscoachings ordnet Eilert Schuld und Scham in die Kategorie der defensiven Emotionen ein.[1] Er geht davon aus, dass jede Emotion eine Funktion hat, nämlich, auf ein Bedürfnis hinzuweisen (vgl. Eilert 2021:134). Ist eine Emotion zu stark und kann ihre Funktion nicht mehr erfüllen, blockiert sie; sie wird dysfunktional (vgl. Eilert 2021: 138). Auch frühere Stresserfahrungen können dafür verantwortlich sein, dass wir eine Emotion in einer heutigen Situation so stark erleben. Schuld und Scham spielen vor allem in der zwischenmenschlichen Interaktion eine Rolle: Indem sie (vorbeugend) dafür sorgen, dass „Regelverstöße" vermieden werden, und ihr mimischer Ausdruck eine beschwichtigende Funktion erfüllt, dienen sie dem Zusammenhalt einer Gruppe.

Schauen wir uns diese Emotionen in Bezug auf deine Situation genauer an. Scham steht als Hinweis auf das Bedürfnis *Bescheidenheit* und wird durch die „Bedrohung der sozialen Ich-Identität durch eine akute oder mögliche negative Bewertung" (Eilert 2021: 144) ausgelöst. Ein Beispiel: Ein promovierender Vater befürchtet, dass seine Promotionsbetreuung ihn für uninteressiert hält, wenn er die Konferenzteilnahme aufgrund eines Betreuungsausfalls des Kindes absagt. Wenn er die Scham für sich nutzen kann, wenn sie also funktional ist, dann zeigt oder sagt er seiner Betreuungsperson vielleicht, dass ihm die Konferenz sehr wichtig gewesen wäre, dass es aber gerade keine andere Möglichkeit für ihn gibt. Wenn das Schamgefühl dysfunktional ist, also zu stark, um in seiner Funktion genutzt zu werden, kann daraus eine negative Überzeugung wie „Ich bin falsch." entstehen (vgl. Eilert 2021: 171). Er zieht sich daraufhin vielleicht zurück und meidet künftige Konferenzen gänzlich.

Die Emotion Schuld bezieht das Empfinden anderer Personen mit ein. Der Auslöser für Schuld ist ein „von uns als wert-inkongruent empfundenes Verhalten, durch

1 Er teilt die zwölf Primäremotionen nach ihrer Dynamik in drei Kategorien ein: defensive Emotionen (Schuld, Angst, Trauer, Scham), kooperative Emotionen (Interesse, Liebe, Freude) und offensive Emotionen (Ärger, Ekel, Verachtung) (vgl. Eilert 2021: 135). Damit schlägt er eine aussagekräftige Alternative zur gängigen Bezeichnung von positiven und negativen Emotionen vor, die aufgrund ihrer Bewertung irreführend ist.

das eine andere Person zu Schaden kommt" (Eilert 2021: 145). Das Bedürfnis, auf das Schuld hinweist, ist *Authentizität*. Ein Beispiel: Eine promovierende Mutter empfindet Schuld, weil sie ihr Kind länger in der Betreuung lässt, um ihr Exposé pünktlich einzureichen. Sie befürchtet, dass sie damit ihrem Kind schadet. Wenn sie die Schuld für sich nutzen kann, drückt sie vielleicht ihr Bedauern über ihre lange Abwesenheit aus oder macht sich bewusst, dass sie auf Dauer keine Überstunden für die Promotion machen will. Eine dysfunktionale Schuld kann dauerhaft zu einer negativen Überzeugung wie „Ich kann das nie wieder gutmachen" führen (vgl. Eilert 2021: 171). Sie könnte daraufhin das Schreiben dauerhaft mit einem schlechten Gefühl verknüpfen und in eine Schreibblockade geraten.

Wenn du Schuldgefühle hast, kann es interessant sein, genauer hinzusehen: Sind es wirklich deine eigenen Werte, zu denen du dich (vermeintlich) inkongruent verhalten hast? Oft stecken dahinter gesellschaftliche Ideale (vgl. Liussi/Spangler 2022: 15), traditionelle Rollenbilder oder familiäre Prägungen, die nicht (mehr) dem eigenen Selbst entsprechen. Wir kommen noch darauf zurück. An dieser Stelle kannst du einmal nachfühlen, wann du Schuld und/oder Scham empfindest und wie sich das auf dich auswirkt. Diese Ehrlichkeit gegenüber dir selbst ist übrigens ein großer und bedeutsamer Schritt.

Selbstzweifel

Eine weitere Form emotionaler Belastung sind Selbstzweifel. Damit ist die innere Unsicherheit in Bezug auf die eigenen Fähigkeiten oder auf die eigene Person gemeint. Viele Promovierende leiden unter Selbstzweifeln. Sie sind häufig fremden Bewertungen und (meist destruktiver) Kritik ausgesetzt, in Krisen auf sich allein gestellt, stehen in einem Machtgefälle und erfahren wenig emotionale Unterstützung.

Die Gleichzeitigkeit von Promotion und Familie kann die innere Unsicherheit noch verstärken. Die beschriebene Ambivalenz kann selbstkritische und -abwertende Gedanken wie die folgenden zutage bringen:

- „Du bist kein:e richtige:r Forscher:in, wenn du auch Zeit mit deiner Familie verbringst."
- „Du bist nicht genug für deine Kinder präsent, wenn du Wissenschaftler:in bist."
- „Dein Kind braucht dich jetzt und du lässt es wegen deiner Promotion im Stich."
- „Wenn du als Wissenschaftler:in in Teilzeit arbeitest, meinst du es nicht ernst."
- „Du bist die Einzige, die es nicht hinbekommt. Die Promovierenden ohne Kinder sind viel weiter."
- „Du leistest nicht genug."
- „Deine Kinder stehen deiner wissenschaftlichen Karriere im Weg."
- „Du bist als Elternteil nicht gut genug."

Diese Zweifel werden durch ein grundsätzliches Misstrauen gegenüber den eigenen Fähigkeiten, durch Vergleiche mit anderen, durch einen wenig wohlwollenden Umgang mit sich selbst oder durch den Wunsch, es allen recht zu machen, begünstigt.[2] Eine Ausprägung der Selbstzweifel sind Impostor- oder Hochstapler-Gedanken, also die Annahme, Erfolge durch Glück oder Zufall erreicht zu haben und nicht aufgrund der eigenen Kompetenzen. Damit einher geht häufig die Befürchtung, von anderen überschätzt zu werden und irgendwann aufzufliegen. Rohrmann (2019: 176) beschreibt, dass das Wissenschaftssystem ein „besonders geeigneter Nährboden für die Entwicklung eines Hochstapler-Selbstkonzepts" sei.

Auch perfektionistische Tendenzen werden im wissenschaftlichen Arbeitsumfeld genährt und können die Selbstzweifel verstärken. Je höher die Ansprüche an sich selbst oder an ein Ergebnis ausfallen, desto größer sind die Zweifel, ob ein Text gut genug ist oder ob du selbst gut genug bist. Selbstzweifel erschweren es, pragmatisch zu handeln oder mit einem Ergebnis zufrieden zu sein. Sie können lähmen und das Wohlbefinden stark beeinträchtigen. Oft gehen sie einher mit dem Gefühl, sämtliche Erwartungen nicht zu erfüllen. Es lohnt sich, den Faktor *Erwartungen* genauer anzusehen, denn hierin liegt eine ganz eigene Ursache emotionaler Belastung.

Druck und Erwartungen

Viele promovierende Eltern berichten, dass die Dissertation in ihren Gedanken omnipräsent ist, auch wenn bereits klar ist, dass sie an diesem Tag keine Zeit oder Gelegenheit haben, sich ihr zu widmen. Vielleicht kennst du auch diese innere Stimme, die einfordert, dass du möglichst rund um die Uhr an der Promotion arbeiten solltest. Die dich verurteilt, wenn du es nicht geschafft hast, das Paper bis zum Ende durchzulesen, weil es Zeit zum Abholen des Kindes war. Die dir sagt, dass du nicht schnell genug, nicht fleißig genug oder nicht präsent genug bist. Sowohl vonseiten der Wissenschaft als auch in deiner Elternschaft kann es sein, dass du dich unter Druck gesetzt fühlst, besonders häufig mit Blick auf

- deine Verfügbarkeit: Du sollst ständig präsent sein und flexibel reagieren.
- deine Leistung: Du sollst deine Sache perfekt machen und darfst nicht scheitern.
- deine Zeit: Du sollst schnell sein und keine Umwege nehmen.
- dein Umfeld: Du sollst den Erwartungen anderer gerecht werden und deine Bedürfnisse zurückstellen.

Vor diesem Hintergrund ist es wenig überraschend, dass sich die Dissertation für viele wie schwerer emotionaler Ballast anfühlt, oder? Als Wissenschaftler:in mit Kind bist

2 Mai, Jochen (2023): Selbstzweifel: Ursachen und 5 Tipps. URL: https://karrierebibel.de/selbstzweifel/ [Zugriff: 31.01.2024].

du hohen und häufig widersprüchlichen Erwartungen ausgesetzt, die vom System selbst ausgehen. Unter diesen Bedingungen so etwas wie Vereinbarkeit herzustellen, erscheint ziemlich unmöglich. In Kapitel 3 kannst du dich genauer mit der (Un-)Vereinbarkeit von Elternschaft und Wissenschaft befassen und dein Erleben in einen größeren Kontext einordnen.

Den Erwartungen, die entweder explizit an dich gerichtet werden, die du implizit wahrnimmst oder die du an dich selbst stellst, widmen wir uns in Kapitel 5. Möglicherweise hast du eine Menge Ideen dazu, wie du als Promovierende und als Elternteil zu sein hast. Einen Umgang mit dieser Flut an Erwartungen zu finden, ist daher eine hilfreiche Voraussetzung, um in deiner Promotionszeit wirksam zu sein und in deiner Familienzeit Leichtigkeit zu spüren. Zunächst ist es hilfreich, fremde und eigene Erwartungen als einen Aspekt deiner Lebenssituation anzuerkennen, der dich emotional belasten kann.

Mentale und physische Belastung

Nicht nur emotional, sondern auch mental kann eine Promotion mit Kind herausfordernd sein. Schließlich handelt es sich dabei um ein kognitiv anspruchsvolles, inhaltlich komplexes und zeitlich oft unbegrenztes Projekt. Du bist ständig neuen Fragen ausgesetzt, die sich etwa durch einen fehlenden Anfangspunkt, ungelöste Probleme und einen offenen Ausgang ergeben. Diesem Projekt eine Struktur zu geben, die Vielfalt an Aufgaben zu überblicken und immer wieder die Fragestellung zu schärfen, ist anstrengend. Zu promovieren heißt phasenweise auch, sich einer Überforderung zu stellen, und zwar in Form von Nichtwissen, Fehlversuchen und gedanklichen Sackgassen.

Für dich als Elternteil bedeutet Promovieren auch, dass du gedanklich sehr schnell zwischen Familie, Promotion und Job wechseln musst. Trotz dieser schnellen Wechsel gilt es, dich immer wieder in dein Thema einzudenken und dich auch für kürzere Zeiten darauf einzulassen. Das Pendeln zwischen Tempo und Tiefe ist allgegenwärtig, den Fokus zu halten dadurch schwierig.

Darüber hinaus ist es mental herausfordernd, mit gefühltem und realem Zeitdruck umzugehen. Das fällt umso mehr ins Gewicht, wenn die Planbarkeit des Alltags eingeschränkt ist: Ein krankes Kind bedeutet unvorhergesehene Care-Aufgaben (zum Arzt begleiten, gesund pflegen, für Beschäftigung sorgen und vieles mehr), für die du deine zeitlichen und emotionalen Ressourcen bereitstellst. Mit der Feststellung, dass deine geplante Schreibzeit ausfällt, beginnt bereits die mentale Anstrengung: Vielleicht gehst du in den Widerstand, vielleicht denkst du über Möglichkeiten nach, die Zeit nachzuholen oder versuchst, dich zeitgleich um Kind und Dissertation zu kümmern. Dass Pläne überholt oder nicht umgesetzt werden, ist ein fester Bestandteil des Promotionsprozesses, egal ob du als Elternteil promovierst oder nicht. Mit Kindern erhält deine Planung eine weitere Dimension, die sich absolut fremdbestimmt anfühlt und mental zusätzlich erschöpfen kann. Je häufiger deine Pläne durchkreuzt werden, je weniger selbstbestimmt du dich erlebst, je höher dein Bedürfnis nach Struktur ist, desto mehr Kraft kostet es dich, den Promotionsfaden wieder aufzunehmen und die Disziplin dafür aufzubringen. Wie du damit einen guten Umgang findest, beschreibe ich in Kapitel 5.

Hinzu kommt der Mental Load, den Elternschaft und Wissenschaft in ihrer Kombination zusätzlich mit sich bringen. In einem Alltag, der heutzutage größtenteils von der Kernfamilie gestemmt wird, fallen unzählige Dinge an, die bedacht werden müssen. (In Kapitel 7 wird das Thema Mental Load ausführlicher aufgegriffen.) Dazu gehören unter anderem (die Liste ist keinesfalls vollständig) Gedanken über:

- unsichere Perspektiven aufgrund von prekären Arbeitsbedingungen (vergleiche Kapitel 3),
- unerledigte Aufgaben im jeweils anderen Lebensbereich,
- un- oder kaum erfüllbare Deadlines,
- berufliche und private Terminorganisation,
- Umgang mit Terminüberschneidungen,
- Kinderbetreuung für spezifische Anlässe (z. B. Tagungen oder Abendveranstaltungen),
- organisatorische Absprachen mit Partner:in für zusätzliche Schreibzeiten.

Diese Dinge im Blick zu behalten, immer wieder anzusprechen und umzusetzen kostet Kraft.

Auch die körperliche Belastung, die eine Promotion mit Kind mit sich bringt, soll hier Erwähnung finden. Als promovierendes Elternteil ist es gut möglich, dass du

- unter Schlafmangel leidest, auf den du selbst nicht viel Einfluss hast.
- ein hohes Stresslevel hast.
- dir wenig Zeit zum Essen nimmst.
- kaum echte Pausen und Auszeiten einlegst.
- Erschöpfung spürst.
- die Zeit mit Kind/ern aufgrund der mentalen Last nicht als Ausgleich nutzt.

Diese und andere Faktoren tragen dazu bei, dass du weniger Energie spürst und dich unter Umständen mit schlechteren physischen Voraussetzungen durch einen „normalen“ Promotionstag navigierst.

2.2 Stellschrauben für promovierende Eltern

Bis hierher hast du dich mit den besonderen Belastungen deiner Situation befasst. Vielleicht hast du über Probleme gelesen, die dich persönlich gar nicht betreffen. Vielleicht ist dir bewusst geworden, was deine Promotion mit Kind gerade besonders schwer macht. Beides hat seine Gültigkeit. Das Wichtigste ist: Es gibt Wege, um deinen Alltag so zu gestalten, dass du deine Promotion abschließen wirst. Im Verlauf dieses Buches stelle ich dir verschiedene Ansatzpunkte vor. Du wirst herausfinden, an welchen Stellschrauben du in deinem Alltag drehen kannst. Ich bin sehr sicher, dass du dir an der einen oder anderen Stelle bereits gute Voraussetzungen geschaffen hast. Diese bereits gut justierten Schrauben kannst du wertschätzend zur Kenntnis nehmen.

Dies sind die Bereiche, die du mit meiner Unterstützung genauer ansehen und bearbeiten kannst:

- Einflüsse aus Wissenschaft und Gesellschaft kennen und kritisch betrachten (Kapitel 3),
- die Promotion als Lebensbereich präsent halten und für deinen Erfolg einstehen (Kapitel 4),
- deinen Alltag flexibel strukturieren (Kapitel 5),
- eine Arbeitsweise entwickeln, die dir Langfristigkeit und Fokus erlaubt (Kapitel 6),
- dir Rückendeckung aus deiner Partnerschaft holen (Kapitel 7),
- die innere Haltung ausrichten, mit der du in deiner Promotion unterwegs bist (Kapitel 8).

Sie alle tragen dazu bei, deine Promotion möglich zu machen und wirken sich positiv aufeinander aus.

Zunächst lade ich dich jetzt zu einem Perspektivwechsel ein, denn auch dieser kann ein erster Schritt hin zu deiner erfolgreichen Promotion sein. Mithilfe der Schilderungen im nächsten Teil dieses Kapitels kannst du dir vor Augen führen, was gerade gut ist in deiner Lebenssituation. Ich bin sicher, dass du diesen wertschätzenden Blick mitunter auch für dich selbst einnimmst. Bei hoher Belastung und mitten im Alltagsstress fällt es jedoch oft schwer, ihn beizubehalten. Somit ist dies eine liebevolle Erinnerung an eine wohlwollende Perspektive, mit der du dich für die weitere Lektüre gut aufstellen kannst.

2.3 Ressourcen von promovierenden Eltern

Nach den vorherigen Schilderungen ist dir vielleicht noch einmal besonders deutlich geworden, wie sehr dich deine aktuelle Situation belastet und was für dich besonders schwierig ist. Dieses Empfinden kannst du genauso anerkennen. Wenn wir uns jetzt dem Perspektivwechsel zuwenden, heißt das nicht, dass deine Empfindungen nicht berechtigt wären. Vielmehr geht es darum, eine weitere Möglichkeit des Erlebens daneben zu stellen. In diesem Abschnitt möchte ich mit dir die andere Seite der Medaille ergründen. Denn so heftig die Herausforderungen auch sind, so bestärkend ist es auch, dir die schönen Seiten deiner Lebenssituation bewusst zu machen.

Zufriedenheit

Der Bundesbericht wissenschaftlicher Nachwuchs 2017 fasst das Erleben promovierender Eltern wie folgt zusammen: „Eltern fühlen sich durch ihren Beruf stärker belastet, sind aber insgesamt zufriedener und weniger gestresst“ (Konsortium Bundesbericht Wissenschaftlicher Nachwuchs 2017: 242). Herausstellen möchte ich hier, dass promovierende Eltern insgesamt zufriedener sind. Es liegt nahe, dass genau diese Gleichzeitigkeit der Grund für die größere Zufriedenheit ist: Dein Leben hat mit deiner Familie noch einen anderen, sehr bedeutsamen Bereich. Deine Promotion ist niemals so groß und wichtig, dass sie dich vollkommen vereinnahmen kann. Die Familie hat einen ausgleichenden Charakter, sie schafft ein Gegengewicht und relativiert die schwierigen Situationen im Wissenschaftsalltag.

Grundsätzlich wirkt sich die Erwerbstätigkeit von Müttern (sowohl alleinerziehend als auch in Paarfamilien) positiv auf das Wohlbefinden und die Gesundheit aus (vgl. Kühn et al. 2023). Una Röhr-Sendlmeier zeigt in zahlreichen Studien, dass Kinder von der Berufstätigkeit ihrer Mutter profitieren können. Das „hängt auch damit zusammen, dass Frauen mit Job in der Regel zufriedener sind und sich diese Zufriedenheit positiv auf das Klima in der Familie auswirkt“ (Bundesministerium für Familie, Senioren, Frauen und Jugend, perspektiven-schaffen.de, Interview). Zudem können sich Kinder von berufstätigen Eltern vieles abschauen:

> „Aktive und an Bildung interessierte Eltern vermitteln ihren Kindern ein positives Gesamtverhalten, ohne dass dies durch zuviel an ausdrücklichen Erziehungsmaßnahmen erwirkt werden muss. (…) Kinder lernen von ihren Eltern Arbeitshaltungen und Lernstrategien ebenso wie Erklärungen über das Zustandekommen von Erfolgen und Misserfolgen und Bewältigungsstrategien kennen“ (Röhr-Sendlmeier 2009: 236).

Wenn du deine Arbeit als gewinnbringend, sinnstiftend, anregend oder größtenteils freudvoll erlebst, ist das also für deine ganze Familie ein Mehrwert. Du kannst einmal schauen, inwiefern der Umstand, dass du promovierst, deine eigene Zufriedenheit beeinflusst. Gibt er dir Kraft und Energie oder raubt er sie vor allem? Wenn du zusätzlich einem (anderen) Beruf nachgehst: Nimmst du einen Unterschied wahr zwischen deiner Zufriedenheit, die du aus dieser Tätigkeit gewinnst, und der Zufriedenheit, die dir deine Promotion gibt?

> *Mut macht mir, dass ich immer wieder merke, dass die Beschäftigung mit der Diss mir Kraft und Selbstvertrauen gibt. Nicht nur Mutter und Kümmerin zu sein, sondern auch – neben der Berufstätigkeit – eine eigene, intellektuelle und kreative Herausforderung zu haben, ist sehr wichtig für mich. Auch wenn die Diss offenbar meine „schwerste Geburt“ ist (und die anderen drei waren auch nicht gerade*

> *leicht ;-)), halte ich an ihr fest und will sie in trockene Tücher bringen. (Vanessa, 3 Kinder, eigene Umfrage)*

In deinem Leben sowohl deine Familie als auch dein Promotionsprojekt zu haben, bedeutet, dass es eine Vielfalt an Themen gibt. Wissensarbeit, Erwerbsarbeit und Care-Arbeit können sich ergänzen.[3] Dein Leben ist mehr als die Doktorarbeit, daran wirst du immer wieder erinnert. Mit deiner Familie hast du einen Lebensbereich, der dich – sehr bildlich gesprochen – aus dem Elfenbeinturm der Wissenschaft wieder auf den Teppich des Alltags holt. Es kann ausgleichend sein, diese Sphären zu wechseln und von den jeweiligen Eigenheiten zu profitieren.

> *Der Moment, wenn mein 18 Monate alter Sohn auch spät abends noch hinter der Wohnungstür steht und mich freudig begrüßt, wiegt alle negativen Gedanken auf. (Andreas, 1 Kind, eigene Umfrage)*

Verwirklichung einer Lebensvision

Wenn du sowohl die Aufnahme deines Promotionsprojekts als auch das Elternwerden bewusst angegangen bist, hast du dir damit gleich mehrere Wünsche erfüllt. Wenn du dich gedanklich ein paar Jahre zurückversetzt, sind es möglicherweise genau diese beiden Aspekte, die du dir für dein Leben gewünscht hast. Du erfüllst dir also gerade einen Teil deiner Lebensvision, indem du privat und beruflich zwei großen Vorhaben Raum gibst.

Diese beiden Vorhaben einmal für ihre spezifischen Tätigkeiten zu wertschätzen, ist ebenfalls eine bereichernde Perspektive. In deiner Dissertation kannst du dich gerade richtig in ein Thema vertiefen, das du selbst gewählt hast und das dich – im besten Falle – fasziniert. Du stößt auf offene Fragen und findest Antworten, du setzt neu an und entdeckst Dinge, die du noch nicht wusstest. Kurzum: Du lernst. Und ich nehme an, dass du grundsätzlich Freude am Lernen hast, sonst hättest du den Weg nach deinem Studium vermutlich nicht fortgesetzt. Gleichzeitig bist du für einen oder mehrere kleine Menschen eine der wichtigsten Bezugspersonen. Du leistest Fürsorge. Du trägst zur Entwicklung unserer Gesellschaft bei, indem du deine Werte vermittelst. Du bist in Verbindung zu deinen Kindern, spürst eure Liebe zueinander, begleitest und tröstest, wächst mit ihnen. Du lernst dich und deine:n Partner:in in der Elternrolle neu kennen und gestaltest gerade ein eigenes Familienleben. Du erfährst etwas über deine persönlichen Schmerzpunkte, weil dein/e Kind/er dich immer wieder darauf hinweisen. Und du kannst dankbar sein dafür, genau dieses Kind/diese Kinder in deinem Leben zu haben. In der Parallelität dieser Lebensbereiche steckt auch die Chance, die unterschiedlichen Zeitqualitäten wertzuschätzen:

3 Eine interessante Frage ist hier, wie sie verteilt sein müssen, damit es dir gut geht. Dazu später mehr.

> *Durch meinen Sohn war ich angehalten, Pausen einzulegen, die ich sonst nicht gemacht hätte. Ich habe gelernt, dass diese Pausen oft sehr ertragreich sein konnten. Die Zeit, die ich nicht vor dem Computer oder vor Büchern verbrachte, sah ich immer mehr als Chance, mich zu regenerieren und zum gesamten Projekt Abstand zu gewinnen. Zum einen nutzte ich diese Zeit dafür, meinen Kopf freizubekommen, zum anderen machte ich Planungen, konzipierte den Aufbau des nächsten Kapitels oder entwickelte Lösungen für Themen, bei denen ich gerade feststeckte. (Erfahrungsbericht Andrea, 1 Kind, eigener Blog)*

Elterliche Kompetenzen für die Promotion

Die Kombination von Promotion und Familie bedeutet auch, persönlich und fachlich in ständiger Entwicklung zu sein. In beiden Bereichen laufen Dinge nicht so wie gedacht. Sie bringen dich zum Umdenken, lassen dich *kreativ* werden und erfordern einen langen Atem. Probleme zu lösen und *Entscheidungen* zu treffen ist für dich als Elternteil an der Tagesordnung. Damit entwickelst du automatisch eine Art Gelassenheit und stellst dich immer wieder auf neue Situationen ein.

Pragmatisch zu sein und Perfektionismus loszulassen ist etwas, das du als Elternteil relativ schnell lernst und wovon auch deine Dissertation profitiert. „80 % sind okay“, so hat eine promovierende Mutter ihre Haltung einmal formuliert. Es ist sehr wahrscheinlich, dass du deine Promotion realistisch angehst, mit Rückschlägen umgehen kannst und ein gutes Gespür dafür hast, wann ein Ergebnis *gut genug* ist.

Die unvorhersehbaren Unterbrechungen in deinem Alltag sorgen dafür, dass du dich (gezwungenermaßen) immer wieder in *Flexibilität* übst. Du kannst schnell entscheiden, was gerade wichtig ist, und was auch möglich ist. Als Elternteil musst du organisieren. Promovierende Eltern wissen es häufig zu schätzen, dass ihr Alltag eine *Struktur* hat. Die Zeit für Dissertation ist dadurch begrenzt, wird als wertvoller wahrgenommen und häufig besser genutzt, d. h., mit zielführenden Aufgaben gefüllt.

> *Sehr schnell ist mir bewusst geworden, dass das familienbedingte abrupte Ende vieler Arbeitstage sehr viele positive Nebeneffekte mit sich brachte: auf dem Spielplatz konnte ich häufig sehr gut abschalten, den Tag sacken lassen und neue Ideen entwickeln. Durch die Zeit mit meinem Sohn habe ich auch in intensiven Forschungsphasen nicht den Bezug zur Realität verloren und bin geerdet geblieben. (Erfahrungsbericht Anne, 1 Kind, eigener Blog)*

Je nach Alter deines Kindes hast du dich schon verschiedentlich im *Aushandeln* und Nein sagen geübt und deine eigenen *Grenzen* kennen gelernt. Du kannst *Ambivalenz aushalten* und Positionen nebeneinanderstehen lassen, dich einfühlen und Verständnis aufbringen für andere Sichtweisen. Du kannst deine Ideen und deine *Beweggründe vermitteln* und hältst es aus, wenn sie auf *Widerstand* stoßen. Hast du dir schon einmal bewusst gemacht, dass das auch für deine Dissertation hilfreiche Eigenschaften sind? Ohne Abgrenzungen auf inhaltlicher und persönlicher Ebene wird sie nicht fertig werden und die Aushandlungen dazu kannst du kompetent führen.

Eher früher als später im Elternsein hast du wahrscheinlich erfahren, dass Kinder nicht so „funktionieren“, wie du dir das vorher mal gedacht hast. Diese *Frustrationstoleranz*, vielleicht gepaart mit der Gelassenheit und einer Portion Leichtigkeit, kannst du ebenfalls mit in deine Promotion nehmen.

Inspiration durch Kinder

Eine bereichernde Perspektive finde ich auch die, dich von deinen Kindern inspirieren zu lassen. Mit ihnen hast du täglich kleine Lehrmeister:innen vor Augen, die dir eine ganz andere Wahrnehmung ihrer selbst und ihrer Umwelt zeigen. Was kannst du also von ihnen für deine Promotion lernen?

Die kindliche *Neugierde*, die Begeisterung am Entdecken von neuen Dingen, die Fähigkeit, ganz *unvoreingenommen* Fragen zu stellen, sind wertvolle Fähigkeiten. Dabei sind Kinder völlig ergebnisoffen und gehen grundsätzlich davon aus, dass alles möglich ist. Aus dieser *Fülle an Möglichkeiten* entspringen eine große Kreativität, eine Offenheit und eine *Grenzenlosigkeit im Denken*. So unvoreingenommen und neugierig, wie Kinder durch das Leben gehen (zumindest solange ihnen niemand etwas Gegenteiliges beibringt), darf auch dein Blick auf dein Promotionsthema sein. Was macht dich gerade neugierig? Auf welche Ideen kommst du?

Aus der Wissenschaft kennst du wahrscheinlich das Gefühl, dass Scheitern nicht willkommen ist, geschweige denn sichtbar gemacht werden darf. (Kleinere) Kinder haben *keine Angst vor Kritik*. Hast du schon einmal gehört, wie häufig ein Kleinkind hinfällt und wieder aufsteht, bis es Laufen kann? Ca. 100 Mal am Tag fällt es hin, bei ca. 14000 Schritten. *Beharrlich* zu sein, ist sicherlich eine Inspiration, und zwar ganz ohne das Gefühl, gescheitert zu sein, sondern in dem Wissen, dass das Ziel irgendwann erreicht sein wird. Was andere von ihnen denken, ist für Kinder nicht so wichtig. Sie fühlen sich fähig und sind davon überzeugt, dass sie *schaffen können, was sie sich vornehmen*. Dabei finde ich es auch inspirierend, dass die sogenannten Misserfolge aus der Vergangenheit nicht relevant sind. Jeder Tag ist ein neuer Beginn mit neuen Möglichkeiten. Lass dich beim nächsten Mal gerne vom *Stolz* und der Zufriedenheit deines Kindes anstecken, wenn es etwas geschafft hat. Und vielleicht nimmst du auch die *positive Beharrlichkeit* wahr, wenn es etwas nicht läuft wie vorgesehen.

Kinder strahlen *Lebensfreude* aus. Sie können unheimlich gut im Moment, im *Flow*, sein und die Welt um sich herum vergessen. Gleichzeitig spüren sie ihre *Bedürfnisse* und sorgen dafür, dass sie erfüllt werden. Kennst du die Situation, dass du Hunger oder Durst ignorierst, weil du gerade so sehr im Arbeitsprozess versunken bist? Auch hier kannst du dir von deinem Kind abschauen, auf dich zu achten.

Sehr viele Promovierende haben berichtet, dass ihnen der Gedanke Kraft gibt, *Vorbild* zu sein. Was du deinem Kind vorlebst, ist u. a., dass es anstrengend und erfüllend zugleich ist, ein langfristiges und schwieriges Projekt zu verfolgen. Dass du dir dafür Zeit und Energie nimmst und dass du auch in Krisen am Ball bleibst. Dass du selbst kontinuierlich dazulernst. Dass es okay ist, sich mehreren Lebensbereichen zuzuwenden. Für dich als Mutter kann dieser Gedanke besonders bestärkend sein, denn du machst vermutlich Vieles anders als „die Mütter" in deinen vorherigen Generationen und als „die Mütter" in deinem sozialen Umfeld. Damit zeigst du deinen Kindern, wie Muttersein alternativ gelebt werden kann. Vielleicht feiert ihr gemeinsam kleine Erfolge und du lässt deine Kinder an deinem Stolz teilhaben.

Hier sind ein paar positive Glaubenssätze, die du aus der Inspiration durch deine Kinder ableiten und für dich mitnehmen kannst:

- Die Welt ist da, um entdeckt zu werden.
- Meine Neugier ist mein Antrieb.
- Jede Idee ist wertvoll.
- Jede Frage ist es wert, gestellt zu werden.
- Ich traue mir das zu.

Wie du siehst, bist du als promovierendes Elternteil mit sehr vielen Ressourcen ausgestattet. Im Arbeitsblatt zu diesem Kapitel kannst du dir bewusst machen, was du gerade an deinem Leben schätzt und über welche besonderen Ressourcen du verfügst.

2.4 Alleinerziehend promovieren

Wenn du Promovierende:r und alleinerziehendes Elternteil bist, sind deine Bedingungen noch einmal andere.[4] Einige der oben beschriebenen Herausforderungen fallen für dich stärker ins Gewicht, andere ergeben sich speziell aus deiner Lebenssituation. Durch diese wiederum hast du Ressourcen aktiviert, die du dir in diesem Kapitel noch einmal bewusst machen kannst.

4 Wobei die Grenzen hier fließend sein können: Vielleicht hast du dir als getrennt Erziehende:r bereits neue, stabile Bedingungen geschaffen. Vielleicht hast du als gemeinsam Erziehende:r das Gefühl, alleine in Verantwortung zu sein. Vielleicht verbringst du den Großteil der Zeit allein mit deinem Kind (z. B. durch eine Fernbeziehung) oder denkst gerade über eine Trennung nach.

Besondere Herausforderungen

Was ist besonders schwierig an einer Promotion als Alleinerziehende:r? Zunächst einmal liegt die Verantwortung für dein Kind/deine Kinder in besonderem Maße, vielleicht sogar gänzlich, bei dir. Diese Verantwortung zu fühlen und zu leben, ist ein Kraftakt. Du selbst hast die anspruchsvolle Aufgabe, für dich und dein Kind finanzielle Sicherheit sowie gute Lebensbedingungen zu schaffen.

Beruflicher Kontext: Stellensituation, Betreuung, Sicherheit

Dadurch haben die Fragen nach einem festen Arbeitsverhältnis vermutlich für dich eine höhere Relevanz; Befristungen und Arbeitslosigkeit können existenzielle Ängste verursachen. Die Einstellung, die dein:e Betreuer:in und/oder dein:e Vorgesetzte:r zu deiner Lebenssituation hat, bekommst du mehr oder weniger direkt zu spüren. Werden von dir eine hohe Präsenz und viele Dienstreisen erwartet und Ausfälle kritische kommentiert, oder wird dir Verständnis und Respekt entgegen gebracht für das, was du als Person im Privaten leistest? Eine alleinerziehende promovierende Mutter aus meinem Coaching hat hierzu ermutigende Erfahrungen gesammelt: Ihre Vorgesetzte und Promotionsbetreuerin schätzt ihre Kompetenzen, bringt ihr Vertrauen entgegen und fördert sie beruflich, indem sie ihr Perspektiven schafft. Ihr Potenzial und ihre private Situation werden gesehen und widersprechen sich in den Augen der Vorgesetzen nicht.

Damit du deiner Promotion konzentriert nachgehen kannst, muss die Betreuung für dein Kind gewährleistet sein. Wenn du die einzige Person bist, die Betreuungsausfälle oder Krankheit auffängt, ist das eine starke Belastung. Bei Planunterbrechungen im Alltag nicht auf kurzem Wege Absprachen treffen zu können, verursacht großen mentalen Ballast. Umso wichtiger also, dass dein Kind zeitweise von anderen Personen versorgt werden kann.

> *Mein Netzwerk aus Familie und anderen befreundeten Familien konnte ich vor der Coronazeit gut nutzen, um neben anderen Aufgaben konzentriert an der Dissertation zu arbeiten oder auch, um Luft zu holen. (Anne, 1 Kind, Erfahrungsbericht, eigener Blog)*

Persönlicher Kontext: Prioritäten, Zeit, Selbstfürsorge

Prioritäten zu setzen ist in deinem Alltag wahrscheinlich unabdingbar. Zeit für Erwerbsarbeit, Zeit für Care-Arbeit, Zeit für die Promotion, Zeit mit deinem Kind, Zeit für dich selbst: In diesem Spannungsfeld musst du dich immer wieder selbst verorten und die verschiedenen Anforderungen jeden Tag in eine Reihenfolge bringen. Die Dissertation fällt unter Umständen zwingend hintenüber, wenn Care-Aufgaben dringend sind und du die einzige Person bist, die sie erledigt.

Ebenso sind emotional schwierige Phasen erschöpfender, wenn du dein Kind nicht ohne Weiteres an eine andere Person abgeben kannst. Diese Phasen können die Beziehung zum anderen Elternteil betreffen, Konfliktsituationen mit deinem Kind oder Krisen in der Promotion. Durchzuatmen, neue Kraft zu sammeln und generell Selbstfürsorge in deinem Alltag zu betreiben, bringt dich vermutlich in Zeit- und Gewissenskonflikte.

Besonders Mütter schildern mir im Coaching immer wieder das Gefühl, als Promovierende Einzelkämpferin zu sein. Dieses Empfinden verstärkt sich möglicherweise durch deine Lebenssituation und kostet dich Energie. Aus der alleinigen Verantwortung können sich spezifische Schuldgefühle in Bezug auf deine Situation ergeben. Im Zusammenhang damit spürst du vielleicht Zweifel an deiner Promotion und musst immer wieder neue Willenskraft aufbringen, um ihr einen Platz zu geben und an das Vorhaben zu glauben. Vielleicht hörst du aus deinem Umfeld den Ratschlag, deine Promotion abzubrechen. Dich davon abzugrenzen und immer wieder für dich Stellung zu beziehen, kann ebenfalls sehr erschöpfend sein.

Diese Umstände in ihrer geballten Schilderung machen die Kombination von Promotion und Kind womöglich noch belastender als für gemeinsame erziehende Eltern. Sie für dich selbst als anstrengend anzuerkennen und auch deine eigenen Grenzen zu spüren, ist ganz wesentlich.

Besondere Ressourcen

Die Ressourcen zu beleuchten, die du als Alleinerziehende:r mitbringst, kann bestärkend sein. Damit sie nicht zu pauschal erscheinen, möchte ich hier zum Differenzieren einladen: Je nachdem, wie du deine Situation gerade erlebst, nimmt auch deine Promotion einen eher kräftezehrenden oder kraftgebenden Stellenwert ein.

- Wenn du gerade aus einer schmerzhaften Trennung kommst, deinen Alltag neu organisierst und deine Situation emotional verarbeitest, sind Erwartungen an dich selbst und den Fortschritt deiner Promotion gerade nicht an erster Stelle.
- Wenn du mit dem anderen Elternteil eine gute Aufteilung gefunden hast und ihr die Kinder abwechselnd übernehmt, hast du eine gewisse Planbarkeit und kannst deiner Promotion in regelmäßigem Abstand deine Aufmerksamkeit widmen.
- Wenn du eine:n neue:n Partner:in hast, der:die dich in der Kinderbetreuung unterstützt und dir mental und emotional zur Seite steht, könnt ihr gemeinsam für deine Promotion eine gute Basis schaffen.
- Wenn du für deine Unterstützung auf Personen in deinem Umfeld zurückgreifen kannst (Babysitter, Leihoma, Freund:innen, andere Eltern oder deine Familie), kannst du mithilfe dieses sozialen Netzwerks deine Schreibzeiten in den Alltag integrieren.

Unabhängig von deiner aktuellen Lebenssituation als Alleinerziehende:r ist sehr klar: Du hast aufgrund der Trennung bisher bereits viele Krisen bewältigt. Und weil du gerade dieses Buch zur Hand nimmst und deine Promotion in den Fokus nimmst, bist du auf eine Art und Weise mit neuer persönlicher Stärke daraus hervorgegangen.

Du hast gelernt, an dich zu glauben und für dich einzustehen. Du sorgst für dich und dein Kind und bist in der Lage, um Unterstützung zu bitten und Hilfe anzunehmen. Du hast mit der Trennung alte Vorstellungen losgelassen, dich frei gemacht von negativen Erfahrungen und hast mit grundsätzlichen Konflikten einen Umgang gefunden. Sehr wahrscheinlich verfügst du über große innere Klarheit darüber, was du (nicht) möchtest. Du triffst klare Entscheidungen und weißt, was gerade Priorität hat.

Für deine Promotion bedeutet das, dass du sie ernst nimmst und ihr aktuell einen Platz in deinem Leben einräumst. Vermutlich hast du sehr klar vor Augen, was du brauchst, damit du sie schreiben kannst. Und wenn deine Situation nicht mehr ganz neu für dich ist, hast du vielleicht schon einen guten Weg gefunden, um sie in deinen Alltag zu integrieren.

> *Abends gehe ich direkt ins Bett, wenn meine Tochter schläft. Häufig schlafe ich mit ihr ein, damit ich morgens 5 Uhr aufstehen kann, um dann noch schnell zu arbeiten, bevor ich morgens 6:30 Uhr Frühstück mache, meine Tochter wecke, Frühstück mache, sie zur Schule bringe. Ich [bin] eine Zeitoptimierungsnutzerin, ein Organisationstalent, eine Produktivitätsmaschine, die aber auch konsequent Feierabend machen kann, denn nachmittags ist meine Tochter Programm, und so kann ich nach 16 Uhr einfach nicht mehr arbeiten. (Erfahrungsbericht Pauline, 1 Kind, eigener Blog)*

Außerdem ist es gut möglich, dass du deine Promotion als Teil deines Lebens zu schätzen weißt, z. B. für deine Qualifikation, um dir neue berufliche Perspektiven zu schaffen oder um dich selbst zu verwirklichen. Die Gleichzeitigkeit von Elternschaft und Promotionsprojekt hast du möglicherweise bereits für dich angenommen und die Vorteile für dich erkannt.

> *Sehr schnell ist mir bewusst geworden, dass das familienbedingte abrupte Ende vieler Arbeitstage sehr viele positive Nebeneffekte mit sich brachte: auf dem Spielplatz konnte ich häufig sehr gut abschalten, den Tag sacken lassen und neue Ideen entwickeln. Durch die Zeit mit meinem Sohn habe ich auch in intensiven Forschungsphasen nicht den Bezug zur Realität verloren und bin geerdet geblieben. (Erfahrungsbericht Anne, 1 Kind, eigener Blog)*

Wenn dank dir und deiner Ressourcen deine Promotion also noch in deinem Blickfeld ist, dann bist du entschlossen, an diesem Ziel festzuhalten. Dann entwickelst du Wege, um es zu erreichen. Konkrete Hilfestellung für den Alltag findest du in Kapitel 5.

2.5 Deine Checkliste zu Kapitel 2

An dieser Stelle kannst du die Inhalte aus diesem Kapitel rekapitulieren und dies als Vorbereitung auf das digitale Arbeitsblatt nutzen.

In Kapitel 2 hast du

- ☐ dir vor Augen geführt, dass die Promotion mit Kind eine besondere Herausforderung ist.
- ☐ dir mögliche Gründe dafür bewusst gemacht, dass du sie als belastend erlebst.
- ☐ einen Überblick über die Stellschrauben in deinem Alltag gewonnen.
- ☐ eine ressourcenorientierte Perspektive auf dich und deine Promotion eingenommen.
- ☐ deinen Blick auf deine Situation vertieft und erweitert.

2.6 Transfer in den Alltag: Deine Lebenssituation

Vielleicht hast du in diesem Kapitel einige vertraute Gedanken wiedergefunden, vielleicht hast du neue Zusammenhänge entdeckt. Möglich ist auch, dass du Irritation gespürt hast oder dass bereits erste Veränderungswünsche in dir aufgetaucht sind.

Im nachfolgenden Reflexionsblatt hast du jetzt die Möglichkeit, das Erleben deiner eigenen Promotion mit Kind zu reflektieren. Du schaffst damit eine Basis für die Weiterarbeit mit diesem Buch, denn so kannst du die kommenden praktischen Anregungen direkt auf deine Situation beziehen. Lade dir das Blatt direkt herunter:

Reflexionsblatt Kapitel 2: Deine Lebenssituation

Bearbeite die Fragen ganz frei und in deinen eigenen Worten. Die Bearbeitung ist nur für dich und dient vor allem deiner Klarheit.

Im nächsten Kapitel geht es um den Rahmen, den Wissenschaft und Elternschaft für deine Promotion bilden. Es wird kritisch und klar.

3 Eltern im Wissenschaftssystem: Strukturelle Benachteiligung und ungesehenes Potenzial

Viele promovierende Eltern schildern mir den Eindruck, als Mensch mit Kindern nicht „richtig“ in die Wissenschaft zu passen. Oft beschleicht sie ein Gefühl von Unsicherheit, das sich ausdrückt in Irritationen, Zweifeln an der eigenen Kompetenz oder der Frage nach der Sinnhaftigkeit der Promotion. Wenn es dir auch so geht, lass dir zuallererst gesagt sein: Es liegt nicht an dir. Die Gründe für deine Unsicherheit nur in dir als Person zu suchen, wird deiner Situation absolut nicht gerecht. Vielmehr müssen die strukturellen Bedingungen des Wissenschaftssystems in den Blick genommen werden, die das Promovieren mit Kind so schwierig machen. Es entspricht diesem System, dass du deine Schwierigkeiten als persönliches Scheitern interpretierst. Daher müssen in diesem Kapitel unbedingt die ideellen Vorstellungen betrachtet werden, die deine Ideen von Leistung, Erfolg und Vereinbarkeit wahrscheinlich mitgeprägt haben. Es kann bereits entlastend sein zu lesen, dass es nicht nur dir so geht, sondern den allermeisten Promovierenden, für die Kinder ein Thema sind. Dass der geteilte Leidensdruck dich entlastet, heißt natürlich nicht, dass es damit in Ordnung wäre.

Elternschaft und Wissenschaft gehen nicht ohne Reibungsverluste zusammen, das haben wir bereits gesehen. In diesem Kapitel kannst du dir (erneut) bewusst machen, welche Eigenheiten das Wissenschaftssystem so elternunfreundlich machen. Indem du Hintergründe und Ursachen verstehst, kannst du auch deine erlebten Schwierigkeiten neu einordnen. Damit schaffst du dir zum einen ein tieferes Verständnis und zum anderen eine gute Grundlage für die weitere Arbeit mit diesem Buch. Denn die Bedingungen, die du jetzt anschaust, sind der Rahmen, in dem du dich bewegst. Du erfährst, welche speziellen Bedingungen dieser Rahmen für dich als Mutter, als Vater oder – wenn dein:e Partner:in auch Wissenschaftler:in ist, für euch als Paar – hervorbringt. Neben diesen speziellen Herausforderungen gehe ich auch auf das Potenzial ein, mit dem du als Elternteil die Wissenschaft bereichern kannst. Was sich ändern muss, damit dies möglich wird, darauf komme ich am Ende zu sprechen.

3.1 Die Promotion mit Kind als gefühltes Risiko

Mit Kind/ern zu promovieren, ist noch immer die Ausnahme. Und dabei liegt diese Kombination so nahe, denn altersbedingt fallen die Qualifikationsphase und die Familiengründungsphase[5] sehr häufig zusammen. Wie schlägt sich diese Ausnahmesituation

5 Zur Phase der Familiengründung gehören auch die Umstände, dass kleine Kinder einer zeitlich und emotional intensiven Betreuung bedürfen und dass immer mehr Eltern diese Zeit gemeinsam gestalten wollen.

in den bekannten Zahlen nieder? Im Jahr 2019 lag der Elternanteil der Promovierenden bei 17%. Dieses Ergebnis brachte die Nacaps-Studie des DZHW hervor, die dafür alle Personen heranzog, die zum 1.12.2018 an einer Hochschule zur Promotion zugelassen waren. Aufgeschlüsselt nach Anzahl der Kinder ergibt sich: 55% dieser Personen haben ein Kind, 34% haben zwei Kinder und 11% haben drei oder mehr Kinder (vgl. Konsortium Bundesbericht Wissenschaftlicher Nachwuchs 2021: 166f.). In der Erhebung des Mikrozensus (Statistisches Bundesamt 2020) fällt die Zahl der promovierenden Eltern geringer aus. Als Promovierende gelten hier diejenigen Personen, die einen Hochschulabschluss haben, jünger als 35 Jahre alt und an Hochschulen befristet beschäftigt sind. Von ihnen sind 9,9% Eltern.

Im Vergleich zu gleichaltrigen Akademiker:innen in anderen Branchen (20%) hat der wissenschaftliche Nachwuchs an Hochschulen seltener Kinder (vgl. Konsortium Bundesbericht Wissenschaftlicher Nachwuchs 2021: 167). Der Grund für diesen vergleichsweise geringen Anteil an Eltern in der Wissenschaft ist in den allermeisten Fällen nicht der fehlende Kinderwunsch: 73% der kinderlosen Promovierenden wünschen sich Kinder. Nur circa 8% der kinderlosen Frauen und 6% der kinderlosen Männer geben an, dass sie sich keine Kinder wünschen (vgl. Konsortium Bundesbericht Wissenschaftlicher Nachwuchs 2021: 168). Mangelnde Vereinbarkeit wird dabei als einer der zentralen Gründe für das Zurückstellen der Familienplanung genannt (vgl. Konsortium Bundesbericht Wissenschaftlicher Nachwuchs 2021: 31).

Dass Elternschaft und Wissenschaft sich ausschließen, scheint übrigens eine Eigenart des deutschen Wissenschaftssystems zu sein: „Elternschaft ist v.a. bei Nachwuchsforschenden in Deutschland deutlich seltener ausgeprägt als in vielen anderen europäischen Ländern; die Herausforderung betrifft also keineswegs die Wissenschaft allgemein, sondern spezifisch die in Deutschland. Außerdem ist Elternschaft vor allem an Universitäten seltener im Vergleich zu FH“ (Krempkow 2014: 141).

Die Gründe, aus denen sich Menschen gegen Kinder während der Promotion entscheiden, liegen also zu einem beachtlichen Teil im System selbst. Eine eigene Familie zu gründen, „obwohl“ man noch nicht promoviert hat, fühlt sich unsicher und fast schon unvernünftig an. Viele Promovierende stellen sich die Frage, ob sie es während der Promotion riskieren können, ein Kind zu bekommen. In einer Studie von Althaber et al. (2011) beschreiben alle befragten Wissenschaftlerinnen[6] mit Kindern, dass ihnen die Frage nach dem passenden Zeitpunkt für die Familiengründung große Sorgen bereitet hat. Das Risiko, die Karriere zu gefährden, spielt dabei eine wichtige Rolle.

> „Das ausgeprägte Bewusstsein für negative Folgen im Beruf und die Angst vor einem „Karriereknick“ nach der Familiengründung veranlassen viele Frauen, sich selbst die Verantwortung für das Gelingen ihrer Karrieren zuzuschreiben. Der An-

6 Im Verlauf dieses Kapitels erörtere ich genauer, warum die Situation sich für Frauen noch schwieriger darstellt als für Männer.

spruch der Frauen, im Sinne der eigenen Karriere verantwortlich zu handeln, führt dazu, dass die Wissenschaftlerinnen versuchen, die Geburt ihrer Kinder exakt zu planen und oftmals auf einen späteren, beruflich kompatibleren Zeitpunkt verschieben" (Althaber et al. 2011: 92).

Warum die Entscheidung für ein Kind in der wissenschaftlichen Qualifikationsphase sich so schwierig und bedeutsam anfühlt, wird deutlich beim Blick auf die zu befürchtenden Konsequenzen. Werdenden Eltern drohen z. B.:

- ein Gefühl des Scheiterns, wenn in der Kleinkindzeit berufliche Projekte nicht so umgesetzt werden können wie geplant.
- der Eindruck, man würde das Institut oder das Projekt im Stich lassen und Personen im Umfeld enttäuschen.
- die Unsicherheit über berufliche Perspektiven (Weiterbeschäftigung, Finanzen, Karrierechancen).
- die fehlende ideelle und/oder praktische Unterstützung durch Partner:innen und das Umfeld.
- das Gefühl der alleinigen Verantwortung für das Gelingen der eigenen Karriere mit Kind (Einzelkämpferinnenstatus).
- die mögliche Verschlechterung der Promotionsbetreuungssituation (Welche Reaktionen, wie viel Verständnis, wie viel Rückhalt werden mir entgegengebracht?).
- mögliche Nachteile für den weiteren Karriereverlauf, bedingt durch ein höheres akademisches Alter oder die negative Bewertung der Elternschaft in Berufungskommissionen.
- mögliche Nachteile in finanzieller Hinsicht, z. B. Mindestbetrag des Elterngeldes bei Stipendien, keine Verlängerung von Drittmittelstellen durch Elternzeit (und wenn, dann häufig als unbezahlte Weiterarbeit), Reduzierung der Arbeitszeit und damit des Einkommens.

An diesen und anderen Konsequenzen wird sichtbar: Im System Wissenschaft ist es nicht gerne gesehen, dass Menschen sich privaten Lebenszielen widmen und damit aus der Reihe tanzen. Stattdessen wird es als wünschenswert empfunden, das ganze Leben der wissenschaftlichen Tätigkeit zu opfern. „Die Vorstellung von Wissenschaft als einer Lebensform, die kein anderes Engagement neben sich duldet, ist ein Kernelement des Glaubens, der die wissenschaftliche Arbeit trägt und stabilisiert" (Beaufaÿs/Krais 2005: 84).

Wenn du bereits Kinder hast, kannst du dich einmal fragen, inwiefern du diese Befürchtungen gespürt hast oder aktuell noch spürst. Eventuell setzt du dich auch mit der Frage eines (weiteren) Kindes auseinander. Wie ging oder geht es dir mit dieser Entscheidung? Und für den Fall, dass es nicht dein/euer bewusster Entschluss war, ein

Kind zu bekommen: Wie geht es dir damit in Bezug auf deine Rolle als Wissenschaftler:in?

Was „die Wissenschaft" über Promovierende mit Kindern „denkt", kann in Form von schlechtem Gewissen, Fremdheitsgefühl oder Zweifeln für dich spürbar sein. Möglich ist auch, dass du immer wieder eine Art Irritation bemerkst oder deine Leistungen als defizitär bewertest. Sehr viele Eltern berichten mir von ihrem Gefühl, für die Promotion nicht genug zu tun. Sie fühlen sich, als würden sie die Wissenschaft verraten, weil sie *auch* Familie haben.

Im folgenden Abschnitt geht es um die möglichen Ursachen für dieses Empfinden[7]. Die Auswahl ist groß, denn Wissenschaft und Elternschaft sind derzeit nicht besonders kompatibel. Wenn dich einige der folgenden Erklärungsansätze aufwühlen, empfehle ich dir, das zunächst für dich zu notieren. Im Reflexionsblatt hast du die Möglichkeit, dich genauer damit auseinanderzusetzen. Du kannst dir beim Lesen sehr sicher sein: So wie du erleben es gerade die allermeisten Eltern, die zur aktuellen Zeit in der Wissenschaft beruflich tätig sind.

3.2 Warum sind Wissenschaft und Elternschaft (noch) so schwer vereinbar?

Mit der Elternschaft und Wissenschaft treffen zwei (Er-)Lebenswelten aufeinander, die ihre ganz eigenen normativen Vorstellungen und Rollenverständnisse haben. Eine Kernursache der gefühlten Unvereinbarkeit ist der doppelte Anspruch an deine Verfügbarkeit: Sei präsent als Wissenschaftler:in, aber ebenso sehr als Elternteil. Wenn du das nicht gewährleistet, schadest du den jeweils vernachlässigten Menschen (vergleiche Kapitel 2).

Der Begriff Unvereinbarkeit beschreibt sehr viel deutlicher die täglichen Anstrengungen berufstätiger Eltern. Daher finde ich es besonders wichtig, kritisch zu prüfen, was mit dem Konzept Vereinbarkeit suggeriert wird. Verstanden als die Idee, familiäre und berufliche Verpflichtungen reibungslos zusammenzubringen, ist es ein Konstrukt, das in sich einen Widerspruch enthält. Dass zwei Lebensbereiche miteinander zu 100% kompatibel sind oder gemacht werden können, die dir zeitliche, mentale und emotionale Ressourcen abverlangen, ist eine Illusion.

> „Wenn wir von Vereinbarkeit sprechen, meinen wir meistens Unvereinbarkeit. Denn das ist es, was die meisten Eltern und vor allem Mütter erleben. Es ist die Zerrissenheit zwischen dem Job, den Kindern und den eigenen Bedürfnissen – wenn Eltern sich denn überhaupt gestatten, ihre eigenen Bedürfnisse zu achten.

7 Wenn dein Empfinden ein positiveres ist und du kritisch reflektieren möchtest, so kannst du einmal die Gründe dafür in den Blick nehmen. Ganz häufig gibt es besondere Ressourcen auf individueller Ebene, während auf struktureller Ebene dieselben Hindernisse ihre Wirkung zeigen.

> […] Das Resultat: das Gefühl, weder dem Job noch dem Kind, noch sich selbst gerecht zu werden. Und das täglich. Ein Alltag, der von dem Gefühl geprägt ist, nicht genug zu sein. Überall immer nur halb zu sein, niemals ganz" (Kaiser 2021: 44).

Hilfreich mag der Begriff höchstens sein, wenn er als eine Art Orientierungshilfe dient, um den beruflichen und privaten Bereich immer passgenauer aufeinander abzustimmen. Sinn hat er vielleicht auch noch, wenn damit Maßnahmen beschrieben werden, die vonseiten der Hochschulen zur Erleichterung des Arbeitsalltags mit Kind angeboten werden. Wenn die Rede von Vereinbarkeit jedoch impliziert, dass Eltern sich nur genug anstrengen müssen, damit Beruf und Familie irgendwann zusammenpassen, führt er automatisch in die Überforderung.

> „Worte wie Vereinbarkeit und Work-Life-Balance suggerieren: Es liegt an dir, dass du es nicht schaffst. […] Wir sollten deshalb nicht von Vereinbarkeit sprechen, sondern von der Herausforderung, Vereinbarkeit herzustellen. Wir sollte nicht von der Work-Life-Balance sprechen, sondern vom Ungleichgewicht unserer Lebensbereiche. […] Statt Work-Life-Balance müsste es für Eltern heißen: Care-Work-Leisure-Struggle" (Kaiser 2021: 58f.).

Welche Bedingungen in der Wissenschaft verstärken diesen Struggle? Zum einen treffen die meisten Forschenden dort eine große Freiheit an, die oft als positiv wahrgenommen wird und unter Umständen auch die Vorstellung von möglicher Vereinbarkeit nährt: Du kannst dich einem Forschungsthema widmen, das dich fasziniert und dein Vorgehen dabei weitgehend selbst bestimmen. Deine Arbeitszeiten und -orte sind oftmals flexibel. Niemand kontrolliert oder bewertet explizit, unter welchen Bedingungen du zu deinen Ergebnissen kommst. Doch innerhalb dieser Freiheit ist ein großer Druck spürbar: Das Ideal, als Wissenschaftler:in das eigene Leben vollständig der Forschung zu widmen, auch nachts hinter dem Bücherstapel zu versinken, wie ein Genie neue Geistesblitze zu empfangen, jederzeit produktiv zu sein und körperliche Bedürfnisse hintenan zu stellen, machen alles andere als frei. Deine berufliche Freiheit kannst du also nicht mit gutem Gefühl zugunsten deines familiären Lebens nutzen. „Die Promotion schwebt immer über mir, sitzt mir im Nacken, stresst mich auch in arbeitsfreien Zeiten", so beschreiben es Promovierende oft im Coaching.

Die Rollenerwartungen und das idealisierte Wissenschaftler:innenbild kategorisieren Lange/Ambrasat 2022 als *normative Probleme*, die sich mit den unbequemen *hard facts* in Form *struktureller Probleme* vermengen. Zu letzteren zählen die nachfolgenden aufgeführten Bedingungen, die sich mit den Eigenschaften *unsicher*, *unplanbar*, *unbegrenzt* gut zusammenfassen lassen.

Befristete Beschäftigungsdauer

Die prekäre Arbeitssituation von Wissenschaftler:innen ist nicht zuletzt durch die Initiative #ichbinhanna sichtbar gemacht und in die Öffentlichkeit gerückt worden. Die Befristung von Arbeitsverträgen ist im akademischen Mittelbau Normalität. Besonders kritisch ist das, weil die Befristung grundsätzlich von geringerer Dauer ist als die durchschnittliche Promotionsdauer von 3,5 bis 4,5 Jahren (vgl. Brandt et al. 2021: 10). Die Befristung macht es unmöglich, das berufliche und private Leben langfristig zu planen und sorgt außerdem für materielle Unsicherheit (vgl. Lange/Ambrasat 2022: 110). Für Menschen mit Kindern fällt diese aufgrund der Verantwortung noch stärker ins Gewicht und ist eine größere Belastung, als es ohnehin für Wissenschaftler:innen der Fall ist. Das WissZeitVG ermöglicht die Verlängerung von Vertragszeiten um die genommenen Elternzeiten[8], doch selbst wenn all diese Optionen ausgeschöpft sind, musst du dich als Elternteil fragen: Wie geht es nach dem Ende der Befristung nicht nur für mich, sondern auch für meine Familie weiter?

Fehlende Karriereperspektiven und gleichzeitiger Karrierezwang

Diese Frage beinhaltet auch deine grundsätzliche berufliche Entwicklung. Wenn du eine Professur anstrebst, sind die Chancen allein aufgrund des Verhältnisses von Stellenangeboten und Nachfrage gering. Wenn du keine Professur anstrebst, sind die Möglichkeiten eines Verbleibs in der Wissenschaft noch geringer. Da Professuren zahlenmäßig begrenzt und dennoch gezwungenermaßen das Ziel für viele sind, entsteht ein Wettbewerb um wenige Dauerstellen. Lange/Ambrasat sprechen von einer erzwungenen Karriere (*up-or-out*), denn vor dem Erreichen einer Professur gibt es so gut wie keine Option auf eine unbefristete Stelle und die damit verbundene Sicherheit (vgl. Lange/Ambrasat 2022: 111). Dass erst in einem recht hohen Alter darüber entschieden wird, ob das berufliche Ziel erreicht wird, trägt zur Planungsunsicherheit bei und belastet die Familiensituation.

Produktivitätsdruck und Konkurrenz mit Nichteltern

Für die Beurteilung der wissenschaftlichen Leistung werden noch immer rein quantitative Kriterien herangezogen. Die Anzahl der Publikationen, Kennzahlen zur Häufigkeit

8 Aufgrund von Kinderbetreuung kann die zulässige Befristungsdauer pro Kind um zwei Jahre verlängert werden (WissZeitVG § 2 Absatz 1 Satz 4). Im Rahmen der Höchstbefristungsdauer kann die individuelle Vertragsdauer zudem um die Zeiten eines eventuellen Beschäftigungsverbots und der in Anspruch genommenen Elternzeit verlängert werden (§ 2 Absatz 5 Satz 3). Aufgrund von Beurlaubung oder Arbeitszeitreduzierung zugunsten der Betreuung von Kindern oder zu pflegenden Angehörigen ist eine Verlängerung ebenfalls möglich (§ 2 Absatz 5 Satz 1). Sind beide Elternteile in der Wissenschaft tätig, erhält auch der Vater jeweils zwei Jahre pro Kind mehr. (Quelle: https://www.academics.de/ratgeber/vereinbarkeit-familie-forschung)

der Zitation, die Höhe der eingeworbenen Drittmittel: All diese „Mengenvorstellungen“ führen zu einer extrem hohen Erwartung an deine Produktivität. Die Familienzeit wird vor diesem Hintergrund häufig als Produktivitätshindernis empfunden (vgl. Lange/Ambrasat 2022: 113). Das setzt besonders Eltern unter Druck, keine Zeit zu verlieren und keine wichtigen Fortschritte zu verpassen. Die Befürchtung, im Wettbewerb hintenan zu stehen, wiegt schwer. Häufig kümmern sich Wissenschaftler:innen mit Kindern daher während der beruflichen Auszeiten (Elternzeit, Urlaub) um ihre Qualifikation. Je mehr dies aus externem Druck resultiert und nicht als selbstgewählte Strategie empfunden wird, desto mehr entsteht das unangenehme Gefühl, von der Wissenschaft fremdbestimmt zu sein. Eine Gleichwertigkeit von Promotion und Familie scheint vor diesem Hintergrund nicht erlaubt zu sein. Metz-Göckel et al. sprechen von *generativer Diskriminierung* und meinen damit die „strukturelle Rücksichtslosigkeit gegenüber jungen Eltern, die – anders als die Kinderlosen – in einer begrenzten Zeit in ihrem Lebenslauf mit verdichteten Leistungs- und Aufmerksamkeitsanforderungen konfrontiert sind“ (Metz-Göckel et al. 2014: 17). Elternschaft erfordert von dir den Einsatz zeitlicher, mentaler und emotionaler Ressourcen, die also nicht (mehr) im gleichen Maße deiner Promotion zukommen. Die Anforderungen an Produktivität vonseiten der Wissenschaft bleiben bestehen. Dass die eigenen Ressourcen auch wieder hergestellt werden müssen und dass auch Kinder eigene Bedürfnisse haben, fällt dabei nicht ins Gewicht. Dies führt für viele zu einem inneren Dauerkonflikt. „Es scheint überhaupt eine gängige Vor- und Einstellung unter Wissenschaftlern und auch Wissenschaftlerinnen zu sein, dass Eltern- und Kinder-Gefühle keine Rolle spielen dürfen. Kinder ja, aber bitte nicht zu viel drum kümmern, das kostet nur Zeit!“ (Lipphardt et al. 2016: 20).

Zeitliche Flexibilität/Entgrenzung der Arbeit

In der Gestaltung der Arbeitszeit größtenteils flexibel zu sein, ist für viele ein positiver Aspekt der wissenschaftlichen Tätigkeit. Aus Elternsicht ist diese Flexibilität eine der wichtigsten Bedingungen, denn dadurch können etwa Betreuungsausfälle aufgefangen oder ungeplante Care-Aufgaben ohne größere Schwierigkeiten bewältigt werden. Doch diese Flexibilität kommt nicht ohne einen Preis daher: Denn bei aller Entscheidungsfreiheit bezüglich deiner Zeit, sollst du keineswegs zu wenig arbeiten. Am Abend oder an Wochenenden zu arbeiten, um die „verpasste“ Zeit nachzuholen, ist häufig Normalität. Lange/Ambrasat sprechen von einem „strukturell und persönlich entgrenzten Umgang mit Arbeitszeit“ (Lange/Ambrasat 2022: 111). Neben dieser Entgrenzung fällt auch die Menge der Arbeitsstunden negativ ins Gewicht, denn oftmals geht sie weit über die vertraglich vereinbarte Arbeitszeit hinaus. Hinzu kommen Termine, die zeitlich nicht ohne Weiteres mit familiären Aufgaben kompatibel sind. Das resultierende Unwohlsein lässt sich aus dieser Stimme eines Elternteils deutlich herauslesen:

> „Keiner hat Kinder, um diese dann den ganzen Tag fremdbetreuen zu lassen. Um eine Vereinbarkeit zu erzielen, muss es auch in der Wissenschaft möglich sein, das Stunden Pensum [sic!] zu reduzieren und im Home-Office zu arbeiten. Es herrscht häufig ein absurder Druck, den ganzen Tag anwesend zu sein und sogar 10 oder 12 Stunden am Tag zu arbeiten. Natürlich lässt sich das nicht mit dem Leben mit kleinen Kindern vereinbaren" (Lipphardt et al. 2016: 40).

Mobilitätsanforderungen

Auch die hohen Anforderungen an die Mobilität erschweren die Vereinbarkeit von wissenschaftlicher Tätigkeit und Elternschaft. Der Versuch, einen dauerhaften Lebensmittelpunkt zu etablieren und dabei kein Karriererisiko einzugehen, fühlt sich wie ein hoch riskantes Wagnis an. Die wissenschaftliche Karriere erfordert die Bereitschaft zu häufigen Wohnortswechseln, während gerade die Ortsgebundenheit in der Familiengründung Sicherheit gibt (vgl. Lange/Ambrasat 2022:112). Da Umzüge sich also oft nicht vermeiden lassen, nehmen viele das Pendeln zwischen Lebens- und Arbeitsort in Kauf. Andernfalls müssen unterstützende Netzwerke immer wieder neu aufgebaut werden, was wiederum Zeit und Engagement erfordert. Auch Dienstreisen und längere Forschungsaufenthalte sind für Eltern eine Herausforderung: Sie müssen eine spezielle Kinderbetreuung organisieren oder Möglichkeiten finden, mit der Familie gemeinsam zu reisen. Allerspätestens mit schulpflichtigen Kindern stellt sich das uneingeschränkte Reisen und Umziehen schwierig dar.

Anhand dieser Ausführungen wird noch einmal deutlich: Dass sich das Promovieren mit Kind so schwierig anfühlt, liegt zu einem sehr großen Teil an den Bedingungen des Systems. Metz-Göckel et al. (2009: 195) finden für die Umstände, in denen auch du dich vermutlich bewegst, diese treffenden Worte:

> „Die Seltenheit der Eltern im universitären Personal des Mittelbaus ist systembedingt. (…) Die Karriere als Wissenschaftler/in vollzieht sich auf kurzzeitig befristeten, vielfach teilzeitigen Arbeitsverträgen (Flickwerkkarrieren) mit anspruchsvollen Aufgaben in Forschung und Lehre und parallelen, vielfach unstrukturierten Qualifizierungsanforderungen. Solche Karrierebedingungen verlangen persönliches Managementgeschick und die Fähigkeit, mehrfache Belastungen auszuhalten und entpuppen sich als Herausforderung mit hohem Risiko. Eine wissenschaftliche Karriere im Zusammenleben mit kleinen Kindern zu verfolgen, erfordert daher halsbrecherische Drahtseilakte, auf denen nur wenige (Nachwuchs-)Wissenschaftler/innen balancieren wollen und können."

Um diese Drahtseilakte etwas weniger halsbrecherisch zu gestalten, greifen Hochschulen auf Maßnahmen zur Förderung der Vereinbarkeit zurück. Inwiefern diese innerhalb der einschränkenden Rahmenbedingungen des Systems greifen, ist oft nicht eindeutig festzustellen.

Erleichterung durch Vereinbarkeitsmaßnahmen an Hochschulen?

Neben deinen Herausforderungen als Elternteil in der Wissenschaft stehen vonseiten der Hochschulen die manchmal zahlreichen Maßnahmen, die zur Familienfreundlichkeit beitragen (sollen). Beratungsangebote, Workshops und Veranstaltungen können für den persönlichen Austausch und das Einholen spezifischer Informationen zu Vereinbarkeitsfragen genutzt werden. Durch eine flexible Kinderbetreuung, mobile Kinderzimmer, Eltern-Kind-Zimmer in Hochschulgebäuden und Kinderbetreuung auf Tagungen soll zudem die Vereinbarkeit vor Ort erleichtert werden. Damit werden günstige Bedingungen geschaffen, um deine Kinder an den Arbeitsort mitzunehmen. Was hierbei als selbstverständlich angesehen wird, ist die Gleichzeitigkeit von Fürsorge und Erwerbsarbeit. Bei den üblichen Maßnahmen sind die Kinder im Beisein eines Elternteils und bedingen damit dessen geteilte Aufmerksamkeit. Häufige Unterbrechungen des Arbeitsflusses schränken die Art der Aufgaben ein, die überhaupt bearbeitet werden können und kosten zudem geistige Energie.

Auch wenn diese Angebote es dir erleichtern, mit deinem Kind an der Hochschule zu arbeiten, stellst du dir vielleicht die Frage: Wie wird es von deinen Vorgesetzen, deiner Promotionsbetreuung und deinen Kolleg:innen bewertet, wenn du diese Angebote wahrnimmst? Wie kommt es an, wenn du als Person mit Kind sichtbar wirst und deine Bedarfe kommunizierst? In der Befragung von Metz-Göckel et al. 2009 schildern einige Mütter, dass sie ihre Kinder zwar mit an die Hochschule nehmen, dass sie jedoch bemüht sind, diese vor Ort nicht auffallen zu lassen:

> „Die Kleinkinder mit an die Universität zu nehmen, entpuppt sich also zum einen als Privileg, korrespondiert aber gleichzeitig mit einer gewissen Geheimhaltungspraxis, indem die Mütter versuchen, ihre Kinder trotz Anwesenheit unsichtbar und unhörbar zu halten, um im Wissenschaftsbetrieb nicht ‚zu stören'" (Metz-Göckel et al. 2009: 136).

Auch wenn die Hochschule offiziell als familienfreundlich gilt, heißt das oftmals nicht, dass die Promotionsbetreuer:in und die Kolleg:innen es auch sind: „Selbst in einer als familienfreundlich zertifizierten Universität habe ich als promovierte Mutter (Dr.-Ing.) von drei Kindern das Zitat nicht nur einmal gehört: ‚Kinder? Das ist ihr privates Problem.'" (Lipphardt et al. 2016: 2). Hier wird deutlich, dass Hochschulangehörige das Thema Elternschaft kritisch – oder zumindest nicht als ihren Verantwortungsbereich – betrachten. Von vielen wird es nicht mit der Wissenschaftswelt zusammen gedacht.

Kritische Bewertungen – egal ob befürchtet oder offensiv geäußert – machen es dir vielleicht ebenfalls schwer, offen über deine eigenen Kinder oder deinen Kinderwunsch zu sprechen. Und das ist mehr als nachvollziehbar. Denn wenn dir etwa unterstellt wird, deine Promotion nicht ernst zu nehmen, weil du Kinder hast oder haben möchtest, bringt dich das immer wieder in einen inneren Konflikt. Diesen auszuhalten und für sich selbst auszuhandeln, trägt auch zur empfundenen Einsamkeit von promovierenden Eltern bei. Dass ein familienfreundliches Arbeitsklima für Eltern eine große Rolle spielt – übrigens auch, wenn sie außerhalb der Wissenschaft tätig sind –, wird in der Befragung von Lange/Ambrasat (2022) deutlich.

Selbstverständlich gibt es positive Ausnahmen und es findet an vielen Stellen in den Hochschulen ein Wandel statt. Du bist gerade ein Teil davon. Mithilfe der Ausführungen kannst du dich für dich einordnen, welche Bedingungen in deiner Promotion besonders ausschlaggebend sind und wie die (Un-)Vereinbarkeit für dich ausfällt. Fest steht: Das Thema Familie hat einen Stellenwert, der mehr und mehr an Aufmerksamkeit gewinnt. Es ist aktuell viel mehr möglich als in vorherigen Generationen und gleichzeitig ist noch ein weiter Weg zu gehen.

3.3 Kinder als Karrierekick oder -knick? Herausforderungen für Mütter, Väter und Paare

Die meisten der beschriebenen elternunfreundlichen Rahmenbedingungen wirst du vermutlich kennen und ihre Auswirkungen in deiner persönlichen Situation spüren. Wie stark diese dich beeinträchtigen, hängt auch davon ab, ob du Mutter* oder Vater* bist.[9] Mütter sehen sich aufgrund von struktureller Benachteiligung und gesellschaftlichen Prägungen mit besonderen Problemen konfrontiert, die hier thematisiert werden müssen. Je mehr die Idee einer gleichberechtigten Elternschaft eure Vorstellungen prägt, umso nachvollziehbarer sind einige der Probleme vermutlich auch für dich als promovierenden Vater. Im Folgenden schauen wir auf die Herausforderungen, die je nach Elternteil und Rolle im Familiensystem spezifisch sind. Auch die Konstellation eines Paares, in dem beide in der Wissenschaft tätig sind, nehme ich gezielt in den Blick.

Mütter

Der kritische Blick auf das Konzept der Vereinbarkeit hat es anfangs bereits verdeutlicht: Es ist vor allem ein gesellschaftlicher Auftrag an Mütter, Erwerbsarbeit *und* Care-Arbeit in ihr Leben zu integrieren und gleichzeitig möglich zu machen. In deiner Situation als promovierende Mutter kommt nun noch die Dissertation hinzu: ein Projekt, das Eigenständigkeit, Ausdauer, Denkvermögen und Zeit (ohne Kinder!) erfordert. Die Kollision mit eigenen Prägungen, gesellschaftlichen Strukturen und dem, was wir an Vorstellungen einer „guten Mutter" in uns tragen, ist fast vorprogrammiert.

9 Ich möchte hervorheben, dass die Bezeichnungen „Mutter" und „Vater" nicht am biologischen Geschlecht festzumachen sind. Das Wort „Mutter" bezieht soziale Mütter, Pflegemütter, Adoptivmütter, Transgender-Mütter und intersexuelle Mütter ebenso ein wie biologische Mütter. In meiner Darstellung liegt der Fokus zunächst auf heterosexuellen Partnerschaften von cis Frauen und cis Männern, da die traditionellen Rollenerwartungen hier besonders greifen. Wenn du mir Hinweise und Erfahrungsberichte aus queerer Perspektive zur Verfügung stellen möchtest, bin ich dankbar für eine Kontaktaufnahme.

„Warum tust du dir das denn an?" „Lass die Promotion doch einfach bleiben." „Wenn es nicht klappt, ist es ja nicht schlimm, du hast ja noch die Kinder." – so oder so ähnlich lauten die vermeintlich guten Ratschläge, die meine Klientinnen aus ihrem Umfeld zu hören bekommen. Es ist für Außenstehende offenbar nicht nachvollziehbar, dass eine Frau, die Kinder hat, *auch* promoviert, und das sogar „freiwillig". Es passt nicht in ihr traditionelles Bild einer Mutter. Die Gesellschaft, vielleicht auch deine Ursprungsfamilie, hat womöglich für dich eine Rolle vorgesehen, die du gerade ins Wanken bringst. Und vielleicht spürst du selbst dieses Wanken, z. B. wenn das schlechte Gewissen dich einholt oder du deine Promotion infrage stellst. An dieser Stelle kannst du einmal durchatmen und dir bewusst machen: Deine Promotion erfolgreich abzuschließen, ist absolut möglich. Dein Weg führt vielleicht über die Auseinandersetzung mit deiner Mutterschaft und den Widersprüchen mit veralteten und dennoch geltenden wissenschaftlichen Idealen, doch du kannst ihn gehen und ans Ziel kommen.

Heutzutage Mutter zu sein, ist auch ohne das Vorhaben einer Promotion kompliziert. Wie dein Umfeld hast auch du möglicherweise Erwartungen an dich selbst, die dem sogenannten *Muttermythos* entspringen. Hierunter wird das historisch und kulturell gewachsene Bild der Mutter verstanden, das verschiedensten Verdrehungen unterlegen war. Während über tausende von Jahren Kinder gemeinschaftlich versorgt wurden, wurde diese Tätigkeit nach und nach auf die Mutter als einzelne Person projiziert (für eine detaillierte Beschreibung der historisch-kulturellen Entwicklungen siehe Mierau 2020). Daraus folgen Ideen wie diese, die uns heute noch prägen:

> „Mutterliebe ist etwas Besonderes und Singuläres, die Liebe einer Mutter zu ihren Kindern scheint uns mit nichts vergleichbar. Mütter handeln selbstlos, sind unentbehrlich und sehen es als ihre persönliche Pflicht an, sich um die Kinder zu kümmern" (Fröhlich 2020: 49).

Auch auf deinen Alltag mit Promotion und Kind wirken sie wahrscheinlich ein. Wenn du Gedanken kennst, wie „Ich sollte jetzt bei meinem Kind sein, anstatt an meiner Dissertation zu schreiben", ist der Muttermythos eine mögliche Erklärung dafür. Und während dieses Mutterbild noch in dir arbeitet, sollst du dich gleichzeitig davon befreien und unzählige andere Aufträge erfüllen.

Als Mutter bist du mit einer *Fülle von gegensätzlichen Erwartungen* konfrontiert und kannst es allein dadurch nicht richtig machen. Die folgende etwas überspitzte Darstellung macht das unlösbare Dilemma deutlich, eine „gute Mutter" zu sein:

- Du sollst deine Kinder im genau richtigen Alter bekommen; es dürfen nicht zu viele Kinder sein, aber eines ist auf jeden Fall zu wenig.
- Du sollst für deine Kinder da sein und sie begleiten, aber bitte nicht als Glucke und auch nicht als Rabenmutter.
- Du sollst für dich selbst sorgen, aber dich bloß nicht an die erste Stelle stellen.

- Du sollst dich im Beruf engagieren, aber deine Kinder brauchen rund um die Uhr ihre Mutter.
- Du sollst für dein krankes Kind da sein, aber auf keinen Fall deinen Arbeitgeber enttäuschen.
- Du sollst Elternzeit nehmen, aber nicht deine Karriere vernachlässigen und auch nicht zu schnell dein Kind allein lassen.[10]
- Du sollst dich entspannen, aber bloß nicht Fünfe gerade sein lassen oder die Kontrolle verlieren.

Wie auch immer du es machst, du kannst es nur falsch machen. Es ist absurd, wie unauflösbar diese Widersprüche sind. Wie Alexandra Zykunov (2022: 114) es formuliert:

> „Solange wir aber in der öffentlichen Wahrnehmung einerseits von der Mutter die Rolle der Familienmanagerin verlangen und sie andererseits dafür kritisieren, dass sie diese Rolle dann auch annimmt, wird es Frauen unmöglich gemacht, dieses ihnen anerzogene, aufgezwungene und überhöhte Frauenbild abzulegen."

Mütter in der Wissenschaft erleben sich zusätzlich durch das patriarchal geprägte Idealbild eines Wissenschaftlers in einem stetigen Widerspruch. Das Geistige wird als „männliches Gut" aufgefasst, alles Körperliche der Frau zugeschrieben:

> „Es ist ‚der Wissenschaftler', der das Feld besetzt, und der mit ausgeleierter Strickjacke und weißem Rauschebart einen Stapel Bücher unter dem Arm über die Flure des Elfenbeinturms schlurft und geniale Einfälle hat. Ihm wird der Rücken freigehalten, er kommt nach Hause zu einer Familie, die von anderen organisiert wird, weil er sich seiner Forschung widmen muss" (Eckert 2020: 33).

Mutterschaft dagegen ist mit „Geborgenheit, Häuslichkeit, Liebe und Fürsorge verbunden – in unseren Köpfen, aber auch in den Repräsentationen von Mutterschaft in unserem Alltag" (Mierau 2020: 22).

Indem du dir diese beiden gegensätzlichen Anforderungen bewusst machst, kannst du möglicherweise dein emotionales Chaos besser einordnen. Bezogen auf diese beiden traditionellen Rollenvorstellungen, befindest du dich in einem echten Dilemma. Doch es ist nicht nur das Rollenchaos, das dir als Mutter die Promotion erschwert.

10 Jutta Allmendinger bringt die ausweglose Entscheidung über die Dauer von Elternzeit in einem Interview mit dem *manager magazin* auf den Punkt: „Frauen, die zwei Monate Babypause machen, werden im Vergleich zu Frauen, die zehn Monate nehmen, stark stigmatisiert. Wer eine kurze Pause in die Vita schreibt, wird seltener zu Vorstellungsgesprächen eingeladen, weil diese Frauen als unangenehm, unsympathisch, zickig und überambitioniert wahrgenommen werden. Und wer zehn Monate unterbricht, muss sich fragen lassen, ob sie wirklich karriereorientiert sei" (Interview von Maren Hofmann, 2019, manager magazin, Online-Ressource).

Für Frauen in der Wissenschaft geht es alles andere als gerecht zu und die Bedingungen sind bei Weitem nicht die gleichen wie für Männer.

Es sind Frauen, die *aufgrund ihrer Elternschaft berufliche Benachteiligung und Diskriminierung* erfahren, während Väter aus dem gleichen Grund einen Karrierekick erleben (Flöther/Oberkrome 2017: 156). Die persönlichen Erfahrungen, die auf dem Instagram-Account des Netzwerks Mutterschaft und Wissenschaft geteilt werden, sprechen Bände:

> „Der Juniorprofessor, der die Promotion einer Freundin betreute, als sie ihn über ihre Schwangerschaft informierte: ‚Tja, shit happens! Die Promotion können Sie jetzt natürlich vergessen.'" (https://www.instagram.com/p/CooqJoKs8d1/, Zugriff: 01.02.2024)

> „‚Mütter können sich nicht mehr 100prozentig auf die Forschung konzentrieren, weil sie immer in Sorge um ihre Kinder sind.' Betreuerin meiner Dissertation" (https://www.instagram.com/p/Cq_JKb6MjDA/, Zugriff: 01.02.2024)

Für viele Wissenschaftler:innen in verantwortungsvollen (!) Positionen scheint eine offene Haltung gegenüber der Familiengründung in der Qualifikationsphase noch Lichtjahre entfernt zu sein. Auch hier zeigen offensichtlich die gesellschaftlichen und persönlichen Prägungen zur Mutterschaft ihre Auswirkungen.

Inwiefern sich Mutterschaft negativ auf die wissenschaftliche Karriere nach der Promotion auswirkt, bringt Kathrin van Riesen (2019) eindrücklich auf den Punkt:

> „Wenn etwa Wissenschaftlerinnen mit Kind im Berufungsverfahren kompetitiv mit ihren männlichen Mitbewerbern verglichen werden und die Produktivität der letzten Jahre eingeschätzt wird, haben Frauen mit Kindern häufig einen Nachteil. Entweder ist ihre Produktivität im jüngeren akademischen Alter aufgrund der Verantwortungsübernahme für Familienaufgaben nicht ausreichend oder ihre Beschäftigungs- und Qualifizierungszeiten sind zu lang und sie weisen damit ein höheres akademisches Alter auf als vergleichbare Männer. Damit scheiden Wissenschaftlerinnen mit Kind in vielen Verfahren schon aus formalen Gründen aus."

Unter den Promovierenden sind es die Frauen, die die *Belastung durch die Wissenschaft aufgrund von Mobilitätsanforderungen, Wettbewerbs- und Leistungsdruck stärker wahrnehmen* als ihre männlichen Kollegen (Schürmann/Sembritzki 2021: 69). Und das ist nicht verwunderlich. Schließlich sind es Frauen, die …

– bei aller Reflexion und gemeinsamen Absprache noch immer den *Hauptteil der Care-Aufgaben* schultern: „Der 2. Gleichstellungsbericht des Bundes hat aufgezeigt, dass Frauen 52 % mehr Sorgearbeit verrichten als Männer. Dies ist auch bei den hoch qualifizierten Frauen nicht anders" (van Riesen 2019).

- zum Großteil die *Verantwortung für den Mental Load tragen:* „Der Mental Load, also die kognitive Arbeit und die emotionalen Folgen dieser Arbeit sind in Deutschland damit ungleich zuungunsten von Frauen verteilt“ (Lott/Bünger 2023: 10). Ihre Studie zeigt, dass erwerbstätige Frauen mit Kindern mit einer Wahrscheinlichkeit von 74 Prozent den Großteil des Alltagsmanagements übernehmen, was sich in einem höheren Belastungsempfinden widerspiegelt.[11]
- vorrangig die *emotionale Arbeit (Emotional Labour)* leisten, u. a. in dem sie eine Atmosphäre kreieren, in der die Familienmitglieder sich wohlfühlen, Beziehungskonflikte ansprechen, Konflikte bedürfnisorientiert lösen und sich für alle diese Dinge das nötige Wissen aneignen (vgl. Zykunov 2022: 102).
- unter *kollektiver Erschöpfung* als einem „Gefühl einer pausenlosen Beanspruchung (…) aufgrund von bestimmten Rollenzuschreibungen, Erwartungen und Machtstrukturen (…)“ (Schutzbach 2021: 18) leiden und somit weniger Kraft für die Erfüllung der ohnehin zu hohen Anforderungen haben.

Es wird sehr deutlich, warum der Begriff *Unvereinbarkeit* aus Sicht von Müttern in vielen Fällen der treffendere ist. Als Wissenschaftlerin mit Kind begegnen dir strukturelle Nachteile und gesellschaftliche Prägungen, für die es keine vollständige und zeitnahe Lösung gibt.[12] Eine zumindest wirksame Strategie ist es, dich aktiv damit auseinanderzusetzen und dir immer wieder vor Augen zu führen, dass nicht du selbst, sondern die vorherrschenden Vorstellungen das Scheitern von Vereinbarkeit bedingen.

> „Nicht die faktische Mutterschaft ist das zentrale Karrierehemmnis, wohl aber die Vorstellung, Mutterschaft sei mit wissenschaftlicher Karriere ‚unvereinbar‘“ (Bundesministerium für Bildung und Forschung 2020: 3).

Dass diese gelebte Unvereinbarkeit in der Wissenschaft für Frauen besonders negative Konsequenzen hat, ist leicht vorstellbar. Konkret zeigt sich das z. B. an den folgenden Ergebnissen:

- Frauen messen beruflichen Hindernissen eine höhere Bedeutung bei und stellen daher ihren Kinderwunsch zugunsten der wissenschaftlichen Karriere häufiger zurück als Männer (68% vs. 46%) (Konsortium Bundesbericht Wissenschaftlicher Nachwuchs 2017: 239).

11 Frauen, die in Teilzeit arbeiten, fühlen sich noch stärker belastet als Frauen, die in Vollzeit arbeiten. „Es scheint also nicht so zu sein, dass Frauen durch kürzere Arbeitszeiten mehr mentale Entlastung im Alltag erfahren und etwa mit mehr Entspannung und Energie kognitive Arbeit erledigen“ (ebd.).

12 Wenn du Co-Mutter, Adoptivmutter, Pflegemutter, Stiefmutter oder Transgender-Mutter bist, erlebst du die Rollenaufteilung möglicherweise ganz anders und machst Erfahrungen, die im aktuellen Diskurs noch gar nicht präsent ist. Wenn du welche davon teilen möchtest, freue ich mich über deine Kontaktaufnahme.

- Frauen mit Kindern ziehen häufiger einen Abbruch der Promotion in Betracht[13] (Konsortium Bundesbericht Wissenschaftlicher Nachwuchs 2021: 169).
- Die meisten Wissenschaftlerinnen scheiden zwischen dem 30. und 45. Lebensjahr aus der Wissenschaft aus (Lerchenmüller 2022: 25).
- Frauen in der Wissenschaft erleben die Geburt eines Kindes als Karriereknick. Sie scheitern an der sogenannten Maternal Wall[14]. Damit gemeint ist die Diskriminierung aufgrund der Annahme, die Mutterschaft schränke das Engagement, die Produktivität und Kompetenz der Frauen ein.
- Der Anteil an Frauen, die verstetigte Professuren innehaben, beträgt nur 20% (Lerchenmüller 2022: 24).
- Mütter sind gezwungen, sich mit dem Misstrauen des Umfeldes auseinanderzusetzen und dafür mentale und emotionale Energie aufzuwenden.
- Frauen leiden – auch und besonders im Wissenschaftskontext – unter patriarchalen Strukturen, die sich u. a. in vermindertem Selbstwertgefühl, Erschöpfung und der Angst vor Fehlern zeigen (vgl. Schutzbach 2021).

Eine Wissenschaftlerin fasst die Vorbehalte gegenüber Frauen mit Kindern mit den folgenden Worten zusammen: „Einer Mutter ‚traut man einfach nicht zu', dass sie diesen Aufopferungswillen für den Job mitbringen kann", und sie ergänzt: „Einem in die Erziehung gleichberechtigt involvierten Vater auch nicht – aber ob er seine Vaterschaft so lebt, das sieht man einem Mann bei der Einstellung ja nicht unbedingt an" (Lipphardt et al. 2016: 20).

Heißt das, dass in der Wissenschaft tätige Väter aufgrund ihrer Elternschaft keine Schwierigkeiten haben? Wie wird die Promotion eigentlich aus Vätersicht erlebt? Ein Blick auf die spezifischen Herausforderungen ist hier notwendig. Gegebenenfalls bringen die unterschiedlichen Perspektiven dich in einen Austausch mit deinem:deiner Partner:in.

Väter

Wenn ich über „die Mutter" und „den Vater" in der Wissenschaft schreibe, beinhaltet das bereits eine Pauschalisierung, die der Realität nicht gerecht wird. Zu sehr befinden sich diese Konzepte gerade in einem Aushandlungsprozess, sowohl gesellschaftlich als auch individuell. Die traditionellen Rollen greifen heute nicht mehr, jedoch wirken sie in den aktuellen Findungsprozess hinein – ein Prozess übrigens, von dem alle Beteiligten nur profitieren können. Daher ist es umso interessanter, bei den folgenden Dar-

13 75% der Frauen geben an, dass die (mangelnde) Vereinbarkeit bei ihren Überlegungen zum Abbruch der Promotion eine Rolle gespielt hat.

14 Dieser Begriff wurde geprägt von Joan Williams und wird z. B. an dieser Stelle von ihr näher ausgeführt: https://hbr.org/2004/10/the-maternal-wall#:~:text=While%20some%20women%20stand%20nose,off%20between%20competence%20and%20warmth.

stellungen einmal für dich zu prüfen: Was ist für dich als (werdender) promovierender Vater aktuell? Worin findest du dich wieder? Was irritiert dich?

Im Väterreport der Bundesregierung[15] werden die aktuellen Entwicklungen wie folgt beschrieben:

> „Die partnerschaftliche Aufgabenteilung von Familien- und Erwerbsarbeit ist für die Generation der Väter heute so wichtig wie nie zuvor. 2021 gibt knapp die Hälfte (48 Prozent) der Väter an, dass aus ihrer Sicht im Idealfall beide Partner in ähnlichen Umfängen erwerbstätig sind und sich die Hausarbeit und Kinderbetreuung teilen. Das Leitbild der aktiven Vaterschaft ist damit in der Mitte der Gesellschaft angekommen" (BMFSFJ 2021: 7).

Auch wenn der Begriff selbst die Ungleichverteilung der Verantwortung widerspiegelt (oder hast du schon einmal von „aktiver Mutterschaft" gehört?), so beschreibt er, was vielen Vätern heute wichtig ist: eine bewusste Präsenz im Leben ihrer Kinder sowie die aktive Beteiligung an Erziehung und Betreuung. Weiterhin zeichnen sich laut BMFSFJ (vgl. 2021: 8) aktive Väter dadurch aus, dass sie…

- sich ebenso wie die Mütter für die Erziehung und das Wohl der Kinder verantwortlich fühlen;
- an einer partnerschaftlichen Aufgabenteilung interessiert sind;
- Elternzeit nehmen, dabei Elterngeld beziehen und sich damit Zeit für ihre Kinder nehmen;
- betriebliche Angebote zur Unterstützung partnerschaftlicher Vereinbarkeit nutzen;
- einen warmherzigen, intensiven Umgang mit ihren Kindern pflegen;
- sich im Vergleich zu anderen Vätern überdurchschnittlich viele Stunden mit ihren Kindern beschäftigen;
- sich stärker als andere Väter an der Kinderbetreuung und -versorgung beteiligen.

Diese Entwicklungen sind auch in der Wissenschaft aktuell, wie das folgende Statement von Jutta Allmendinger zeigt: „Auch Väter nehmen gerade in der Wissenschaft ihren Anteil an der Kindererziehung immer ernster" (Lipphardt et al. 2016: 47).

Da du dieses Buch zur Hand genommen hast, gehe ich stark davon aus, dass du neben deiner Promotion und deinen beruflichen Verpflichtungen als Vater das Familienleben mitgestalten und für deine Kinder präsent sein willst. Inwieweit entspricht dieser Wunsch in deinem Alltag bereits der gelebten Realität? Ist es eher ein theoretisches Konstrukt, eine Selbstverständlichkeit, oder etwas dazwischen?

Im Väterreport wird deutlich, dass zwischen Wunsch und Wirklichkeit eine große Diskrepanz besteht. So wünschen sich 45% der Väter eine partnerschaftliche Auf-

---

15 https://www.bmfsfj.de/bmfsfj/service/publikationen/vaeterreport-update-2021-186180

teilung bei der Kinderbetreuung, doch nur 17% bestätigen, dass sie als Eltern etwa gleiche Teile übernehmen. Aus Sicht der Mütter sind es noch deutlich weniger (vgl. BMFSFJ 2021: 11).

Was hindert Väter daran, ihren Wunsch in die Tat umzusetzen? Hier spielen die (antizipierten) Erwartungen aus dem beruflichen Umfeld eine große Rolle. Die Arbeitszeit zu reduzieren ist beispielsweise nicht erwünscht:

> „Mein Mann hatte angedeutet, dass ihm 32 oder 35 Wochenstunden ausreichen würden, und dies sah die Stellenausschreibung sogar vor, aber sein Chef will das nicht. Und aus Angst, erst um die Einstellung, jetzt um die Entfristung, arbeitet er Vollzeit, obwohl er lieber reduzieren würde" (Lipphardt et al. 2016: 39).

Zudem kann es sich wie ein Wagnis anfühlen, die Rolle als Hauptverdiener zu verlassen und eine gewisse Sicherheit und Eigenständigkeit aufzugeben.[16] Auch die Angst davor, Karrierechancen aufs Spiel zu setzen, kann hier ins Gewicht fallen. Was außerdem als Hindernis im Wege steht, ist der Mangel an Vorbildern (vgl. BMFSFJ 2021: 11).

Vielleicht suchst auch du gerade nach einem (zukünftigen) Weg, während deiner wissenschaftlichen Tätigkeit eine Beziehung zu deinen Kindern aufzubauen, eigene Erfahrungen mit ihnen zu machen, die Kinderbetreuung zu gleichen Teilen zu übernehmen und die Care-Aufgaben auf vier Schultern zu verteilen. Diese Rollen als Vater und Wissenschaftler für dich zu definieren, kann schwierig sein.

> „Eine Beteiligung an der familialen Alltagsarbeit und Kinderbetreuung stellt die Väter in ihrer wissenschaftlichen Karrierelaufbahn (...) vor bisher unbekannte Herausforderungen" (Metz-Göckel et al. 2009: 143).

Mit der Verantwortungsübernahme für deine Familie bist du vielleicht in deinem Umfeld einer der ersten: Du denkst und handelst anders, als es in der Generation deiner Eltern und Großeltern der Fall war, als es deine Kollegen tun, als es dein:e Vorgesetze:r gewohnt ist, als es sich in der Wissenschaft „richtig" anfühlt. Du verlässt die gesellschaftlich vorgesehene Rolle als Familienoberhaupt und Ernährer, während deine neue Rolle noch sehr diffus und alles andere als etabliert oder angesehen ist. Je nachdem, wie normal es in deinem beruflichen Umfeld ist, sich als Vater aktiv in die Familie einzubringen, reagieren die Menschen dort vielleicht irritiert oder auch anerkennend, oder sie schätzen es bereits als selbstverständlich ein.

Sehr wahrscheinlich bemerkst du, dass diesen Weg vor dir noch nicht viele Männer gegangen sind. Du selbst spürst zeitweise vielleicht Unzufriedenheit oder Zweifel. Aktive Vaterschaft in der Wissenschaft zu leben, kann auch bedeuten, dich den folgenden Herausforderungen zu stellen:

16 Neue finanzielle Modelle für die Partnerschaft auszuhandeln, ist anstrengend, jedoch lohnenswert.

- die stetige Auseinandersetzung mit inneren Konflikten aufgrund der Unklarheit der Rollen,
- das Handeln entgegen der „Logik einer männlichen Normalbiografie" (Schürmann/Sembritzki 2021: 105) und der Umgang mit den möglichen Reaktionen darauf,
- die Aushandlung der Frage, wie Elternschaft gleichberechtigt gelebt und mit der eigenen Tätigkeit in der Wissenschaft zusammengehen kann,
- die Auseinandersetzung mit persönlichen Erfahrungen und dem eigenen Vaterbild,
- das Austarieren des Spannungsfeldes von Flexibilität und Entgrenzung.

An das zuletzt genannte Spannungsfeld knüpft auch dein persönlicher Umgang mit dem Leistungs- und Publikationsdruck an. Die wissenschaftlichen Verfügbarkeitsansprüche entsprechen dem traditionellen Vaterbild, das mit Leistung und Effizienz verknüpft ist. Sie nähren vermutlich den Eindruck, es sei „richtiger", deine Zeit in die wissenschaftliche Tätigkeit zu investieren anstatt in die Familie. Hinzu kommt, dass Care-Arbeit weder entlohnt noch anerkannt, noch positiv bewertet wird.

Und es stimmt: Fürsorge zu leisten, fühlt sich nicht in dem Sinne „produktiv" an, sondern hat eine ganz andere Qualität. Dass du dich am Schreibtisch oder im Labor als selbstbestimmt und -wirksam erlebst, konkrete Fortschritt sichtbar werden und es in deiner Hand liegt, was du als nächstes machst, ist zufriedenstellend. Im Kontrast dazu werden Care-Aufgaben und Kinderbetreuung als geistig wenig herausfordernd erlebt, dafür aber als emotional und auch physisch anstrengend. Trösten, tragen, in den Schlaf begleiten, einkaufen, Bedürfnisse abwägen, Konflikte klären, die Emotionen der Kinder begleiten und dabei die eigenen Emotionen regulieren, Ideen aushandeln, improvisieren, wickeln oder aufs Klo begleiten und sich dabei immer wieder auf neue Situationen einstellen…das sind nur einige der Tätigkeiten, die wohl auch zum „Anspruch an die neuen Väter, sich emotional und sozial kompetent in der Erziehung zu engagieren" (Schellhammer 2007) dazu gehören. Und die sich, das wirst du wahrscheinlich bejahen, weder selbstbestimmt noch produktiv anfühlen. „Deshalb muss es auch darum gehen, dass Väter anders arbeiten, im Job und zu Hause. Geteilte Führungspositionen, längere Elternzeit, Teilzeit, Wäsche waschen, Brote schmieren. Das alles sind Tätigkeiten und Angebote, die Väter dringend nutzen und ausführen müssen" (Kaiser 2021: 50). Es kann hilfreich sein, dir die unterschiedlichen Qualitäten von wissenschaftlicher und fürsorgender Tätigkeit bewusst zu machen und an deine Rolle als Vater nicht mit der Idee von Leistung, Schnelligkeit und Effizienz heranzugehen.

Vielleicht hast du dich in einigen dieser Themen wiedergefunden. Wenn du nach deiner Position im Spannungsfeld von Wissenschaft und Vaterschaft suchst, kannst du dir sicher sein: Es geht gerade vielen (werdenden) Vätern so wie dir. Der filmische Beitrag des Programms *Familie in der Hochschule* (Friedrich-Schiller-Universität Jena 2012) macht die Spanne sehr deutlich: Sie reicht von der Ansicht eines Vaters, dass fristgerecht veröffentlichte Paper am Ende keine persönliche Zufriedenheit bringen und die mit dem Kind verbrachte Zeit wertvoller ist, bis zu der Überzeugung eines anderen Vaters, dass weniger als zwölf Stunden Arbeit am Tag kaum möglich seien und Väter nie gleichberechtigte Bezugspersonen sein können. Gemeinsam ist allen: Die Vaterschaft als Wissenschaftler wird reflektiert und das Gefühl, in zwei konträren Welten unterwegs zu sein, ist vertraut. „So beginnt sich ein verändertes Verständnis von Vaterschaft und Partnerschaft vereinzelt auch im universitären Kontext zu artikulieren" (Metz-Göckel et al. 2009: 127).

Die Herausforderungen von aktiver Vaterschaft im Kontext Wissenschaft zu erkennen und einzuordnen, ist eine hilfreiche Bedingung, um dieses Konzept zu leben. Das Wissenschaftssystem per se gibt familienunfreundliche Bedingungen vor, in denen du dich zurechtfinden musst. Aushandlungen mit deiner Partnerin, wie es sein soll und gehen kann, sind unerlässlich. Und ebenso wichtig ist es, dir immer wieder den Nutzen dieser Unternehmung vor Augen zu führen: für dich persönlich, für deine Partnerschaft, für die Gesellschaft und für den Wandel im System Wissenschaft. Und nicht zuletzt nützt es deinen Kindern, denn indem du eine neue Idee von Vaterschaft lebst, bist du wiederum Vorbild für sie.

Paare

Wenn du und auch dein:e Partner:in in der Wissenschaft tätig seid, seht ihr euch den familienunfreundlichen Bedingungen vielleicht sogar in zweifacher Ausführung gegenüber. Sie können sich in eurer Konstellation potenzieren und werfen dadurch komplexe Fragen auf, die einer klärenden Auseinandersetzung bedürfen:

Mobilitätsanforderungen hoch zwei:
- Habt ihr zwei Lebensmittelpunkte oder einen gemeinsamen, von dem aus beide pendeln?
- Wo leben die Kinder?
- Wie regelt ihr eure Abwesenheiten?

Befristungen hoch zwei:
- Welcher Vertrag endet wann?
- Welche Verlängerungsoptionen gibt es?
- Wie stimmt ihr die zeitlichen Begrenzungen auf eure Zukunft als Familie ab?

Unklare Perspektiven hoch zwei:
- Welche beruflichen Alternativen zur Wissenschaft hat jede:r von euch?
- Wie intensiv wollt ihr Alternativen mitdenken?
- Wie geht ihr bereits jetzt strategisch klug vor?
- Wie entscheidet ihr, ob ein Jobangebot angenommen wird?

Familienplanung hoch zwei:
- Wie steht jede:r von euch zu einem (weiteren) Kind?
- Wann wäre in beiden Karriereverläufen ein günstiger Zeitpunkt dafür?

Entgrenzung hoch zwei:
- Wie teilt ihr euch die Zeiten für Familien- und Erwerbsarbeit auf?
- Wie viel Zeit möchte jede:r für berufliche Aufgaben zu Hause aufbringen?
- Wann richtet ihr Räume für Familien- und/oder Paarzeit ein?

Leistungsdruck hoch zwei:
- Wie begegnet ihr dem Druck, den beide von euch spüren?
- Welche Regelungen könnt ihr für Deadlines finden?
- Wie sorgt ihr gut für euch und füreinander?

Im Hinblick auf eure Zukunft gilt es, einen Umgang mit einer doppelten Unvereinbarkeit zu finden. Im Hier und Jetzt geht es vermutlich darum, euren wissenschaftlichen Qualifikationen im Alltag einen Platz einzuräumen und euch zugleich auf den Lebensbereich Familie einlassen zu können. Darauf haben auch eure Rollenbilder einen Einfluss. Vielleicht seid ihr im Begriff, die traditionellen Vorstellungen nach und nach zu verändern und stoßt dabei auf eigene oder fremde Widerstände. An die obigen Ausführungen zur aktiven Vaterschaft schließt sich die Beobachtung von Metz-Göckel an:

> „Leise zeichnet sich auch ein Wandel in der Vorstellung von der wissenschaftlichen Persönlichkeit ab, weg vom männlichen Individuum, der als Familienvater alle Sorge- und Betreuungsleistungen an die Mutter der Kinder delegieren konnte, hin zu einem Elternpaar, bei dem beide berufstätig sind und sich auch die Kinderbetreuung aufteilen (Dual Career-Paar). Und trotzdem ist das Bisherige bei Weitem nicht genug" (Lipphardt et al. 2016: 49).

„Nicht genug": Was ist also am Status quo so schwierig? Innerhalb der meisten Partnerschaften gibt es noch immer eine Schräglage hinsichtlich der Rollenaufteilung, die für die Karriere der Frau zum Nachteil ist.

> „Obwohl Wissenschaftlerinnen ihre Partnerschaft häufig als überdurchschnittlich gleichberechtigt wahrnehmen und Väter heute auch deutlich mehr Verantwortung und Aufgaben übernehmen als noch vor Jahren, tragen Frauen dennoch mehr Verantwortung für den häuslichen Bereich und die Familienarbeit als ihre Partner" (van Riesen 2019: 42).

Nach der Geburt des ersten Kindes erleben viele Paare eine Retraditionalisierung, d. h., sie verfallen in die vergeschlechtliche Aufgabenteilung, auch wenn sie vorher gleichberechtig waren und auch wenn sie diesen Umstand reflektieren (Brandt/Briedis/Schwabe 2021).

Hinzu kommt, dass Wissenschaftlerinnen in der typischen Paarkonstellation nicht die gleiche Unterstützung erfahren wie ihre Kollegen, denn „sie leben häufiger (...) mit Wissenschaftlern oder mit hoch qualifizierten und gleichsam in Vollzeit berufstätigen Partnern zusammen. Wissenschaftlerinnen mit Kindern können somit bedeutend weniger auf die gleiche Art der Entlastung von Haus- und Sorgearbeit zurückgreifen wie ihre männlichen Kollegen“ (van Riesen 2019: 42). Interessant ist in diesem Zusammenhang auch, dass die Flexibilität der wissenschaftlichen Tätigkeit bei Frauen häufig als Argument *für* die Kinderbetreuung ausgelegt wird:

> „Analysen zeigten, dass dabei oft stereotype normative Erwartungen an Elternschaft in Anschlag gebracht werden, und wenn die Partnerinnen als Wissenschaftlerinnen tätig sind, Wissenschaft durch ihre Partner als ein Beruf mit räumlich-zeitlicher Flexibilität konstruiert wird, der im Gegensatz zu anderen Angestelltenverhältnissen aufgrund von frei wählbarer Arbeitszeit die Betreuung von Kindern ermöglicht“ (Althaber et al. 2011: 84).

Auch mit diesen Ungleichheiten und daraus resultierender Unzufriedenheit gilt es, einen Umgang zu finden. Für euren Weg als promovierendes Elternpaar empfehle ich euch euch, euch eure ganz eigene Vision zu erlauben. In Kapitel 7 findet ihr Fragen, die ihr für eure Strategie zu Hilfe nehmen könnt. Indem ihr euch den Raum für gemeinsame Gespräche schafft, seid ihr bereits dabei, gleichberechtigte Eltern- und Wissenschaft zu leben. Je mehr Menschen das tun, desto mehr geraten historisch gewachsene Vorstellungen ins Wanken. Systeme verändern sich langsam, doch jede Ausnahme zum Status quo trägt dazu ein Stück bei, dass sie irgendwann die Regel wird.

Das belegen auch Beispiele, die mir in meiner Arbeit begegnen: Professor:innen, die die Betreuung ihrer Kinder wie selbstverständlich in der Vorlesung erwähnen; Arbeitsgruppen, in denen auf familienfreundliche Termine geachtet wird; Promovierende, die von ihren Betreuungspersonen ideelle und praktische Unterstützung erfahren. Am Ende dieses Wandels steht hoffentlich die Tatsache, dass du als Wissenschaftler:in mit Kind Anerkennung erfährst und dein Potenzial gesehen wird. Wie du als Elternteil die Wissenschaft bereichern kannst und welche Umstände dazu nötig sind, darum geht es in den nächsten Abschnitten.

3.4 Das Potenzial: Wie promovierende Eltern die Wissenschaft bereichern (können)

In Kapitel 2 hast du dir bereits die Ressourcen bewusst gemacht, die du als Elternteil mitbringst. Hast du dich schon einmal gefragt, inwiefern du damit auch das Wissenschaftssystem bereichern kannst? Aus meiner Sicht hast du als promovierendes Elternteil das Potenzial, mehr Menschlichkeit in die Wissenschaft zu bringen, und das ist mehr als notwendig.

Das Leben ist mehr als Wissenschaft.

Als Elternteil lebst du vor, dass du deine Zeit neben der Forschung mit anderen sinnvollen Dingen füllst. Du opferst dein Leben nicht zu 100% der Wissenschaft. Die Wissenschaft erfährt dadurch eine Relativierung. Sie kann so in das Leben integriert werden und nicht das Leben in sie.

Grenzen bringen Klarheit.

Als Elternteil kennst du deine Grenzen, deine Kinder spiegeln sie dir jeden Tag. Bei aller Entgrenzung durch Arbeitszeiten und -orte kannst du dennoch Nein sagen zur vollständigen Verfügbarkeit. Die Wissenschaft braucht diese Idee von klaren Grenzen, damit die mentale und physische Gesundheit ihrer Mitglieder gewährt bleibt.

Der Erkenntnisgewinn ist vielfältiger.

Als Elternteil bringst du eine andere Lebensrealität mit in den Wissenschaftsalltag. Das hat Einfluss darauf, welche Fragen gestellt und auf welche Weise sie beantwortet werden. Die Wissenschaft kann so auf die gesellschaftlichen Belange Bezug nehmen. Sie gewinnt an Diversität und Relevanz.

Der Weg ist pragmatisch und das Ergebnis unperfekt.

„80% sind genug“ oder auch *„Done is better than perfect“*: Du wählst einen pragmatischen Weg, um an dein Ziel zu kommen. Die Frage „Wie kann es gehen?“ ist dabei richtungsweisend. Die Wissenschaft kann sich durch diese Haltung von Leistungsdruck und absolutem Perfektionismus befreien.

Kommunikation und Wertschätzung anstelle von Kritik und Konkurrenz.

Konflikte lösen, Kompromisse aushandeln, die Verständigung fördern und gemeinsam zu einer Lösung kommen: Das alles findet in der Kommunikation mit deinen Kindern statt. Verschiedene Meinungen können nebeneinanderstehen und alle Beteiligten erfahren eine grundsätzliche Akzeptanz. In der Wissenschaft werden durch diese Haltung Diskussionen auf der Basis von Wertschätzung möglich; destruktive Kritik ist nicht mehr nötig.

Fürsorge für andere und für dich selbst.

Indem du als Elternteil Fürsorge lebst für deine Kinder, machst du deutlich, dass Menschen andere Menschen brauchen. Auch Wissenschaftler:innen sind soziale Wesen, die nicht nur aus ihrem Geist, sondern auch aus ihrem Körper bestehen. Sie sollten sich auch um sich selbst kümmern dürfen. Sarah Czerney und Lena Eckert proklamieren einen *maternal turn* in der Wissenschaft und meinen damit die „Vermütterlichung der Wissenschaft in dem Sinne, als wir alle in der Wissenschaft Tätigen mütterlich sein dürfen sollten und vielleicht sogar müssten – wir sollten Zeit und Ressourcen haben, um uns um uns selbst, unsere Körper, unsere Gesundheit, unsere Mitmenschen, die Umwelt, kurz: um ein gesundes Leben für alle zu kümmern" (Czerney/Eckert 2022: 31). Die Wissenschaft braucht diese Idee von allgegenwärtiger Fürsorge und Verletzlichkeit, um die Menschen, die in ihr tätig sind, als ganzheitliche Wesen mit Bedürfnissen wahr- und anzunehmen.

Der Weg ist das Ziel und er ist, wie er ist.

Was ist überhaupt *das* Ziel von Elternschaft? Im Zusammensein mit deinen Kindern geht es um das Erleben, um den Moment, um die Annahme von guten und schlechten Phasen. Du weißt um diese Phasen, kannst Fehler willkommen heißen, den Blick auf das Hier und Jetzt richten und zugleich zuversichtlich in die Zukunft schauen. In der Wissenschaft wird es dadurch legitim, zu scheitern und auch die kritischen Phasen von Forschung sichtbar zu machen.

Wenn du als Promovierende:r Kinder hast, bringst du alle diese Qualitäten in dein wissenschaftliches Umfeld ein und sorgst bereits für Veränderung. Ich möchte dir an dieser Stelle eine große Wertschätzung für deine Lebenssituation aussprechen und all den kritischen Meinungen des Systems entgegnen: Wenn jemand es ernst meint mit der Promotion, dann sind es doch Menschen wie du, die sich neben der Familie immer wieder dafür entscheiden, unter Einsatz vieler persönlicher Ressourcen ein Forschungsthema zu bearbeiten und ihren eigenen Weg zum Doktortitel zu finden. Promovierende Eltern haben oft ein tiefgründiges Interesse an ihrer Forschung und bringen eine große Ernsthaftigkeit mit, das Projekt erfolgreich abzuschließen. Ihnen dieses Interesse und diese Ernsthaftigkeit abzusprechen, weil sie *auch* Kinder haben, ist eine absolute Verdrehung der Tatsachen.

3.5 Die Bedarfe: Was sich dafür ändern muss

Nachdem deutlich wurde, wie die Wissenschaft von Eltern bereichert werden kann, stellt sich auch die umgekehrte Frage: Was brauchen eigentlich Eltern vom System, damit sie gut promovieren können?

> *Um gut promovieren zu können, bräuchte ich gute Rahmenbedingungen: eine Finanzierung, die mir sowohl ermöglicht zum Familieneinkommen beizutragen als auch Freiräume zu „erkaufen", verlässliche Kinderbetreuung (ohne ständige Notbetreuung in der Kita oder ausfallende Schulstunden), Großeltern und weitere hel-*

> *fende Hände vor Ort und ein familienfreundliches Wissenschaftssystem, welches Lebensentwürfe jenseits der Selbstausbeutung fördert. Manches davon habe ich, zumindest phasenweise. (Kerstin, 2 Kinder, eigene Umfrage)*

Grundsätzlich braucht es einen *Mentalitätswandel*, den die Autorinnen der Jungen Akademie sehr treffend beschreiben:

> „Elternschaft braucht mehr Anerkennung und darf kein Nachteil für eine Wissenschaftskarriere sein. Familiäre Sorgearbeit und Kindererziehung sind gleichermaßen Aufgabe von Müttern und Vätern. Beide Elternteile brauchen die gleichen Möglichkeiten für Elternzeit und Teilzeittätigkeiten. Die Idealvorstellung vom „aufopferungswilligen Wissenschaftler" sollte aufgebrochen werden. Diese normative Figur verhindert die Leistungsanerkennung und Wertschätzung von Wissenschaftlerinnen und Wissenschaftlern, die auch Eltern sind" (Lipphardt et al. 2016: 69).

Was promovierende Eltern außerdem brauchen, sind *Vorbilder*: Wissenschaftler:innen, die zeigen, wie ein gutes Leben mit Kindern und Promotion aussehen kann. Die sich nicht in das wissenschaftliche Hamsterrad begeben, die Unperfektes willkommen heißen, die Grenzen setzen und auf ihre Gesundheit achten. „Wir finden keine „role models" in der Wissenschaft, im Gegenteil. Gibt es denn wirklich so wenig (psychisch und physisch gesunde) Akademiker, die beide auf einer unbefristeten Stelle arbeiten und die Kinder haben?" (Lipphardt et al. 2016: 56). Es braucht Vorbilder, die zeigen, wie *gleichberechtigte Elternschaft* funktionieren kann und wie dafür traditionelle Rollenmuster abgelegt werden.

> „Diese Paare kennzeichnen sich durch eine gute Kenntnis der Diskurse um die Gleichheit der Geschlechterverhältnisse und wissen um die Fallstricke der Wissenschaftskarrieren für Frauen. Sie entwickeln Handlungspraktiken, die vom tradierten Muster geschlechtlicher Arbeitsteilung abweichen. Entscheidend ist dafür, dass die Partner durch die Übernahme der Kinderbetreuung ihre Aufgabe als Vater ausfüllen und es somit ihren Partnerinnen erleichtern, weiterhin berufstätig zu bleiben. (...) Entscheidend ist, dass diese Partner ihre Kinder nicht nur in Ausnahmesituationen betreuen, wie bei Terminverschiebungen oder Dienstreisen, sondern regelmäßig in die Betreuung eingebunden sind und dafür gegebenenfalls berufliche Abstriche in Kauf nehmen" (Althaber et al. 2011: 100).

Aus dem wissenschaftlichen Umfeld brauchen Eltern die *Offenheit*, sich als Menschen mit Kindern zu zeigen. Die *grundsätzliche Akzeptanz und Anerkennung* ihrer Situation würden dazu führen, dass sie ohne Befürchtungen von ihren Herausforderungen sprechen können. Wenn promovierende Eltern gesehen werden als Menschen, zu deren Leben neben der Wissenschaft auch Kinder, Care-Aufgaben und eine gewissen Unplanbarkeit gehören, dann müssen sie nichts zurückhalten und können sich auf ihre Arbeit einlassen. Auf die Frage, was sich verändern müsste, antwortet Andreas (1 Kind):

> *Unkomplizierte Kinderbetreuung. Weniger Belastung durch den Beruf, um mehr Zeit für die Diss zu haben. Warme, motivierende und anerkennende Worte von den Leuten in meinem Umkreis und besonders von den Doktoreltern. Ich würde sagen der letzte Punkt ist der wichtigste. (eigene Umfrage)*

Immer wieder sollten Eltern *bestärkt* und dazu *befragt* werden, was sie gerade in ihrer Situation brauchen. Dann können Schwierigkeiten ausgesprochen und gemeinsam Lösungen gefunden werden.

Auch Promovierende, die nicht Eltern sind, brauchen Arbeitsbedingungen, die ihnen *Sicherheit* und langfristige Perspektiven bieten.

> *Für mich wäre es entspannter, wenn ich eine längerfristige Perspektive hätte als nur meine Förderlaufzeit bzw. Arbeitsvertragslaufzeit, die an mein Promotionsprojekt geknüpft ist. Das sitzt mir immer im Nacken. (Carlotta, 1 Kind, eigene Umfrage)*

In der Arbeitszeitgestaltung sollte volle Flexibilität gewährt und Rücksicht auf elterliche Verpflichtungen genommen werden.

> „Für die Wissenschaftlerinnen und ihre Partner stellt es eine deutliche Erleichterung dar, wenn ihre Vorgesetzten sich im Umgang mit Flexibilitätswünschen bezüglich der Arbeitszeit und des Arbeitsortes verständnisvoll zeigen und bei der Planung von Terminen und Veranstaltungen auf die Verpflichtungen von Eltern geachtet wird" (Althaber et al. 2011: 105).

Die Arbeitsergebnisse müssen wichtiger sein als die Arbeitszeit oder Anwesenheit vor Ort. Eltern brauchen das *Vertrauen* in ihren persönlichen Arbeitsstil, in ihre Fähigkeiten und in ihre Promotionsabsicht. Zudem brauchen sie die *Freiheit*, Zeit mit ihrer Familie zu verbringen und das Zugeständnis, dass diese Zeit für sie wertvoll ist.

> „Was mich manchmal wütend macht, ist, dass immer nur über den Ausbau von Betreuungsmöglichkeiten gesprochen wird. Was, wenn man sich als Mutter oder Vater einfach auch mehr Zeit mit den Kindern wünscht? Das ist in unserer Gesellschaft und insbesondere in der Wissenschaft einfach nicht vorgesehen" (Lipphardt et al. 2016: 44).

Promovierende Eltern brauchen die Möglichkeit, *Elternzeiten und berufliche Auszeiten risikolos nutzen* zu können und auf Wunsch niedrigschwellig den Kontakt zu halten.

> „Um auch während der Elternzeiten nicht den Anschluss an die Arbeit und die beruflichen Netzwerke zu verlieren, ist es aus der Perspektive vieler Wissenschaftlerinnen zudem wichtig, während der Elternzeit den Kontakt zu ihren Vorgesetzten halten zu können und zum Teil auch während der Elternzeit weiterzuarbeiten. In den Deutungen der Wissenschaftlerinnen zeigte sich wiederholt, wie dadurch die Motivation, nach der Geburt des Kindes möglichst bald an den Arbeitsplatz zurückzukehren, gesteigert wird“ (Althaber et al. 2011: 105).

Wie geht es dir, wenn du dir diese Bedarfe noch einmal vor Augen führst? Vielleicht tauchen Fragen auf, vielleicht spürst du Resignation, vielleicht denkst du etwas wie „Jetzt erst recht!“ oder „Es muss doch gehen!“ Im letzteren Fall können dich die Worte von Metz-Göckel et al. bestärken, die beschreiben, wie jüngere Mütter in der Wissenschaft ihren eigenen Weg gehen und damit bereits zu mehr Menschlichkeit beitragen:

> „Ihrer Selbstwirksamkeit vertrauend gehen sie davon aus, dass es möglich sein muss, beides zu verbinden. Damit halten sie an Vorstellungen eines guten Lebens fest, in dem Intellektualität und Emotionalität als Einheit in ihrer Person verwirklicht sind. Diese lebensweltliche Orientierung von Wissenschaftler/inne/n mit Kindern sollte Auswirkungen auf die soziale Organisationsform der Wissenschaft und die ausgrenzende ‚Wissenschaft als Lebensform‘ haben. Eine Humanisierung der Universität als Arbeitsplatz erscheint uns unausweichlich“ (Metz-Göckel et al. 2009: 197).

Einmal mehr wird deutlich: Es muss sich Vieles ändern im Wissenschaftssystem, damit Elternschaft nicht mehr wie ein Fremdkörper erscheint. Und während die Bedingungen noch längst nicht ideal sind, befinden wir uns doch bereits in einem Veränderungsprozess.

In den folgenden Kapiteln erhältst du Anregungen dazu, wie du innerhalb dieser gegebenen Bedingungen deine Promotion mit Kind konkret ausgestalten kannst. Ich schließe hier an mit dem Motto: „Nicht ob, sondern wie.“ Konzentrieren wir uns also auf das „Wie“ und richten den Blick auf das, was dir für deine Promotion möglich ist.

3.6 Deine Checkliste zu Kapitel 3

Mithilfe der Checkliste kannst du wieder die Inhalte dieses Kapitels rekapitulieren. Halte bei jedem Punkt kurz inne und frage dich, was bei dir hängen geblieben ist – sowohl Inhalte als auch deine Gedanken oder Gefühle beim Lesen.

In Kapitel 3 hast du

- ☐ dich über Zahlen, Fakten und das gefühlte Risiko einer Promotion mit Kind informiert.
- ☐ dich mit dem Begriff der Vereinbarkeit kritisch auseinandergesetzt.
- ☐ dir vor Augen geführt, warum Wissenschaft und Elternschaft kaum vereinbar sind.
- ☐ die spezifischen Herausforderungen für Mütter, Väter und Paare kennen gelernt.
- ☐ erfahren, wie du als Elternteil die Wissenschaft bereits bereicherst.
- ☐ dich vermutlich in den Veränderungsbedarfen wiedergefunden, die Eltern an das Wissenschaftssystem äußern.
- ☐ dir das Potenzial vergegenwärtigt, als Elternteil die Wissenschaft menschlicher zu gestalten.

3.7 Transfer in den Alltag: Deine Erfahrungen, dein Beitrag, dein Bedarf

Für die Inhalte dieses Kapitels brauchst du möglicherweise etwas Zeit, um sie zu verdauen. Auch wenn du tagtäglich von Wissenschaft und Gesellschaft irritiert bist, ist es etwas anderes, das so geballt zu lesen.

Ich lade dich ein, deine eigenen Erfahrungen als Wissenschaftler:in mit Kind mithilfe der Übungen zu reflektieren. Vielleicht ist ein wenig Abstand zum Gelesenen hilfreich, vielleicht möchtest du direkt in die Reflexion übergehen. Es mag anstrengend sein, dich mit den Schwierigkeiten auseinanderzusetzen, doch es ist auch hilfreich, sie einmal ganz klar zu benennen. Auch deinen positiven Beitrag und deine eigenen Bedarfe kannst du an dieser Stelle analysieren. Grundsätzlich setzt du hier den Rahmen für die weitere Arbeit: die Entwicklung deiner persönlichen Strategien für deine Promotion.

Lade dir das Reflexionsblatt gleich hier herunter:

Reflexionsblatt Kapitel 3: Deine Erfahrungen.

Halte, wenn du dich bereit fühlst, deine Gedanken fest.

Im nächsten Kapitel geht es um den Platz deiner Promotion in deinem Leben und die Frage nach der inneren Erlaubnis. Es wird klärend und konkret.

4 Der Promotion einen guten Platz im Leben geben

Mit den geschilderten suboptimalen Bedingungen des Systems im Bewusstsein, wenden wir uns jetzt deiner Promotion zu. Die Frage, die sich durch dieses Kapitel zieht, ist: Welchen Platz bekommt sie von dir in deinem Leben zugewiesen?

Von der allgemeinen Betrachtung des Systems wechseln wir also auf die individuelle Ebene. Ab jetzt geht es um deine ganz persönliche Situation. Das bedeutet, dass einige Anregungen dich ins Nachdenken bringen können, andere deine Zustimmung finden und wieder andere in dir Widerstand auslösen – in allen drei Fällen haben sie wahrscheinlich etwas mit dir zu tun. Andere Impulse mögen dir weniger relevant erscheinen. Dann haben sie im Moment keine Bedeutung für dich. Du kannst sie einfach zur Kenntnis nehmen, überspringen oder dich darüber freuen, dass das gerade nicht deine Baustelle ist.

Wovon ich in diesem Kapitel ausgehe, ist die Situation, die die meisten promovierenden Eltern mir in Workshops und Coachings schildern: Es ist fast immer die Dissertation, die hintenüberfällt, wenn dringende (Care-)Aufgaben die eigene Zeit und Energie binden. So beschreibt es auch Andreas (1 Kind):

> *Es ist extrem schwierig, den verschiedenen Bereichen gerecht zu werden. Dabei empfindet man häufig Schuldgefühle. Besonders schwierig finde ich der Diss den nötigen Platz einzuräumen (nicht nur zeitlich auch mental und emotional), sie ist natürlich wichtig, aber oft nicht dringlich und fällt dann gerne als erstes hinten rüber. Zusätzlich ist es eine schwere Aufgabe und man ist auch dazu geneigt diese nicht angehen zu „müssen“ nach dem Motto „ich kann eben gerade nicht, es gibt wichtigeres“. Wenn dann z. B. Termine hereinkommen, die in die Diss-Zeit fallen, sicherlich wichtige Termine, knappst man eben bei der Diss-Zeit etwas ab.*

Die Promotion bekommt zu wenig Aufmerksamkeit, es fließt zu wenig fokussierte Zeit ins Schreiben und zu viel Zeit in das schlechte Gefühl darüber. Es geht also darum, der Promotion grundsätzlich einen guten Platz in deinem Leben einzurichten – einen Platz, an dem sie sichtbar ist und sich gesehen fühlt, nicht (nur) mit negativen Gefühlen oder Stress verbunden, sondern mit einem inneren „Ja, das mache ich.“

Wenn du das Gefühl hast, dass deine Promotion gerade keinen guten Platz in deinem Leben hat, kann das verschiedene Gründe haben. Was ist jeweils zu tun?

1. Deine *anderen Lebensbereiche* nehmen so viel Zeit und Energie ein, dass die Promotion nicht zur Geltung kommt. Die Promotion hat nicht genug Platz.
   → Es gilt (neu) abzustecken, inwiefern die Promotion in deinem Leben eine Rolle spielen soll und welche genau das sein soll (siehe den Abschnitt Lebensbereiche).
2. Du bist dir unklar darüber, welchen *Stellenwert* die Promotion für dich aktuell hat.
   → Hier ist es sinnvoll, die Relevanz, Erlaubnis, Erfolgsaussicht und Motivation zu überprüfen, die du mit der Promotion verbindest (siehe den Abschnitt zum Stellenwert).
3. Die *Beweggründe* für deine Promotion sind dir nicht (mehr) klar oder treffen nicht (mehr) zu.
   → Es ist Zeit, deine persönlichen Gründe für die Promotion neu zu formulieren und dir klarzumachen, welches Ziel du verfolgst (siehe den Abschnitt zum Warum).
4. Deine *Zweifel* oder Widerstände bremsen dich innerlich so stark aus, dass es vermeintlich sicherer ist, die Promotion kleinzuhalten.
   → In diesem Fall ist es wichtig, dich mit deinen Zweifeln auseinanderzusetzen (siehe den Abschnitt zum Thema Zweifel).
5. Du befindest dich in einer *Phase* der Promotion, die per se mit unangenehmen Gefühlen verbunden ist.
   → Es ist hilfreich, dir die typischen emotionalen Phasen einer Promotion vor Augen zu führen und dich einzuordnen (siehe den Abschnitt zu den Promotionsphasen).
6. Deine Promotion bekommt im Alltag keinen *Raum*, d. h., sie kann ganz praktisch nicht stattfinden. Dein Leben ist aktuell nicht ausreichend auf die Promotion ausgerichtet und du hast noch keine familienfreundliche Schreibroutine etabliert.
   → Dabei unterstützen dich die nächsten beiden Kapitel zur Struktur und Routine.

Wenn du dir Klarheit darüber verschaffst, was dich gerade *wirklich* am Promovieren hindert, ist das die beste Voraussetzung für die konkreten Veränderungen, die du im Verlauf dieses Buches definieren wirst.

4.1 Deine verschiedenen Lebensbereiche

Lass uns für die Suche nach dem guten Platz für deine Promotion erst einmal dein Leben mit allen Bereichen in den Blick nehmen. Hier bietet es sich an, dass du begleitend zur Lektüre die erste Übung des Reflexionsblattes bearbeitest.

Spätestens wenn du ein Kind hast, ist die Promotion zwar ein Teil von deinem Leben, aber eben nicht der einzige, nicht der wichtigste und wohl auch nicht der, der am lautesten nach dir ruft. Dein Leben mit Kindern ist vielfältig, bunt, unvorhersehbar, manchmal ziemlich verrückt und stressig. Es fällt dir vielleicht schwer, mitten im ganz normalen Alltag zu sagen: „Die Dissertation hat jetzt Vorrang.“ Dafür gibt es viele mögliche Gründe: Zum einen kann es an den vielen Themen liegen, die dich im Alltag beschäftigen, zum anderen an den Erwartungen, die andere Personen an dich stellen, an deinen Ansprüchen an dich selbst oder auch an den konkreten Aufgaben, die du für die Promotion und deine anderen Bereiche zu erfüllen hast. Hier folgen einige Lebensbereiche mit beispielhaften Aufgaben und möglichen relevanten Personen. Mache dir beim Lesen einmal bewusst, wie viel Unterschiedliches dein Leben beinhaltet und wie viel du gerade tust.

Lebensbereich Familie – du, dein Kind, (ggf.) dein:e Partner:in:

Wenn du nicht gerade in einem Mehrgenerationenhaus lebst oder in direkter Näher zu deiner Familie, stemmt ihr den Alltag mit Kind sehr wahrscheinlich in der Kernfamilie (du, dein:e Partner:in, die Kinder). Während das Zusammenleben früher in Sippen organisiert war und die Kinder in einer ganzen Gruppe von Menschen aufwuchsen, sind Eltern heute auf sich gestellt. Über die teils widersinnigen Anforderungen an dich als Mutter habe ich bereits geschrieben (vgl. Kapitel 3). Dass dich im Lebensbereich Familie die Kinderbetreuung und -versorgung zeitlich und kräftemäßig binden, ist wohl der kleinste gemeinsame Nenner. Dass deine Familie dir viel bedeutet, dir Freude bereitet und dich glücklich macht, ist wünschenswert, jedoch nicht immer und automatisch der Fall.

Lebensbereich Promotion – du, deine Dissertation, die Betreuungspersonen:

Mit der Promotion verfolgst du ein langfristiges Projekt, das mit vielen Unsicherheiten verbunden ist, während dein berufliches Umfeld von dir erwartet, Expert:in zu sein. Deine Betreuungspersonen sind mit diesem Bereich verbunden, und damit die Frage, in welchem Verhältnis du zu ihnen stehst, wie sie auf dich und dein Vorankommen schauen und wie euer Kontakt sich grundsätzlich für dich anfühlt.

Lebensbereich Job – du, deine Arbeitsaufgaben, deine Kolleg:innen:

Wenn du zusätzlich zur Promotion eine feste Stelle hast, fallen in diesem Lebensbereich viele konkrete Aufgaben an. Das können Aufgaben sein, bei denen jemand auf dein Ergebnis wartet, die dir leichtfallen, die du regelmäßig bearbeitest und bei denen du mit anderen zusammenarbeitest. Kolleg:innen und Studierende gehören hier mit hinein, aber auch Menschen aus deinem Netzwerk. Als externe Promovierende wirkt sich die Distanz zum wissenschaftlichen Umfeld auf dich aus. Für einige ist es positiv, diese Bereiche zu trennen; anderen fehlen die Anbindung und die Flurgespräche.

Lebensbereich Soziale Kontakte – du und deine Beziehungen zu wichtigen Menschen

In deinem Leben gibt es sicherlich Menschen, z. B. Freundinnen, Geschwister, enge Kolleg:innen, mit denen dich etwas verbindet oder mal verbunden hat. Du möchtest Kontakt halten, einen Kontakt wiederherstellen oder – aufgrund eines Umzugs – Kontakte knüpfen. Auch das nimmt deine Zeit und Energie in Anspruch.

Lebensbereich Freizeit – du und die Tätigkeiten, die dir Freude machen (Hobbys, Selbstfürsorge):

Hierunter fallen z. B. kreative oder sportliche Tätigkeiten: alles, was dir Spaß macht, dir guttut und dir neue Energie bringt. Dich als Elternteil um dich selbst zu kümmern, fühlt sich oft wie Luxus an, ist jedoch bedeutsam für deine Zufriedenheit. Aus diesem Bereich kannst du neue Energie gewinnen, die sich positiv auf die anderen Lebensbereiche auswirkt.

Lebensbereich Gesundheit – du, dein Körper, deine Psyche

Möglicherweise brauchen auch deine psychische oder physische Gesundheit deine Aufmerksamkeit, z. B. in Form von Physiotherapie oder Psychotherapie. Auch das ist wichtig und fordert von dir, ihnen immer eine Priorität einzuräumen.

Weitere Lebensbereiche:

Je nachdem, wie dein Leben aussieht, gibt es sicherlich noch andere Bereiche, die du ergänzen würdest. Ehrenamt, deine Herkunftsfamilie, die Pflege eines Menschen, Reisen, nebenberufliche Tätigkeiten …

Insgesamt ergibt sich also ein sehr individuelles und durchaus großes Gemenge, in das deine Promotion eingebettet ist. Oder sie ist es womöglich auch nicht und fällt daher leicht aus dem Rahmen.

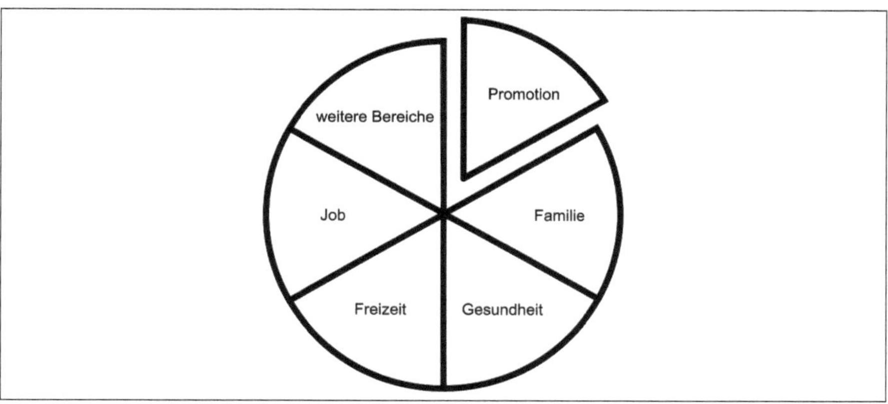

Abbildung 2: Die Promotion als einer von vielen Lebensbereichen

Es kann sehr augenöffnend sein, wenn du dir den Stellenwert, den du deiner Promotion als eigenem Lebensbereich aktuell zuschreibst, einmal bewusst machst.

4.2 Der Stellenwert deiner Promotion

Mit Stellenwert meine ich die innere Überzeugung, dass die Promotion in deinem Leben eine gute und machbare Idee ist. Als Annäherung können wir sagen, dass dieser sich aus verschiedenen Gedanken über deine Dissertation ergibt. „Ich promoviere." Was löst es in dir aus, wenn du das laut über dich sagst? Fühlt es sich ermutigend oder beängstigend, motivierend oder ausbremsend, realistisch oder illusorisch, fremd oder vertraut an?

Im Folgenden lade ich dich ein, aus vier Perspektiven auf den Stellenwert deiner Promotion zu schauen. Die Fragen, dich in diesem Abschnitt stelle, kannst du erst einmal nur auf dich wirken lassen. Wenn du irgendwo gedanklich hängen bleibst, mache dir gerne eine Notiz. Im Reflexionsblatt kannst du später in die Tiefe gehen. Auch eventuelle Zweifel an deiner Promotionsabsicht finden hier ihren Platz.

Persönliche Relevanz

Unter diesem Aspekt kannst du für dich prüfen, wie wichtig dir deine Promotion gerade ist. „Ich promoviere." Glaubst du dir diesen Satz? Wie ernst nimmst du deine Idee, zu promovieren? Hat sich durch deine Elternschaft oder durch andere Ereignisse etwas verändert? Inwiefern du deine Promotionsabsicht gerade für wichtig und grundsätzlich lohnenswert hältst, hat einen Einfluss auf ihren Stellenwert in deinem Leben.

Erfolgsaussicht

Neben der Absicht ist auch die Einschätzung deines Erfolgs ein wichtiger Punkt. „Ich promoviere." Ist dieser Satz für dich innerlich mit dem Erreichen deines Ziels verknüpft? Für wie realistisch hältst du es, dass du die fertige Dissertation einreichst, verteidigst und veröffentlichst? Wie lange wird es dauern, bis es so weit ist? Wie lange soll/kann/darf die Promotion noch ein Teil von deinem Leben sein? Inwiefern deine Promotion von einer konkreten Erfolgsvorstellung getragen ist, kann sich ebenfalls darauf auswirken, wie groß oder klein du diesen Lebensbereich werden lässt.

Erlaubnis

Hiermit meine ich die innere Erlaubnis, die du dir selbst für deine Promotion erteilst. „Ich promoviere." Zu wie viel Prozent gestehst du dir diese Aussage zu? Wie akzeptabel ist es, dein Ziel zu verfolgen? Vielleicht gibt es Einschränkungen, die damit zusammenhängen, dass du Mutter oder Vater bist? Vielleicht fühlst du dich in deiner Freiheit eingeschränkt, weil deine Herkunftsfamilie nicht akademisch ausgebildet ist?[17] Vielleicht beeinflusst es dich, wenn andere dein Lebensmodell kritisieren? Die innere Welt ist ein komplexer Ort, dem wir uns in Kapitel 8 widmen. Für den Moment können wir festhalten, dass eine grundsätzliche Erlaubnis dir selbst gegenüber eine wichtige Bedingung ist, damit deine Promotion einen guten Platz bekommen kann.

Motivation

Die Relevanz deiner Promotion und deine Motivation, daran zu arbeiten, bedingen sich. „Ich promoviere." Verknüpfst du diesen Satz mit der Bereitschaft, aktiv zu werden, deinen eigenen Standpunkt zu entwickeln, regelmäßig Zeit aufzuwenden? Hast du Lust auf das Promovieren? In meiner Arbeit verwende ich das Bild des „Promotionsfeuers": Ist dein Promotionsfeuer noch an? Je nachdem, ob du deine Motivation als Flamme, Funke oder Glut einschätzt, hat es auch deine Promotion leichter oder schwerer, ihren Platz in deinem Leben einzunehmen. (Lies direkt weiter im Abschnitt „Zweifel", wenn dich das gerade beunruhigt.)

Der nächste Schritt in diesem Kapitel beinhaltet eine der Strategien, die sich bei geringer Motivation bewährt haben: Es geht darum, die Verbindung aufzunehmen zum ursprünglichen Beweggrund, zum persönlichen „Warum?" für die Promotion. Halten wir vorher fest: Der Stellenwert deiner Promotion ist etwas anderes als die Priorität, die sie an einzelnen Tagen bekommt. Vielmehr geht es darum, dass du sie ernst nimmst und für wichtig erachtest.

Dich mit deiner ursprünglichen Motivation zu verbinden, kann dazu einen Beitrag leisten. Warum bist du losgegangen für die Promotion, für deine Familiengründung, für beides?

4.3 Beweggründe für die Promotion mit Kind

Erinnerst du dich noch an den Moment, als für dich feststand: „Ich promoviere jetzt"? Was ging damals in dir vor? Wie hast du über den Weg gedacht, der vor dir lag? Was hat zu deiner Entscheidung geführt? Und wie war es, als du erfahren hast, dass du Mutter/Vater wirst?

Dir vor Augen zu führen, was dich antreibt, ist entscheidend dafür, welchen Platz du deiner Promotion gibst und mit welcher Sicherheit du sie voranbringst. Es ist möglich, dass die Beweggründe vom Anfang deiner Promotion heute nicht mehr zutreffen. Dann gilt es umso mehr, dein aktuelles Warum herauszufinden. Und da die Frage „Wa-

17 In ihrem Beitrag erläutern Anja Böning und Christina Möller, dass Arbeiterkinder sich teils mit Sanktionen konfrontiert sehen und sich habituell von ihrer Herkunftsfamilie entfremden. Eine Professorin berichtet von ihren Eltern: „Als ich nach dem Abitur studieren wollte, ähm, wollten sie nicht, dass ich studiere, weil da kam dann plötzlich so'n Tenor ‚Du sollst nicht denken, dass du was Besseres bist. Wenn du studierst, dann gehörst du nicht mehr zu uns.'" (Stamm 2019: 77).

rum?“ meistens in die Vergangenheit gerichtet ist, lohnt es sich, die Frage nach dem „Wozu?“ – Zu welchem Zweck? Mit welchem Ziel? – gedanklich danebenzustellen.

Gute Gründe für das Promovieren

Was sind mögliche Gründe, aus denen du eine Promotion begonnen hast? Lass dich von den folgenden Beispielen inspirieren und erinnere dich an deine Situation zurück.

– Vielleicht hast du in deinem Studium erkannt, dass wissenschaftliches Arbeiten dir Spaß macht, dass du gut darin bist und dass du weiterhin dazu lernen möchtest.
– Vielleicht hast du eine Möglichkeit ergriffen, die sich dir geboten hat.
– Vielleicht wolltest/willst du ein eigenes Thema im Detail bearbeiten, eine Forschungslücke schließen und damit einen eigenen Beitrag zur Wissenschaft und/oder Gesellschaft leisten.
– Vielleicht gehört eine Promotion in deinem Fach dazu.
– Vielleicht bist du gerne eigenverantwortlich tätig und magst es, dir deine Aufgaben frei einzuteilen.
– Vielleicht möchtest du Expert:in für dein Thema sein, als solche:r wahrgenommen werden und Teil einer Scientific Community sein.
– Vielleicht möchtest du dir beweisen, dass du das nötige Durchhaltvermögen und die richtigen Fähigkeiten hast, um ein langfristiges und anspruchsvolles Projekt abzuschließen.
– Vielleicht möchtest du einen großen Erfolg in deinem Berufsleben feiern und dir neue/bessere Perspektiven schaffen.
– Vielleicht möchtest du den Doktortitel führen, stolz sein und mit deiner Leistung herausstechen.
– Vielleicht bist du gerade an einem Punkt, an dem du etwas Begonnenes beenden möchtest.
– Vielleicht ist es in deiner Familie fast Tradition, zu promovieren, und du schließt dich hier an.
– Oder vielleicht ist es genau umgekehrt und du möchtest promovieren, weil es niemand vor dir gemacht hat.[18]

Die Liste ließe sich fortführen, denn die Gründe sind sehr vielfältig und individuell. Auf welche Gedanken kommst du, wenn du sie liest? Was war es bei dir? Was ist es jetzt, das dich an der Promotion festhalten lässt? Im Reflexionsblatt kannst du deinem Warum und Wozu auf die Spur kommen.

18 Die/der „Erste“ zu sein, bringt ganz besondere Herausforderungen mit sich und kann neben der Motivation auch für Zweifel sorgen. Wenn dich das betrifft und neu für dich ist, lohnt sich eine Recherche zu den Stichworten Bildungsaufstieg, Arbeiterkind oder *First Generation Students*. Der Verein „Erste Generation Promotion – EGP e. V.“ leistet hierzu wertvolle Arbeit.

Gute Gründe für das Elternwerden

Auch für das Elternwerden gibt es verschiedene Gründe. Zunächst sei gesagt, dass eine Schwangerschaft nicht immer ein bewusster Entschluss ist. Einigen fällt es leichter, den unerwarteten neuen Umstand anzunehmen und sich auf die Elternrolle einzustellen, für andere ist es schwierig. Und auch wenn das Elternsein „gewollt" war, können wir damit hadern. Während eine Promotion abgebrochen werden kann, ist das Elternsein eine ziemlich unumstößliche Tatsache. Was ist dein *Warum*, wenn du es im Hier und Jetzt betrachtest? Wenn du und dein:e Partner:in euch bewusst für ein oder mehrere Kinder entschieden habt, was war damals dein und euer *Warum*?

- Vielleicht wolltet ihr, indem ihr Eltern werdet, eine gemeinsame Lebensvision realisieren.
- Vielleicht bedeuten Elternschaft und Familie für dich, persönliche Werte zu leben und Sinn zu stiften.
- Vielleicht ist Kinder bekommen für dich etwas, was einfach dazu gehört.
- Vielleicht fühlt sich Kinder zu haben an wie ein gemeinsames Projekt, durch das ihr als Paar auf lange Sicht verbunden seid. (Das kann der Fall sein, muss es aber nicht. Alleinige Elternschaft oder die Trennung von Eltern- und Liebesbeziehung sind ebenso möglich).
- Vielleicht hast du dich für ein Kind entschieden, weil du es als große Bereicherung für das eigene Leben siehst, dein Kind in seiner Entwicklung zu begleiten und dich dabei selbst zu entwickeln.
- Vielleicht erlebst du durch das Elternsein Nähe, Liebe, Freude und Erfüllung, und auch Anstrengung, Wut, Frust und sämtliche Emotionen in hoher Intensität.
- Vielleicht sind deine Kinder für dich ein Zeichen von Entwicklung, Innovation, Fortschritt.
- Vielleicht siehst du in ihnen die Sicherheit, dass in Zukunft für dich gesorgt ist.
- Vielleicht erfährst du in deiner eigenen Familie Zusammenhalt und Gemeinschaft.
- Vielleicht möchtest du mit deiner Elternschaft einen Beitrag zur Gesellschaft leisten, z. B. indem du Werte vermittelst, die Bildung deiner Kinder förderst und selbst Vorbild bist.

Was und wie war es bei dir? Was hat sich bestätigt, was nicht? Was ist neu hinzugekommen?

Gute Gründe für das Promovieren *und* Elternsein

Nun können wir uns noch einem dritten Warum zuwenden, das auf deine Situation zutrifft: Was ist dein *Warum* für deine Promotion mit Familie, für ihre Gleichzeitigkeit? Auch hierfür können die Gründe verschieden sein.

- Vielleicht möchtest du auf keines von beidem verzichten.
- Vielleicht willst du ein vielfältiges Leben führen.
- Vielleicht möchtest du auf einen beruflichen Erfolg hinarbeiten und ein Familienleben haben.
- Vielleicht bist du in einer Partnerschaft, in der ihr gemeinsam euer Leben gestalten und euch in euren beruflichen Plänen unterstützen wollt.
- Vielleicht ist es deine Überzeugung, dass es möglich ist.
- Mit hoher Wahrscheinlich bist du eine Person bist, die beides braucht, beides will und beides schaffen kann.

Wie auch immer deine persönlichen Antworten aussehen: Mache sie dir einmal bewusst und beobachte, wie sie sich auf das Erleben deiner Promotion auswirken. Ist es gut, dass deine Promotion aktuell in deinem Leben ist?

4.4 Auseinandersetzung mit Promotionszweifeln

Es kann sein, dass du aufgewühlt bist von den vorherigen Inhalten. Eventuell hat es dich verunsichert, von Erlaubnis, Motivation und guten Gründen zu lesen und deine Zweifel, die du ohnehin gerade hast, verstärken sich. Wenn beim Gedanken an deine Promotion die Zweifel größer sind als das gedankliche „Ja" dazu, dann lade ich dich ein, genauer hinzusehen.

Ich möchte dir an dieser Stelle Mut zusprechen. Es lohnt sich, der Unsicherheit nachzugehen und deinen persönlichen Standpunkt zu finden. Je klarer du weißt, wo du stehst, desto besser kannst du dein Handeln darauf ausrichten.

Wenn du grundsätzlich den Wunsch zur Promotion hast, kannst du ihn als Stütze in der Arbeit mit diesem Buch nutzen. Und andersherum wäre es vergebene Mühe und Zeit, in den weiteren Kapiteln nach Stellschrauben in deinem Alltag zu suchen, wenn du ahnst oder weißt, dass du gar nicht weiter promovieren möchtest. Falls dir dieser Gedanke Unwohlsein bereitet: Vertraue dir und dem Prozess.

Es kann spannend sein, den Zweifeln an deiner Promotion einmal einen (unbewussten) Nutzen zu unterstellen:

- Wovor genau schützen sie dich?
- Wo solltest du noch einmal hinsehen?
- Was setzt du aufs Spiel, wenn du weitermachst?
- Was passt gerade nicht?

Möglicherweise geben deine Zweifel dir einen Hinweis wie: Wenn du auf diese Art und Weise weiter promovierst, sind die Kosten im Vergleich zum Gewinn zu hoch. Es könnte sein, dass du über deine Grenzen gehen und – gemessen am Ergebnis – zu viel Energie, Harmonie oder andere Ressourcen investieren würdest.

Ein möglicher Promotionsabbruch ist eine Entscheidung, die sich groß und bedeutsam anfühlt. Nicht mehr zu promovieren, bedeutet jedoch nicht, dass du als Person versagt hast. Du bist nicht deine Promotion. Du bist auch ohne sie ein wertvoller, vollständiger Mensch. Du hast dein Bestes gegeben und bist auf diesem ungewissen Weg Hindernissen begegnet, deren Überwindung sich nicht mehr stimmig anfühlt. Die Entscheidung zum Abbruch kommt meistens nicht plötzlich und unüberlegt, sondern begleitet Promovierende mehrere Monate oder Jahre lang.

Die meisten promovierenden Eltern, die sich für ein Coaching bei mir melden, haben schon mal über einen Abbruch ihrer Promotion nachgedacht. (Im nächsten Abschnitt wirst du sehen, dass jede Promotion in Phasen verläuft und manche davon mehr Unsicherheiten einladen als andere. Die Zweifel sind hier sogar in einer spezifischen Phase verortet.) Etwas hält sie jedoch vom Abbruch zurück. Das ist ganz oft der Wunsch, es noch einmal ernsthaft zu probieren. Oder auch die Ahnung, dass es mithilfe anderer Strategien funktionieren kann. In diesem Fall weisen die Zweifel also darauf hin, dass es bedeutsame Veränderungen braucht, um die Promotion fortzusetzen. Viele Promovierende bringen bereits eine zeitliche Vorstellung mit. „Wenn ich es bis zum nächsten Sommer nicht geschafft habe, mir eine Routine zu erschaffen, dann höre ich auf“, oder Ähnliches. So gibt es einen klaren Zeitraum, indem neue Strategien erprobt werden können.

Wenn du dich schwer tust mit diesen Gedanken und der Abbruch deiner Promotion für dich gerade eine große Rolle spielt, möchte ich dich ermutigen: Suche dir professionelle Unterstützung. Psychosoziale Beratungsstellen an Hochschulen können dich hier gut begleiten. Du musst die Situation nicht allein bewältigen.

An dieser Stelle kannst du kurz innehalten und einmal tief ein- und ausatmen. Was tut dir jetzt gut? Ein Spaziergang, eine Meditation, ein Gespräch zum Sortieren deiner Gedanken, Abstand zum Thema oder lieber ein genauerer Blick darauf? Wenn du deinen Gedanken nachgehen möchtest, kannst du das im Reflexionsteil tun. Achte bitte gut auf dich und sorge dafür, dass du emotional stabil an die Sache herangehen kannst.

Auch wenn Zweifel den Stellenwert deiner Promotion ordentlich ins Wanken bringen können, so sind sie nicht der einzige Einfluss darauf. Es gibt im Verlauf jeder Promotion typische Phasen, in denen deine innere Überzeugung auf die Probe gestellt wird.

4.5 Die Phasen einer Promotion verstehen

„Es ist nur eine Phase.“ Als Elternteil kommt dir dieser Spruch sicher bekannt vor. Häufig dient er dazu, uns mit dem aktuellen Zustand abzufinden, die Gegebenheiten als normal zu einzustufen und den Blick nach vorn zu richten: Es wird wieder anders, besser, leichter. Und gleichzeitig ahnen wir, dass die aktuelle Herausforderung dann zwar überstanden ist, die nächste jedoch schon auf uns wartet.

Auch die Promotion verläuft in Phasen, meistens sogar in sehr ähnlichen. Prof. Dr.-Ing. Klaus Henning hat ca. 150 Dissertationen im ingenieur-, natur- und geisteswissenschaftlichen Bereich betreut und aus seinen Beobachtungen elf typische Phasen abgeleitet.[19] Ob die Promovierenden Eltern sind, wurde dabei übrigens nicht berücksichtigt.

Halten wir fest: Alle Personen, die eine Dissertation schreiben, erleben Höhen und Tiefen. Die Tiefpunkte sind die, die meistens intensiver erlebt werden, weil sie das eigene Wohlbefinden stark beeinträchtigen. Wenn sie dann noch mit emotional anstrengenden Entwicklungsphasen eines oder mehrerer Kinder einhergehen, können sich Erschöpfung und Versagensgefühle verstärken. In diesen Phasen kann es verständlicherweise leicht passieren, dass du die Promotion aus den Augen verlierst. Besonders dann solltest du dich fragen: Was ist jetzt, unter diesen Umständen, ein guter Platz für deine Promotion? Möchtest du für eine gewisse Zeit Abstand nehmen? Oder geht es darum, dich deiner Dissertation zuzuwenden und einen Widerstand zu überwinden? Welchen Knoten gilt es, als erstes zu lösen? Indem du hier eine bewusste Entscheidung triffst, gibst du ihr bereits den richtigen Stellenwert.

Wie zeichnen sich die einzelnen Phasen der Promotion aus? Und was ist jeweils zu tun? In der folgenden Schilderung habe ich die elf Phasen nach Henning um eine Phase 0 und um praktische Anregungen für dich ergänzt.

Phase 0: Motivierter Start

Du fühlst dich gut und hast Lust, deine Promotion anzugehen. Das ganze Projekt erscheint noch unklar, doch die Aussicht darauf motiviert dich.

Nutze diese Anfangsenergie und fange direkt an. Jetzt ist ein guter Zeitpunkt, um deine Wünsche für deinen Promotionsweg festzuhalten und dir zu notieren, was dich motiviert.

Phase 1: Unsicherheit über das Thema

Du fragst dich, worum es in deiner Dissertation überhaupt gehen soll und ob dein Thema eine *richtige* Fragestellung beinhaltet. Hinzu kommen Zweifel, ob das Vorhaben von dir zu bewältigen ist.

In dieser Phase ist es wichtig, dass du Schritt für Schritt vorgehst. Halte deine offenen Fragen fest und suche dir Leute, mit denen du in den Austausch gehst. Deine Anfangsidee muss nicht verworfen, sondern auf ihr Potenzial hin überprüft werden. Um den Stellenwert deiner Promotion gleich am Anfang hochzuhalten, entscheide dich für eine zuversichtliche Einstellung (siehe Kapitel 8 zur Grundhaltung). Sprich mit Menschen, die es bereits geschafft haben und lass dich inspirieren.

19 Ein herzlicher Dank geht an dieser Stelle an Prof. Dr.-Ing. Klaus Henning für den Artikel und für den persönlichen Austausch dazu.

Phase 2: Große Ideen

Jetzt schöpfst du Mut: Bei deiner Recherche stellst du interessante Forschungslücken fest und erkennst, wie du mit deiner Dissertation einen relevanten Beitrag leisten kannst. Plötzlich wird dein möglicher Weg sichtbar und du beginnst, dich für dein Thema zu begeistern.

Die Fragen, die du in dieser Phase stellst und die Ziele, die du formulierst, sind ein wunderbarer Mutmacher für spätere Krisen. Schreibe dir auf, was dein Beitrag zur Forschung ist und warum das wichtig ist.

Phase 3: Ernüchterung über die anderen

In dieser Phase stellst du fest, dass auch Wissenschaftler:innen nur mit Wasser kochen. Die Konzepte von Anderen wirken immer löchriger und wenig überzeugend, vorherige Dissertationen nicht relevant genug. Schnell bist du ernüchtert und wendest dich anderen Aufgaben zu.

Betrachte diese Phase als Erinnerung daran, dass Wissenschaftler:innen Menschen sind und Forschung immer einen Prozess darstellt. Das bedeutet, auch in Bezug auf dein eigenes Projekt den Perfektionismus loszulassen. Die perfekte Dissertation ist eine Illusion. Richte den Fokus immer wieder auf dich und deinen nächsten Schritt, um deiner Promotionsabsicht weiterhin zu vertrauen.

Phase 4: Zeitverschleppung

Die Zeit vergeht und du stellst fest, dass das Ende deiner Stelle naht und/oder dass du deinem ursprünglichen Zeitplan weit hinterher hängst. Diese Krise bringt einige dazu, einen Abbruch in Erwägung zu ziehen; anderen verhilft sie zu neuem Schwung.

In dieser Phase ist es besonders wichtig, dass du eine Art der Planung findest, die zu dir und deinem Alltag mit Kindern passt (siehe Kapitel 5). Den Stellenwert deiner Promotion erschaffst du selbst, indem du ihr Zeiten einräumst und dich aktiv ins Schreiben bringst.

Phase 5: Produktive Phase

Nun kommst du im Arbeitsmodus an. Auch wenn es sich nicht so anfühlt, bist du längst Expert:in für dein Thema geworden. Du entdeckst neue interessante Quellen, produzierst sichtbare Ergebnisse und entwickelst eine konkrete Idee deiner Arbeit. Du hast Freude an deiner Dissertation und es fällt dir leicht(er), sie als Teil deines Lebens zu sehen.

Deine Produktivität ist eine Quelle für Zufriedenheit und eine tragende Motivation. Schaffe dir immer wieder Räume, in denen du wirklich ungestört bist und achte darauf, dass du eine stimmige Routine hast (siehe die Idee der Promotionsinseln in Kapitel 6).

Phase 6: Ertrinken in Daten

Nach der intensiven Arbeitsphase fühlst du dich von der Datenmenge überfordert. Die Verzettelungsgefahr ist groß und du behältst kaum den Überblick. Du ahnst, dass noch Daten und Erkenntnisse fehlen, um deine Ausgangsfragen zu beantworten. Hier herrscht echtes Krisenpotenzial.

Dir einen Überblick zu verschaffen, ist jetzt das Wichtigste. Hilfreich dafür können visuelle Methoden wie Mindmaps sein. Nutze deine Forschungsfrage bzw. deine Hypothesen als Leitstern. Welche Antworten geben deine Daten darauf? Welche neuen Fragen ergeben sich? Um die Promotion in dieser Zeit hochzuhalten, kannst du dir deine Forschungsfrage gut sichtbar an die Pinnwand hängen.

Phase 7: Schreib- und Zeitdruck

Jetzt gibt es keinen Ausweg mehr: Es ist Zeit, Text zu produzieren. Feste Absprachen mit den Betreuungspersonen sorgen für Druck, der dich entweder produktiv werden lässt oder dich blockiert. Schreibblockaden und Aufschiebeverhalten kommen in dieser Phase häufig vor.

Ein zu hoher innerer Druck verhindert, dass deine Promotion einen guten Platz von dir bekommt. Frage dich: Was genau brauchst du, um produktiv zu werden und zu bleiben? Wo kannst du dich selbst entlasten? Von wem brauchst du gerade Unterstützung?

Phase 8: Zweifel an deiner Arbeit und dir selbst

Dein Blick auf dein Thema und die bisherigen Ergebnisse wird immer kritischer. Du erkennst, dass deine ursprünglichen Ideen so nicht umsetzbar sind. Du hinterfragst den Gewinn deiner Arbeit für die Wissenschaft.

Im vorherigen Abschnitt hast du bereits gelesen, dass es gut ist, deinen Zweifeln Raum zu geben und sie als wichtige Hinweise zu betrachten. Mentale Erste-Hilfe-Maßnahmen:
Mache dir bewusst, dass (d)eine Dissertation das Rad nicht neu erfinden muss. Erinnere dich an dein Warum.
Betrachte deine Zweifel als Zeichen für den Fortschritt deiner Promotion. Der Endspurt zur Abgabe ist bereits in Sicht (siehe Phase 10).

Phase 9: Enttäuschung und Beschneidung

Spätestens jetzt ist es an der Zeit, dich von deinen Ideen aus Phase 2 zu verabschieden. Manchmal geschieht das im Austausch mit der Betreuungsperson, manchmal im Alleingang. Du grenzt dein Thema final ein und trennst dich von Textteilen und Ideen, an denen du vorher sehr gehangen hast. Möglicherweise fühlt sich deine Dissertation kleiner an als ursprünglich gedacht.

So schmerzlich dieser Prozess auch ist: Damit deine Dissertation fertig wird, ist es jetzt absolut notwendig, endgültige Entscheidungen zu treffen und Altes loszulassen. Jede Portion Klarheit hilft dir für die nächste Phase, jeder Abschied ist also ein Fortschritt. Den Stellenwert deiner Promotion kannst du in dieser Zeit stärken, indem du nach vorne schaust und dich mit der Vorstellung von ihrer Abgabe verbindest.

Phase 10: Endspurt

Nun wird es produktiv und pragmatisch: Deine Ansprüche treten zurück, das Fertigstellen deiner Arbeit rückt in den Vordergrund. Du versuchst, möglichst viel Zeit in das Schreiben zu investieren und spürst inneren Stress. Gedanken wie „Ich habe keine Lust mehr“, „Die Luft ist raus“ und Gefühle von Kraftlosigkeit begleiten dich immer häufiger.

Überprüfe, ob deine Schreibroutine noch stimmig ist. Je selbstverständlicher die Dissertation in deinem Alltag stattfindet, desto leichter fällt es dir, bei fehlender Energie produktiv zu bleiben. Wenn es zäh läuft, nutze deine „Keine-Lust-mehr-Energie“ um dein Projekt einzutüten. Hilfreich sind besonders in dieser Phase ermutigende Weggefährt:innen, Schreibverabredungen, regelmäßige Termine mit Betreuungspersonen und eine Rückenstärkung durch dein:e Partner:in und/oder dein Umfeld.

Phase 11: Verzögerungen nach der Abgabe

Deine Arbeit ist eingereicht und nun heißt es abwarten. Die Abhandlung des weiteren Verfahrens in deiner Fakultät sowie Fallstricke in der Kommunikation können zu ungeplanten Verzögerungen führen.

Diese Phase kannst du verkürzen, indem du dich rechtzeitig über Fristen, Formulare und andere Formalitäten rund um die Abgabe informierst.

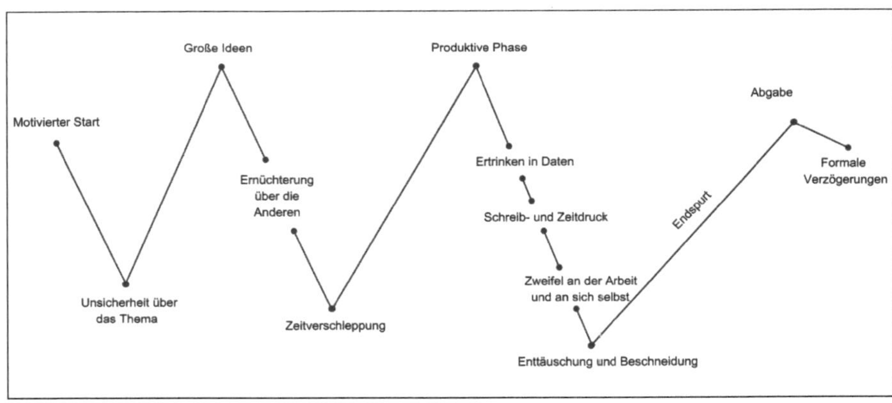

Abbildung 3: Der Promotionsverlauf in Phasen

Du siehst: Die Promotion beinhaltet für viele einen ähnlichen Verlauf von Höhen und Tiefen. Sollte sich der Stellenwert deiner Promotion in deinem Leben momentan nicht angemessenen anfühlen, kann das auch daran liegen, dass du dich in einer krisenanfälligen Phase befindest. Abhängig von deinem persönlichen Standort braucht es daher unterschiedliche Strategien, um dein Vorhaben gut im Blick zu behalten.

Von deiner Grundstimmung her solltest du – wie oben beschrieben – mit der Idee „Ich promoviere" tendenziell positiv in Resonanz gehen. Du kannst den Stellenwert erhöhen, indem du dich daran erinnerst, dass die Promotion eine gute und machbare Idee ist. Womöglich haben dich die Überlegungen in diesem Kapitel daran erinnert, dass der Plan, die Promotion erfolgreich zu beenden, dir wichtig ist. Diese Relevanz kannst du dir immer wieder vor Augen führen, z. B. indem du...

- dir einen Bildschirmhintergrund einrichtest, der dich an dein *Warum* erinnert.
- den Tag der Abgabe immer wieder vor deinem inneren Auge siehst.
- dir vor Augen führst, dass jede Promotion in Phasen verläuft und dass Durchhalten ein Teil der Herausforderung ist.
- dir täglich sagst: Ich promoviere. (Bestärkende Affirmationen findest du in Kapitel 8).

4.6 Wie viel Raum kann deine Promotion tatsächlich einnehmen?

Wenn du denkst oder ahnst, dass deine Promotion in dein Leben gehört und ihr Abschluss Teil deiner Zukunft sein soll, dann brauchst du neben dem richtigen Stellenwert auch die Möglichkeit zur praktischen Umsetzung.

Die Frage, die sich anschließt, lautet daher: Kann deine Promotion gerade ganz praktisch stattfinden? Hat sie nicht nur einen guten Stellenwert in deinem Leben, sondern auch genug *Raum*? Gibt es *Zeiten*, in denen du dich hinsetzen und promovieren kannst? Gibt es *Momente*, in denen deine Energie in die Arbeit an deiner Dissertation fließen kann?

Wir kommen mit diesen Fragen von einer motivationalen auf eine alltagspraktische Ebene. Auf dieser bewegen wir uns für die nächsten beiden Kapitel. Es ist gut, dir noch einmal klarzumachen: Wenn grundsätzlich deine Bereitschaft da ist, die Promotion (weiterhin) anzupacken, kann ihr Stellenwert sich auch durch das praktische Planen und Tun erhöhen. Je mehr du ins Tun kommst, desto mehr erhöht sich wiederum die Relevanz. Du begibst dich in eine Aufwärtsspirale.

Bevor es losgeht, empfehle ich dir, deine persönlichen Gründe und eventuelle Zweifel mithilfe des Reflexionsblattes genau anzuschauen. Je klarer du dir bist, umso besser wird dir die Anwendung der Strategien gelingen, die in den folgenden Kapiteln besprochen werden.

4.7 Deine Checkliste zu Kapitel 4

Hier erhältst du wieder eine Übersicht über Themen, die in diesem Kapitel relevant waren.

In Kapitel 4 hast du

- ☐ erfahren, wie der Platz deiner Promotion ihr Gelingen beeinflussen kann.
- ☐ gesehen, wie andere Lebensbereiche und Aufgaben die Promotion einschränken können.
- ☐ vier Aspekte kennen gelernt, die den Stellenwert der Promotion ausmachen.
- ☐ dich mit Beweggründen (Warums) für das Promovieren und Kinderhaben befasst.
- ☐ Anregungen zu den typischen Phasen eines Promotionsverlaufs an die Hand bekommen.
- ☐ dir vielleicht erste Gedanken zum Raum deiner Dissertation im Alltag gemacht.

4.8 Transfer in den Alltag: Der Platz deiner Promotion

In diesem Reflexionsblatt bist du zu einer ehrlichen Standortbestimmung eingeladen. Du hast die Möglichkeit, dich mit deinen Lebensbereichen, deiner Motivation und deinen Zweifeln auseinanderzusetzen. Mit diesen Überlegungen kannst du dir den Platz vergegenwärtigen, den deine Promotion gerade einnimmt. Dabei hältst du erste Ideen fest, um diesen – falls nötig – positiv zu verändern.

Lade dir das Reflexionsblatt gleich hier herunter:

Reflexionsblatt Kapitel 4: Der Platz deiner Promotion.

Finde heraus, wie du es deiner Promotion richtig gemütlich machen kannst.

Im nächsten Kapitel geht es um promotionsfreundliche Bedingungen in deinem Alltag. Es wird praktisch und ordnend.

5 Den Promotions- und Familienalltag strukturieren

Wie kann deine Promotion im Alltag mehr Raum bekommen? Wie kannst du dir optimale Bedingungen schaffen, um ins Tun zu kommen? Wenn du dich jetzt deinem Alltag zuwendest, löse dich von der Idee, dass es für deine Promotion mit Kind die perfekten Umstände geben kann. Versuche stattdessen, deine Situation anzunehmen und unperfekt im Hier und Jetzt zu starten.

Um deinen Alltag mit Promotion und Familie optimal, d. h. also so gut wie gerade möglich, zu gestalten, nutzt du bereits eine Menge deiner Ressourcen. In Kapitel 2 hast du gesehen, welche Stärken du als Elternteil für deine Promotion zur Verfügung hast. Für die Gestaltung deines Alltags sind vor allem *Organisationstalent* und *Strukturierungsvermögen* gefragt, mithilfe derer du deine Aufgaben in einen guten zeitlichen und räumlichen Rahmen bringst. Deine *Flexibilität* nutzt du in den häufigen Fällen, wo Pläne nicht so umsetzbar sind, wie zuvor gedacht. Deinen *Realitätssinn* kannst du dir im Umgang mit den vielen Erwartungen und inneren Ansprüchen zunutze machen. Deine *Grenzen* zu setzen, ist notwendig, um die Dissertation nicht von Alltagsaufgaben überfluten zu lassen und um deine Energie zu erhalten. Und ein klarer *Fokus* hilft dir, die geplanten Aufgaben schließlich umzusetzen und ins Tun zu kommen. Die letzten beiden Punkte greife ich im nächsten Kapitel im Zusammenhang mit deiner Routine auf.

So viel zu den abstrakten Überlegungen. Was kannst du nun konkret tun, um die Arbeit an der Promotion in deinem Alltag zu ermöglichen? Während einige der folgenden Punkte dir sicherlich bekannt vorkommen, sind vielleicht andere dabei, die dich auf neue Ideen bringen. Bleibe beim Lesen einfach neugierig und überlege, wie du deine Chancen erhöhen kannst, produktiv an deiner Dissertation zu arbeiten.

5.1 Eine promotionsfreundliche Struktur schaffen

Dass du eine promotionsfreundliche Struktur hast, bedeutet hier: Du gibst deiner Dissertation grundsätzlich die Möglichkeit, regelmäßig in deinem Alltag vorzukommen. Sie ist damit fester Bestandteil deiner Arbeitsplanung, wird mitgedacht bei der Verteilung von Care-Aufgaben und Kinderbetreuung und hat – nicht immer, aber dennoch verlässlich – eine hohe Priorität auf deiner Liste. Entscheidend ist auch, dass die Arbeit an der Dissertation nicht im Lebensbereich *Freizeit* oder *Privatvergnügen* geparkt, sondern als bedeutsame berufliche Qualifikation gesehen wird. Es besteht sonst das Risiko, dass sie immer wieder durchrutscht, nach dem Motto: „Wenn noch Zeit sein sollte, setze ich mich an die Diss.“ Denn wenn wir ehrlich sind, führt diese Einstellung nicht zu produktiven Arbeitszeiten, sondern in den meisten Fällen zu einem schlechten Gewissen aufgrund von Passivität.

Es geht also darum, dir einen *Rahmen* zu schaffen, innerhalb dessen du optimal an deiner Dissertation arbeiten kannst. Worauf arbeitest du hin (Ziel)? Welche Schritte sind dafür notwendig (Aufgaben)? Wann und wo gehst du sie an (Zeit und Ort)? Was machst du zuerst (Prioritäten)? Wenn du auf diese Fragen eine Antwort hast, fällt das Schreiben deutlich leichter. Im Reflexionsblatt zu diesem Kapitel findest du viele konkrete Anregungen, um den Rahmen für deine Promotion weiterzuentwickeln. Bitte berücksichtige beim Lesen dieses Kapitels unbedingt, in welcher familiären Situation du dich gerade befindest. Lass dich von den Ausführungen nicht unter Druck setzen, sondern passe sie für dich an. Insbesondere wenn du ein kleines Kind versorgst: Nimm dir Zeiten, die nicht für deine Promotion zur Verfügung stehen, und sorge gut für dich. Du kannst sie direkt mit in deine Planung einfließen lassen.

Ziele

Gerade wenn deine Schreibzeit begrenzt ist oder wenn sich deine Promotion wenig planbar anfühlt, ist es wichtig, dass du dir *Ziele* setzt. Sie geben die Richtung deiner Arbeit vor und ermöglichen einen Abgleich zwischen dem Ist- und dem Sollzustand. Ziele formulierst du am besten für größere Zeiträume, etwa ein Jahr, ein Quartal und/oder einen Monat. Je mehr du das Gefühl hast, das gesetzte Ziel in der Zeit erreichen zu können, desto motivierter gehst du an deine Aufgaben. Bleibe also bei deiner Planung realistisch und formuliere dein Ziel lieber kleiner als zu umfassend.

Die SMART-Kriterien (spezifisch, messbar, attraktiv, realistisch, terminiert) sind dir sicher bekannt; du kannst sie für deine Zielformulierung heranziehen. Besonders hilfreich daran ist es, dass du deine Ziele überprüfen und am Ende als erreicht benennen kannst. Ich komme später bei der flexiblen Aufgabenplanung darauf zurück. Um ein Gefühl für ein wünschenswertes und realistisches Ziel zu bekommen, kannst du gedanklich in die Zukunft reisen: Wenn du dich heute in einem Jahr siehst, wo stehst du dann mit deiner Promotion? Welche Schritte bist du gegangen? Welche Fragen hast du geklärt? Woran könntest du deinen Fortschritt messen?

Ganz bestimmt spielt auch das große Ziel der Abgabe in deinen Gedanken eine Rolle. Je nachdem, wo du stehst, kann sich das gerade unerreichbar anfühlen. In diesem Fall ist es wichtig, klein anzufangen. Nimm dir nicht den ganzen Berg vor, sondern den ersten Hügel. Um zu überprüfen, welche Zwischenziele du angehen kannst, bietet sich die Methode des Rückwärtsplanens an (Sher 2010). Beginnend vom rechten Rand eines Dokuments aus, erstellst du eine Art Flowchart und notierst in jedem Feld, welcher Schritt vor Erreichen des Ziels noch zu gehen ist. Zwei Leitfragen dienen als Orientierung für den Prozess:

1. Kann ich diesen Schritt heute tun?
2. Wenn nicht, was ist vorher noch zu tun?

So gelangst du vom großen, unerreichbaren Ziel nach und nach zu überschaubaren Zwischenzielen und schließlich zu einem ersten möglichen Schritt. In Abbildung 4 findest du ein einfaches Beispiel zur Veranschaulichung:

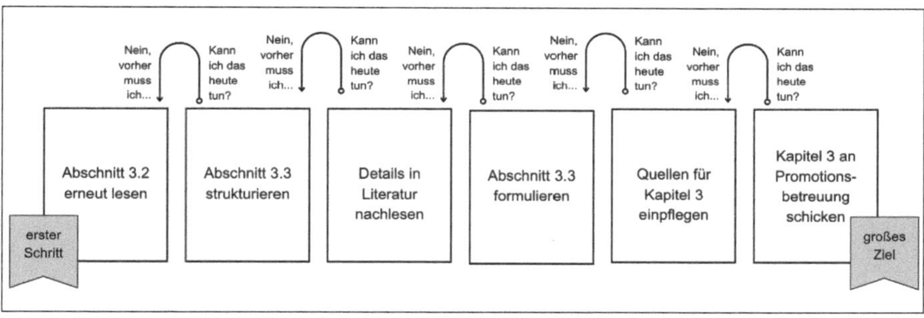

Abbildung 4: Rückwärts planen hilft bei der Formulierung von Zwischenzielen

Mit den beschriebenen Methoden kannst du eine Reihe von gut greifbaren Zielen generieren. Wähle drei davon aus, die du zu deinen *Fokuszielen* machst. Sie bekommen bis zu ihrer Erreichung deine Aufmerksamkeit (Stichwort *terminiert*) und werden zum Gegenstand deiner konkreten Planung. Das heißt: Alle Tätigkeiten, die du für deine Promotion angehst, sollten auf eines der drei Fokusziele einzahlen. Wir gehen zunächst von einem optimalen Zustand aus, d. h., du planst basierend auf der Idee, dass die vorgesehene Zeit dir auch zur Verfügung stehen wird.

Pläne

Um die tatsächlichen Zeitblöcke für die Bearbeitung deiner Ziele festzulegen, empfehle ich dir, mit einer *Monatsplanung* zu beginnen. Dieser Zeitraum ist überschaubar und grob planbar. Nimm dir eine *Monatsübersicht* zur Hand (oder nutze den **Monatsplan** im Downloadbereich) und gehe wie folgt vor:

1. Schreibe deine drei Fokusziele oben auf das Blatt.
2. Trage zu Beginn alle Termine ein, die für den Monat bereits feststehen (z. B. Arztbesuche, Verabredungen, Familienzeit).
3. Verschaffe dir einen Überblick, welche Tage für die Arbeit an deiner Dissertation infragekommen, und markiere sie.

4. Trage für die markierten Tage die konkreten Zeitfenster in deinen Monatsplan ein (auch eine oder zwei Stunden sind denkbar).
5. Überprüfe, ob deine Promotionszeiten realistisch sind. Welche Zeitfenster kannst du auf jeden Fall einhalten? Welche sind bereits jetzt etwas wackelig (z. B., weil vorher an dem Tag schon eine anstrengende Aktivität ansteht)?
6. Stelle dich innerlich darauf ein, dass einige der Zeitfenster vermutlich wegfallen oder kürzer werden, als du jetzt planst. Das ist mit Kindern nicht zu vermeiden (auch ohne Kinder nicht) und okay. Es lohnt sich dennoch, dir Orientierung zu verschaffen.
7. Schreibe dir außerdem auf, wie du dich in diesem Monat fühlen möchtest. Was ist dir wichtig?

Damit hast du bereits einen wichtigen Part deiner Promotionsstruktur erfüllt.

In einem *Wochenplan* geht es nun an die feinere Planung. Nimm dir eine Wochenübersicht zur Hand (oder nutze den **Wochenplan** im Downloadbereich) und übertrage die Zeitfenster, die du zuvor ausgemacht hast. Tipp: Lege für diese Zeiten einen Eintrag im beruflichen und privaten Kalender an. Damit machst du dir und anderen deutlich: Für andere Aufgaben stehe ich in dieser Zeit nicht zur Verfügung. Du kannst in der Übersicht für dich überprüfen, ob die Promotion in etwa so oft in deiner Woche vorkommt, wie du es dir vorstellst. Hast du Zeiten für dich selbst eingetragen? Falls nicht, ergänze sie, auch wenn es nur eine kleine Regenerationsinsel für dich ist. Im Abschnitt *Aufgaben organisieren* geht es darum, wie du diese Zeitfenster mit Aufgaben füllst. Wenn das gerade deine dringende Frage ist, kannst du direkt die 1-3-5-Methode anwenden. Danach überlegst du dir für jede Woche eine große Dissertationsaufgabe, drei mittelgroße und fünf kleinere Aufgaben (schnell und leicht zu erledigen). Inwiefern das für dich stimmig ist, hängt sehr von deiner Situation ab. Vielleicht ist es sinnvoller, in deiner Wochenplanung nur eine einzige kleine Aufgabe festzuhalten, die in zwei Zeitfenstern à 30 Minuten zu bearbeiten ist. Bleibe hier achtsam und überfordere dich nicht.

Ebenso viel Fingerspitzengefühl ist bei deiner *Tagesplanung* gefragt. Ist es in deinem Alltag realistisch, dir jeden Tag eine Aufgabe für die Promotion vorzunehmen? Wenn dein Kind gerade geboren wurde, du es größtenteils allein und zu Hause betreust oder du unter Schlafmangel leidest, dann ist das sicher nicht der Fall. Wenn du hingegen feste Zeiten hast, an denen dein Kind betreut ist und dir deine Aufgaben relativ frei einteilen kannst, liegt es bereits näher. Hast du andere berufliche Verpflichtungen, kommen diese auch bei der Tagesplanung ins Spiel. Dann gilt es eher, ein gutes Gleichgewicht zwischen den Aufgaben zu schaffen. In jedem Fall ist es lohnenswert, dich zu fragen, inwiefern deine Dissertation in deiner Tagesstruktur vorkommen kann und soll.

Zeiten

Was in jedem Fall für eine promotionsfreundliche Struktur sorgt, sind *feste Zeiten* für feste Aufgabenbereiche. Für die Promotion ist besonders der Raum für *kreative Produktivität* wichtig. Damit meine ich z. B. Brainstormen, Strukturieren, Schreiben, Lesen und Notizen machen ... – Tätigkeiten, die von dir einen klaren Fokus brauchen und auf die du dich einlassen musst. Was die Familienkomponente angeht, kannst du Zeiten einplanen, die nur für dich und deine Kinder da sind, sowie Zeiten, die du für Haushalt und Care-Aufgaben nutzt. Viele promovierende Eltern berichten von ihrer Unzufriedenheit, wenn sie zu viele Dinge parallel angehen. Insbesondere für deine Promotionszeiten ist es hilfreich, wenn du sie getrennt hältst von anderen Aufgabenbereichen: Sorge dafür, dass keine Unterbrechungen durch Erledigungen im Haushalt oder eingehende WhatsApp-Nachrichten eintreten. Meine Empfehlung ist, dass du dir, wenn irgend möglich, immer wieder Zeiträume organisierst, in denen du ohne Kind arbeitest. Mit geteilter Aufmerksamkeit einer kreativen Tätigkeit nachgehen zu wollen (und sei es nur, auf ein schlafendes Baby zu achten, das jederzeit aufwachen könnte), kostet dich wertvolle Energie und deinen Fokus.

Orte

Für eine promotionsfreundliche Struktur spielt auch der *Arbeitsort* eine Rolle. Wo findet konkret die Arbeit an deiner Dissertation statt? Hast du dafür einen festen Ort? Wie fühlst du dich, wenn du an diesem Ort bist? Was würdest du gerne verändern? Es muss nicht zwingend das eigene Arbeitszimmer sein, doch vielleicht hast du Ideen, deinen Platz noch angenehmer zu machen. Viele promovierende Eltern verlassen bewusst die Umgebung zu Hause und wählen etwa einen Coworking-Space (die es immer häufiger auch mit Kinderbetreuung gibt), die Bibliothek, ein Café oder einen anderen öffentlichen Ort. Auch wenn es nur wenige Stunden sind, die du hier verbringst: Die Distanz zu deinem Zuhause und andere Menschen um dich herum sorgen manchmal für einen richtigen Produktivitätsschub. Auch für deine Kinder, die ansonsten vielleicht vor deiner Tür stehen und deine Aufmerksamkeit verlangen, ist dann ganz klar: Du bist gerade nicht verfügbar.

Prioritäten

Wenn Ziele, Zeitfenster und Ort feststehen, brauchst du für deine promotionsfreundliche Struktur klare *Prioritäten*. (Wusstest du übrigens, dass dieses Wort ursprünglich nur im Singular gebraucht wurde? Es braucht also gar nicht mehrere, sondern genau eine Priorität.) Mache dir also klar, in welcher Reihenfolge du deine Schritte gehen willst und überprüfe immer wieder, ob diese noch stimmig ist. Für die Klärung von Prioritäten eignen sich die Eisenhower-Matrix, die ABC-Analyse oder auch die

10-10-10-Methode. Die ersten beiden Methoden dienen dazu, deine Aufgaben anhand der Kriterien *Dringlichkeit* und *Wichtigkeit* zu kategorisieren. Besonders die wichtigen, nicht dringenden Aufgaben (zu denen meistens die Dissertation zählt), bekommen dabei einen festen Platz. Die dritte Methode dient als eine Art Entscheidungshilfe: Du überprüfst, welche Auswirkungen es in 10 Minuten, in 10 Monaten und in 10 Jahren hätte, dich in diesem Moment (nicht) der Dissertation zu widmen. Manchmal ist es auch das Richtige, intuitiv vorzugehen – solange die Aufgabe, die du angehst, zum Erreichen deiner Fokusziele beiträgt.

Insgesamt sollte dir deine Struktur das Gefühl geben, dass du im Alltag einen guten Überblick, sichere Zeiten, einen angenehmen Ort und eine klare Reihenfolge für die Arbeit an deiner Dissertation hast – zumindest, wenn alles nach Plan verläuft. Und damit komme ich zum nächsten Punkt: Was ist, wenn deine Pläne nicht aufgehen und du Zeitfenster für die Promotion nicht nutzen kannst?

5.2 Planunterbrechungen und Flexibilität

Vielleicht kennst du die folgende oder eine ähnliche Situation: Du hast deine Schreibzeit in den Kalender geschrieben, sie gegenüber anderen Aufgaben verteidigt, dich innerlich auf die Arbeit an der Dissertation eingestellt, und dann wird über Nacht dein Kind krank und du musst kurzfristig die Betreuung und Fürsorge übernehmen. Wie kann ein Plan funktionieren, wenn unvorhersehbare Ereignisse ihn immer wieder unterbrechen? Für den Umgang mit diesen Unterbrechungen möchte ich dir unterschiedliche Ansätze zeigen, die zum einen die Umstände im Außen betreffen, zum anderen deine innere Welt.

Deine äußere Welt

Wenn ein Plan zu scheitern droht, kannst du zunächst die *äußere Welt* in den Blick nehmen und dich ganz praktisch fragen: Ist es wirklich die einzige Option, dass du in dieser Situation dein krankes Kind versorgst? Können dein:e Partner:in oder eine andere Person einspringen? Das hängt sicherlich auch davon ab, wie es deinem Kind geht, wie alt es ist und wie gut es sich auf andere Personen einlassen kann. Gleichzeitig möchte dich an dieser Stelle ermutigen, für deine Zeit einzustehen. Die Dissertation ist zwar geduldig und es erscheint problemlos, den Schreibvormittag auf „ein anderes Mal" zu verschieben. Doch mit jeder Verschiebung, die du nicht nachholst, vergrößert sich dein Abstand zur Dissertation und es wird schwieriger, wieder anzuknüpfen (siehe Kapitel 6 zur Kontinuität). Die Arbeit an der Promotion sollte daher zumindest an einigen festen Tagen die oberste Priorität haben, auch wenn es kürzere Zeitfenster sind. Idealerweise kommunizierst du deine Schreibzeiten bereits vorab an eine Person, die als Backup bereitsteht. Oder du vereinbarst mit deinem:deiner Partner:in, dass er:sie in diesem Fall Kinderkrankentage nimmt. Wenn das nicht möglich ist, ist ein weiterer praktischer Schritt die Suche nach einem Ersatztermin: Wann ist die nächste Möglichkeit, um die für diesen Vormittag geplante Schreibzeit nachzuholen, und zwar im gleichen Umfang? Was musst du dazu mit wem klären? Was brauchst du für dich, damit du wirklich dabeibleibst?

Deine innere Welt

Beim Umgang mit unvorhergesehenen Unterbrechungen spielt auch deine *innere Welt* (deine Einstellung, deine Gedanken, deine Erfahrungen) eine Rolle: Welche Gefühle lösen Planunterbrechungen in dir aus? Kannst du sie relativ gelassen annehmen und dich auf die neue Situation einstellen, oder machen sie dir zu schaffen? Bei vielen Eltern sorgt die ungeplante Kinderbetreuung für Resignation oder Frust. Und das ist nach Corona und den Krankheitswellen in den Folgejahren mehr als verständlich. Viel zu oft haben Eltern in dieser Zeit zurückstecken müssen und konnten sich nicht auf institutionelle Kinderbetreuung oder längere Phasen von Gesundheit einstellen. In diesem Fall ist es ein erster hilfreicher Schritt, deinen Frust wahrzunehmen und dir negative Gefühle zu erlauben: „Es läuft nicht, wie es gedacht war, das ist wirklich blöd. Ich muss meinen Plan (wieder) loslassen und mich auf eine neue Situation einrichten. Das kostet Nerven und strengt an."

Wenn eure Zuständigkeiten für die Kinderbetreuung sehr ungleich verteilt sind und du damit generell unzufrieden bist, kann sich der Frust in diesen Momenten besonders stark entladen. Dir diese starken Emotionen erstmal zuzugestehen, ist besser, als sie zu unterdrücken. Was kann darüber hinaus in solchen Situationen helfen, um mit der Planunterbrechung umzugehen? Aus meiner Sicht sind vier Dinge hilfreich, wenn das Leben mal wieder dazwischen kommt, wie es so schön heißt.

Pläne als Momentaufnahme sehen.

Wenn du deine Zeitpläne als sehr starr und einschränkend erlebst oder sie womöglich gar nicht mehr ernst nimmst, lade ich dich zu einer flexibleren Sicht ein. Betrachte deinen Plan als Momentaufnahme. Er spiegelt wider, was du zum jetzigen Zeitpunkt für deine nächsten Schritte hältst. Dass unterwegs etwas anders kommt als gedacht, ist für jede Promotion völlig normal. Mit sehr hoher Wahrscheinlichkeit promovierst du zum ersten Mal und hast deine Fragestellung noch nie bearbeitet. Der Prozess ist also offen und alles andere als von Anfang bis Ende planbar. Auch das finale Ziel ist oft noch unklar; es schärft sich erst, wenn du schon eine Zeit lang auf dem Weg bist. Du kannst also immer nur so weit planen, wie es jetzt gerade schlüssig erscheint. Teil der Promotion ist es, deinen Weg immer wieder neu abzustecken, und zwar während du ihn gehst. Nimm daher die Sackgassen zur Kenntnis, suche nach einer neuen Abzweigung und verschaffe dir wieder Orientierung. Vielleicht ergeben sich in deinem Plan neue Zwischenschritte, vielleicht erscheint ein vormals geplanter Schritt nicht mehr sinnvoll, vielleicht wirst du an einer Stelle tiefer einsteigen als zuvor gedacht. Dass ein

Zeitplan ganz genau so aufgeht, wie du es dir beim Formulieren eben dieses Plans gedacht hast, ist also die absolute Seltenheit. Ehrlich gesagt, ist es mir in all meinen Coachings noch nicht begegnet (und auch nicht in meiner eigenen Promotion). Insofern ist es für viele eine hilfreiche Idee, dass ein Plan sie darin unterstützt, die anstehenden Aufgaben zu überblicken und in eine zeitliche Reihenfolge zu bringen. Und dann gilt es, flexibel damit umzugehen.

Die Art und Weise, wie du mit dir selbst sprichst, wenn ein Plan nicht funktioniert.

Vielleicht haderst du bereits beim Plänemachen mit den Unwägbarkeiten. Wenn sich deine negative Ahnung schließlich bestätigt, du dir viel vorgenommen hattest oder gerade gut in den Arbeitsprozess gefunden hast, löst eine Planunterbrechung vielleicht sogar Panik aus. Womöglich zweifelst du am weiteren Fortschritt deiner Promotion und überlegst, alles hinzuwerfen. In solchen Momenten siehst du die Zukunft deiner Dissertation richtig dunkel.

Doch wenn du ehrlich bist: Es nützt nichts, die schlimmsten Gedanken zu denken und im Worst-Case-Szenario stecken zu bleiben. Daher ist es wichtig, die Worte, die du gegenüber dir selbst aussprichst, bewusst zu wählen. Hier findest du einige bestärkende Gedanken, die du anstelle allzu negativer Sätze zu dir sagen kannst.

„Ich werde es nie schaffen!“	→	Auch meine Dissertation wird fertig.
„Es ist zu spät.“	→	Ich blicke nur nach vorne.
„Ich bin zu langsam!“	→	Ich gehe in meinem Tempo voran.
„Es funktioniert nicht.“	→	Ich gehe den nächstmöglichen Schritt.

Dieses Umformulieren erfordert einiges an Übung, denn ihm geht zunächst das Bewusstwerden voraus. Bleibe daher geduldig und wohlwollend mit dir und beobachte immer mal wieder, welche Gedanken gerade präsent sind. Weitere Hinweise zu einem freundlichen Umgang mit dir selbst kannst du in Kapitel 8 nachlesen.

Die Umstände annehmen und das Bestmögliche aus der Situation machen.

So frustrierend die Unterbrechung auch ist: Ich empfehle dir, gedanklich nicht zu lange bei den verpassten Chancen zu verweilen, sondern in den jetzigen Moment zu kommen. Der ungestörte Schreibvormittag ist für heute nicht mehr möglich, du kannst ihn so nicht zurückholen. Anstatt dich zu ärgern oder die unvorhergesehene Situation innerlich abzulehnen, kannst du versuchen, in die Annahme zu kommen. Damit hast du die Option, aus dem Widerstand zu gehen. Das Leben kommt eben nicht „dazwischen“, sondern das, was gerade stattfindet, *ist* das Leben. Du weißt im Grunde nie, was als Nächstes passieren wird. Du hast es dir zwar nicht ausgesucht, dass du heute deine Schreibzeit nicht wahrnehmen kannst, aber du kannst jetzt in diesem Moment entscheiden, wie du damit umgehst.

Die Perspektive „Was ist daran das Gute für mich?“ kann dich in solchen Momenten vielleicht mehr in den Frieden bringen. Richte deinen Blick also in die Gegenwart: Was kannst du jetzt gerade tun? Beispielsweise kannst du dich entschließen, mit deinem Kind gemeinsam eine Pause zu machen und für dich das Tempo und den Druck rauszunehmen. Wenn du die Arbeit an der Dissertation fortsetzen möchtest, kannst du schauen, was mit krankem Kind möglich ist: Ein paar lose Notizen zur ursprünglich geplanten Schreibaufgabe? Ein Brainstorming für den nächsten Kolloquiumsbeitrag? Eine Fragensammlung zu allem, was dir gerade unklar ist? Eine kurze kreative Arbeitseinheit wie eine *Mindmap*? Die Umstände anzunehmen, ist eine große Herausforderung, sowohl in der Promotion als auch in der Elternschaft. Dennoch birgt es das Potenzial, vorwärtszudenken und wieder ins Handeln zu kommen.

Weiterplanen und loslassen.

Ebenso wichtig wie das Akzeptieren der Planunterbrechung ist es aus meiner Sicht, dass du dich nicht davon abbringen lässt, weiter zu planen. Hier kommt die Perspektive wieder ins Spiel: Dein Plan geht vom Status quo aus, doch grundsätzlich ist er variabel. Er verändert sich so, wie sich die Umstände verändern. Mache eine kleine Bestandsaufnahme: Welche Aufgaben sind noch auf deiner Liste? Welche ist jetzt die wichtigste? Wie viel Zeit benötigst du dafür? Welche Aufgabe kannst du zurückstellen oder sogar streichen? Und dann nimm dir wieder deine Monats- und Wochenübersicht zur Hand und finde ein mögliches Zeitfenster. Es ist okay, wenn das ein dauerhafter Prozess ist, du bist hier bereits mitten auf deinem Promotionsweg.

Schauen wir noch einmal zusammenfassend auf die Sinnhaftigkeit eines Plans. Ein Plan kann hilfreich sein, wenn du dadurch Orientierung gewinnst. Ein Plan ist überflüssig, wenn er dir ausschließlich ein schlechtes Gewissen bereitet und dich von der eigentlichen Arbeit an der Dissertation abhält. Genauso wichtig wie das Planen selbst ist also das Loslassen von Plänen, die sich nicht mehr umsetzen lassen. Was verändert sich für dich, wenn du mit diesem Gedanken auf deine Planung blickst? Hast du gerade einen Plan für deine nächste Promotionsetappe? Oder ist es mal wieder Zeit, dir Orientierung zu verschaffen?

Dass Pläne nicht aufgehen, ist ein ganz typischer Bestandteil des Lebens mit Dissertation und Kindern. Lass dich dadurch nicht unterkriegen und plane weiter – und zwar nicht nur deine Zeit, sondern auch deine Energie.

5.3 Zeit und Energie planen

Für einen Alltag, in dem sowohl Familie als auch eine Promotion vorkommen, ist es aus meiner Sicht sinnvoll, nicht nur in der Kategorie Zeit zu denken, sondern auch deine Energie zu berücksichtigen. In Kapitel 2 habe ich bereits ausgeführt, dass deine Situation dich emotionale, mentale und auch physische Ressourcen kostet. Wenn deine

Kräfte dauerhaft erschöpft sind, ist das keine gute Voraussetzung für große, anstrengende Promotionsaufgaben. Teil einer promotionsfreundlichen Struktur in deinem Alltag sollte es sein, auf eine gute Passung zwischen deinen körperlichen und geistigen Voraussetzungen und deiner gewählten Aufgabe zu achten.

Hilfreich ist zunächst, dich immer wieder in eine möglichst gute Verfassung für das Schreiben zu bringen. Das ist zum einen eine Notwendigkeit, um produktiv sein zu können, zum anderen hast du dadurch mehr Freude an deiner Arbeit. Durch diese Zufriedenheit wird gleich wieder neue Energie für das nächste Schreib-Zeitfenster geweckt. Wie kannst du also grundsätzlich dafür sorgen, dass du genug Energie hast, um deine Aufgaben für die Promotion anzugehen? Zunächst sollten deine körperlichen Bedürfnisse erfüllt sein. Die ausreichende Menge an Schlaf ist wohl das herausforderndste Bedürfnis. Mit den folgenden Schritten kannst du dem Schlafmangel möglicherweise etwas entgegenwirken: Schlafe vor deinen Schreibzeiten so viel wie möglich. Gehe bewusst früher ins Bett oder sprich die Zuständigkeit in der Nacht mit deinem:deiner Partner:in ab. An einigen Tagen kann es sinnvoll sein, die Schreibzeit um eine halbe Stunde zu verkürzen und vorher einen *Powernap* einzulegen. Vielleicht brauchst du vor dem Schreiben auch frische Luft oder Bewegung. Wenn du an deinem Arbeitsplatz sitzt, stelle dir ausreichend Wasser bereit und achte darauf, dass du dich nicht hungrig an die Dissertation setzt. Auch eine gute Arbeitsatmosphäre ist für deine Energie entscheidend. Wenn dir ein aufgeräumter Arbeitsplatz wichtig ist, nimm dir am Ende jeder Schreibeinheit zwei Minuten Zeit, um die Ordnung wieder herzustellen.

Nun geht es ans Anfangen: Um gut ins Arbeiten zu finden, kannst du dich noch einmal an dein Warum für die Promotion erinnern, dir deine Fragestellung vor Augen führen und dir bewusst machen, um welchen Schritt dich die heute geplante Aufgabe weiterbringt. Hilfreich ist es, mit einer Aufgabe zu starten, die sich klein und machbar anfühlt. Auch eine *Freewriting*-Einheit kann den Start erleichtern. Im Abschnitt *Übergänge gestalten* in Kapitel 6 findest du eine Reihe von Strategien, die dir das Anfangen erleichtern. Nach der Arbeit an der Dissertation solltest du dir jeden deiner Fortschritte aufschreiben. Auch Dinge wie die neue Struktur für einen Absatz, ein Widerspruch von zwei Theorien oder eine neue Frage, sind Fortschritte, die es anzuerkennen gilt.

Um deine Energie dauerhaft hochzuhalten, achte darauf, dass du in deinem Alltag genügend Zeit mit Dingen verbringst, die dir guttun und dir Freude bereiten. Beim Ausfüllen der Lebenstorte (siehe das Reflexionsblatt zu Kapitel 4) hast du vielleicht Bereiche ausgemacht, die gerade zu kurz kommen, obwohl sie dir Energie geben. Auch wenn deine Zeit knapp und dein Leben sehr voll ist: Plane sie dir fest mit ein und füge sie deiner Monats- und Wochenplanung hinzu.

So hilfreich diese grundsätzlichen Ideen für mehr Energie auch sein mögen: Dein Promotionsakku als Elternteil ist sicherlich nicht immer zu 100% (auch nicht zu 90% oder 80%) gefüllt, wenn du dich an deine Dissertation setzt. Damit du auch unter suboptimalen Bedingungen arbeiten kannst, ist es entscheidend, deine Aufgabenpakete sinnvoll zu schnüren und möglichst flexibel zu handhaben.

5.4 Aufgaben organisieren

Manchmal – je nach Alter deiner Kinder sogar sehr häufig – harmonieren Zeit und Energie einfach nicht gut. Du hast dir vielleicht am Vormittag mehrere Stunden zum Schreiben eingeplant, bist aber völlig übernächtigt. Oder aber du bist ausgeruht und hast Energie, doch deine Zeit ist aufgrund eines Termins sehr begrenzt. Zeit und Energie müssen also aufeinander abgestimmt werden. Am besten gelingt das durch ein flexibles Aufgabenmanagement, denn das ermöglicht dir

- kurze Arbeitszeiträume produktiv zu nutzen
- deine Dissertation auch an „schlechten" Tagen voranzubringen
- regelmäßigen Fortschritt und mehr Zufriedenheit

Ich stelle dir im Folgenden eine Methode vor, die unterschiedliche Energielevel und Zeitfenster berücksichtigt.

Flexible To-do-Listen führen

Dafür legst du eine *flexible To-do-Liste*[20] in Form einer dreispaltigen Tabelle an und formulierst deine Aufgaben entsprechend der Kriterien Zeit und Energie.

Spalte 1: Viel Zeit und viel Energie

In dieser Spalte notierst du Aufgaben, die viel Zeit erfordern und für die du viel Energie benötigst. Das sind in der Regel Tätigkeiten mit hohem Schwierigkeitsgrad, für die du dich konzentrieren musst oder die dich auf andere Weise, etwa durch Ungewissheit, herausfordern. Hierzu zählen z. B. die Auseinandersetzung mit einem Fachtext oder die Diskussion deiner Ergebnisse.

Spalte 2: Viel Zeit und wenig Energie

Weniger Energie, aber dennoch viel Zeit, kostet es dich vermutlich, etwas bereits Geschriebenes noch einmal durchzulesen, einen Textentwurf grob zu überarbeiten, einige lose Gedanken zu notieren oder Inhalte grafisch aufzubereiten. Aufgaben, die dich geistig weniger herausfordern, finden in dieser Spalte ihren Platz.

---

20 Hier habe ich bereits darüber geschrieben: https://klarwaerts-coaching.de/wie-du-kurze-zeitraeume-zum-produktiven-arbeiten-nutzt-die-flexible-todo-liste-fuer-deine-promotion/ [Zugriff: 23.4.2024],

Spalte 3: Wenig Zeit und viel Energie

Wenn die Zeit knapp ist und du dich dennoch fit fühlst, kannst du – analog zum *Powernapping* – ein kurzes *Powerworking* einlegen. Hierfür eignen sich Aufgaben, die dich herausfordern, in die du jedoch nicht allzu tief eintauchen musst, um sie zu erledigen. Das können ein Brainstorming zu einer neuen inhaltlichen Idee sein, die Zusammenfassung der Kernaussage eines Artikels oder der Erstentwurf einer Gliederung für dein nächstes Kapitel.

Für den vierten Fall, d. h., wenn *weder Zeit noch Energie* vorhanden sind, habe ich auch eine ganz klare Empfehlung: Setze dich in diesen Momenten nicht an deine Dissertation. Vermutlich ist es Zeit für eine Pause – einen Kaffee auf dem Balkon, einen flotten Spaziergang um den Block, eine Nachricht an einen lieben Menschen – oder einfach zum Schlafengehen, wie in diesem Zitat deutlich wird: „Abends wäre Zeit (ab 22 Uhr), aber da ist nur noch Erschöpfung“ (eigene Umfrage). Ich wage zu behaupten: Alles macht dich zufriedener, als in dieser Energielosigkeit noch etwas für die Promotion erreichen zu wollen.

So kann eine flexible To-do-Liste für deine Dissertation aussehen:

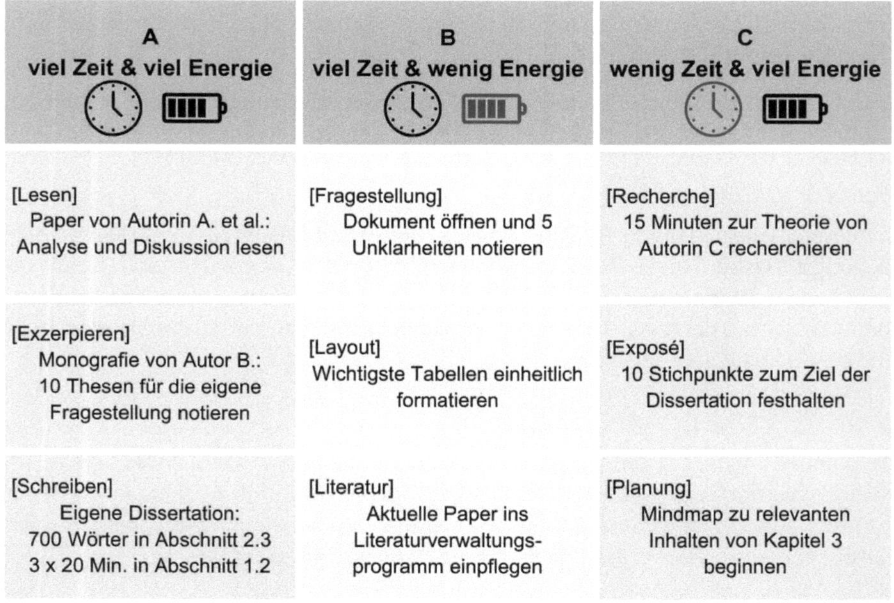

A viel Zeit & viel Energie	B viel Zeit & wenig Energie	C wenig Zeit & viel Energie
[Lesen] Paper von Autorin A. et al.: Analyse und Diskussion lesen	[Fragestellung] Dokument öffnen und 5 Unklarheiten notieren	[Recherche] 15 Minuten zur Theorie von Autorin C recherchieren
[Exzerpieren] Monografie von Autor B.: 10 Thesen für die eigene Fragestellung notieren	[Layout] Wichtigste Tabellen einheitlich formatieren	[Exposé] 10 Stichpunkte zum Ziel der Dissertation festhalten
[Schreiben] Eigene Dissertation: 700 Wörter in Abschnitt 2.3 3 x 20 Min. in Abschnitt 1.2	[Literatur] Aktuelle Paper ins Literaturverwaltungs-programm einpflegen	[Planung] Mindmap zu relevanten Inhalten von Kapitel 3 beginnen

Abbildung 5: Beispiel für eine flexible To-do-Liste

Was beim Schnüren deiner Aufgabenpakete eine wichtige Rolle spielt – und was du in der beispielhaften Liste in Abbildung 5 erkennst –, ist, dass sie konkret sind. In Anlehnung an die SMART-Kriterien (siehe oben) kannst du bei der Formulierung deiner Aufgaben diese Checkliste nutzen:

- Die Erledigung dieser Aufgabe trägt zu meinem Fokusziel bei.
- Ich bin mir darüber klar, was genau ich bei dieser Aufgabe tun werde.
- Die Aufgabe ist so kleinschrittig wie möglich definiert.
- Ich kann die Aufgabe abhaken, sie hat einen klaren Endpunkt.
- Die Aufgabe ist für mich machbar. Ich weiß, wie ich vorgehe.

Deine Motivation kannst du erhöhen, indem du deine Aufgaben wirklich klein machst. Du schaffst dir damit die besten Voraussetzungen für die tatsächliche Umsetzung.

Komplexe Aufgaben vereinfachen

Viele Aufgaben in der Promotion fühlen sich aufgrund ihrer Komplexität unklar und überwältigend an. Dieses Gefühl kannst du ab sofort als Hinweis nutzen: Immer, wenn eine Aufgabe auf dich unangenehm groß wirkt, braucht es den Zwischenschritt *Komplexität reduzieren*. Es ist also notwendig, die Aufgabe noch weiter herunterzubrechen. Frage dich im ersten Schritt: „Was ist an dieser Aufgabe noch unklar für mich? Welche Fragen habe ich?“ Und im zweiten Schritt: „Was brauche ich noch, um Klarheit zu gewinnen?“ Aus diesen Antworten ergeben sich Unteraufgaben, die zur Bearbeitung der ursprünglichen Aufgabe notwendig sind. Das kann etwa eine Recherche sein, ein Gespräch mit einer Kollegin über ihre Erfahrungen, eine Terminanfrage bei Betreuungsperson oder ein *Braindump* dazu, was du bereits weißt. Auf diese Weise erleichterst du dir den Zugang. Auch in Notfällen, wenn eine Aufgabe sehr dringend ist, kannst du diese Strategie des Herunterbrechens nutzen und Mini-Schritt für Mini-Schritt vorgehen. Es mag zunächst aufwändiger erscheinen, doch am Ende führt die größere Klarheit schneller ans Ziel.

Zur Inspiration findest du nachfolgend einige Beispiele für kleine und konkrete Promotionsaufgaben. Du kannst beim Lesen überlegen, ob du dir ähnliche Aufgabenpäckchen schnüren kannst oder was dich vielleicht auch davon abhält.

Kleine und konkrete Aufgaben für die Promotion können sein:

- eine *Conceptmap* zum Inhalt von Kap. 2.4 anlegen,
- die Einleitung einer Monografie lesen und 2 bis 3 Fragen dazu notieren,
- 500 Wörter in Kapitel 4.5 schreiben,
- die Zusammenhänge von Thema X und Y grafisch darstellen,
- 20 Minuten recherchieren und die 3 relevantesten Quellen auswählen,
- ein Brainstorming zu einem weitgehend noch unbekannten Themenbereich durchführen,
- 7 Minuten *Freewriting* zur Frage: Worum geht es in Kapitel 3 meiner Arbeit?,
- eine Liste mit 10 unklaren Punkten deiner Dissertation anlegen,
- eine Liste mit 10 bereits gelösten Problemen deiner Dissertation anlegen,
- dich für die Dauer von einer halben Stunde mit einem Paper befassen und anschließend 5 Gründe notieren, warum es für deine Dissertation (nicht) verwendbar ist.

In dieser Liste erkennst du Variablen, mit denen du Aufgaben begrenzen kannst. Vielleicht brauchst du für deine Produktivität auch etwas anderes. Solltest du dich noch besser ins Arbeiten bringen wollen, hilft dir vielleicht das Bild der Waage in Abbildung 6.

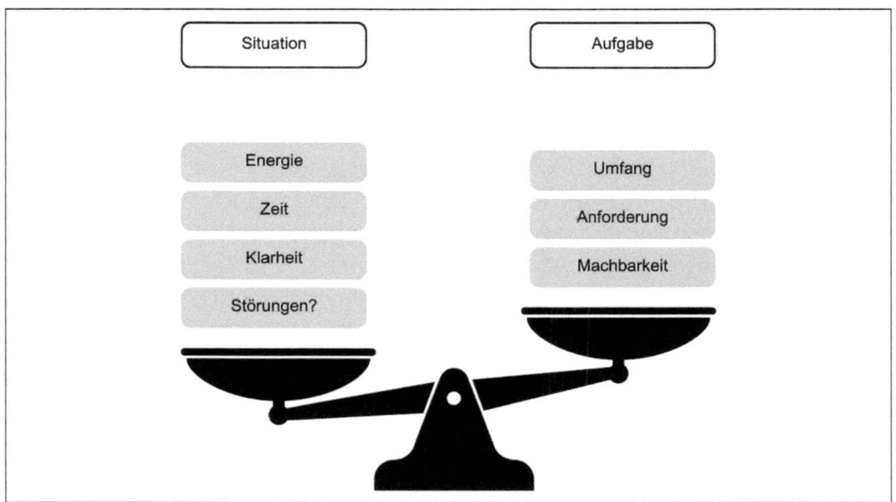

Abbildung 6: Das Verhältnis von Situation und Aufgabe ist entscheidend für die Umsetzung.

Es beschreibt das Verhältnis von Aufgabenstellung und Situation. Je besser deine Aufgaben (z. B. ihr Umfang und Anforderungslevel) zu deinen Voraussetzungen (z. B. deine Zeit und Energie) passen, desto wahrscheinlicher ist es, dass du in die Umsetzung kommst.

Auch kurze Zeitfenster kannst du auf diese Weise sinnvoll für deine Dissertation nutzen. Die Idee „Es lohnt sich gar nicht, jetzt etwas für die Dissertation zu tun“ ist damit fast hinfällig. Wenn die Aufgabe auf deine Situation abgestimmt ist, kannst du immer einen (unter Umständen kleinen) Beitrag zur Promotion leisten.[21]

Im nächsten Kapitel geht es darum, wie du gut ins Tun kommst und für Kontinuität sorgst. Vorher schauen wir uns an, wie auch dein bewusster Umgang mit Erwartungen deine Alltagsstruktur positiv beeinflussen kann.

5.5 Erwartungshygiene: Äußere und innere Ansprüche überprüfen und loslassen

„Der Text muss noch besser werden, bevor du ihn abschickst!“ „Beeil dich!“ „Ich darf auf keinen Fall scheitern!“ „Entspann dich doch mal!“ „Ich muss heute noch viel mehr schaffen!“ „Bleib bei deinem Kind!“ „Jetzt schreib einfach los!“ Vielleicht mischen sich kritische, fordernde Stimmen wie diese in deine Alltagsplanung ein und erschweren es dir, deine Promotion tatsächlich anzugehen. Dahinter stecken häufig Erwartungen, die andere oder du selbst an dich stellen. In Bezug auf deine Dissertation können sich dich einerseits motivieren, andererseits aber auch verwirren, unter Druck setzen oder ausbremsen.

> *Das Schwierigste ist immer das Gefühl zu haben, keinem gerecht zu werden - nicht meinem Mann, nicht meinen Kindern, nicht meinem Haushalt, nicht meinen Lehraufträgen, nicht meinem Job und auch nicht meiner Promotion. (Marianne, zwei Kinder, eigene Umfrage)*

Diese Stimme zeigt, wie viele Ansprüche diese promovierende Mutter verinnerlicht hat. Von verschiedenen Seiten spürt sie die Aufforderung, präsent zu sein. Wer aber spricht hier eigentlich – und hört sie diese Forderungen tatsächlich von anderen Menschen oder vielmehr in ihren Gedanken? Im Folgenden werden wir die verschiedenen Erwartungen differenzieren. Dieser Schritt dient als Vorbereitung der „Erwartungshygiene“. Damit meine ich, dass du dich mit den Erwartungen rund um deine Promotion mit Kind auseinandersetzt. Ich schlage dir dazu drei Schritte vor: Erstens machst du dir bewusst, welche Erwartungen es überhaupt an dich gibt. Zweitens überprüfst du, welche davon sinnvoll und von dir erfüllbar sind. Und drittens gehst du zu den Erwartungen, die du als sinnlos und unerfüllbar eingeordnet hast, in eine gesunde Distanz.

21 Wenn das dennoch schwerfällt, sind vermutlich andere Gründe ausschlaggebend, denen du auf die Spur kommen darfst.

Das verhilft dir dazu, dich auf dich selbst zu fokussieren und deine Alltagsstruktur dir selbst entsprechend zu gestalten.

Erwartungen differenzieren

Wo können die Erwartungen herkommen, die dich in deiner Promotion mit Kind beeinflussen? Drei Ebenen lassen sich hier unterscheiden:

- äußere Erwartungen, die von Menschen in deinem Umfeld explizit formuliert werden,
- angenommene Erwartungen, die du anderen unterstellst, die jedoch nicht geäußert wurden,
- innere Erwartungen, die du an dich selbst stellst.

Im Außen werden z. B. die folgenden Erwartungen explizit an dich herangetragen:

- an festen Tagen die Kinder in die Betreuung bringen und abholen,
- in regelmäßigen Abständen mit der Promotionsbetreuung Kontakt aufnehmen,
- bestimmte Care-Aufgaben erledigen,
- eine Lehrveranstaltung vorbereiten und durchführen,
- im Krankheitsfall deines Kindes eine Alternative zu Betreuung/Schule finden,
- berufliche Aufgaben übernehmen.

Über diese Erwartungen besteht ein gewisses Einvernehmen, sie sind für beide Seiten transparent. Du kannst sie hin und wieder daraufhin prüfen, ob du mit ihnen einverstanden bist oder ob sie dich unter Druck setzen. Vielleicht gibt es Möglichkeiten, etwas zu verändern. Anregungen für Gespräche (auch konflikthafte) findest du in Kapitel 7.

Daneben nimmst du vielleicht auch implizite Erwartungen wahr, die sich wie unausgesprochene Forderungen anfühlen können. Die Annahmen, die du über die Erwartungen anderer Menschen an dich triffst, sind in der Systemtheorie mit dem Begriff *Erwartungserwartungen* zusammengefasst. Die Personen in deinem Umfeld bekommen also von dir eine Erwartung zugeschrieben. Beispielhaft sind hier angenommene Erwartungen aufgeführt mit den recht anstrengenden Konsequenzen, die sie für dich haben können:

Tabelle 1: Angenommene Erwartungen und Konsequenzen

Person	Angenommene Erwartung	Mögliche Konsequenz
Kind	„Hole mich so früh wie möglich aus der Betreuung ab, sonst bin ich unglücklich.“	Du brichst täglich überstürzt deine Arbeit ab, um überpünktlich an der KiTa zu sein.
Promotions-betreuer:in	„Reiche ausschließlich perfekte Entwürfe ein, sonst bin ich enttäuscht.“	Du überarbeitest wochenlang deinen Text und zögerst die Kontaktaufnahme hinaus.
Partner:in	„Verbringe deine Wochenenden mit mir und dem Kind, sonst fühle ich mich allein gelassen.“	Du begrenzt deine Dissertation auf die Wochentage und bist am Wochenende unzufrieden.

Dass es sich dabei nur um angenommene Forderungen handelt, zeigt sich, wenn du sie kritisch auf ihren Wahrheitsgehalt prüfst und auch andere Möglichkeiten in Betracht ziehst. Anstelle der impliziten Annahmen und Erwartungen könnten ebenso gut die folgenden Ideen zutreffen:

Tabelle 2: Alternative „Wahrheiten“ und mögliche Konsequenzen

Person	Alternative „Wahrheit“	Mögliche Konsequenz
Kind	„Ich verbringe gerne Zeit in der Betreuung und es macht mir nichts aus, länger zu bleiben.“	Du beendest deine Arbeit in Ruhe und bist zu einer späteren Abholzeit an der KiTa.
Promotions-betreuer:in	„Ich habe Freude daran, gemeinsam über Entwürfe zu diskutieren und neue Ideen zu entwickeln.“	Du schickst den Text im Entwurfsstadium ab und teilst deine offenen Fragen mit.
Partner:in	„Ich finde es gut, wenn du die Zeit am Wochenende für deine Promotion nutzt und unterstütze dich.“	Du arbeitest in abgesprochenen Zeitfenstern auch am Wochenende an deiner Dissertation und bist zufriedener.

In der Gegenüberstellung wird deutlich, wie Erwartungserwartungen das eigene Verhalten und die Emotionen in unterschiedliche Richtungen beeinflussen können. Das Motto „Glaub nicht alles, was du denkst“ kann hier eine gute Erinnerung daran sein, Erwartungen von anderen in Bezug auf deine Promotion nicht für selbstverständlich zu nehmen.

Mit den inneren Erwartungen nehmen wir schließlich die Ansprüche in den Blick, die du – unabhängig von deinem Umfeld – an dich stellst. Hierunter können z. B. Glaubenssätze bezüglich deiner Leistungen fallen, aber auch die Stimme des inneren Kritikers/der inneren Kritikerin oder Impostorgedanken (vgl. Kapitel 2). Beispiele dafür sind:

- Ich darf mir keine Fehler erlauben.
- Ich muss jeden Tag an der Dissertation arbeiten.
- Ich muss immer für meine Kinder da sein.
- Ich muss schneller fertig werden.
- Ich muss noch mehr Zeit aufbringen.

Diese Erwartungen werden womöglich als innere Stimme in deinen Gedanken hörbar, du würdest sie jedoch niemandem zuordnen. Sie können ihren Ursprung in früheren Erfahrungen oder kindlichen Prägungen haben. Je nach Intensität wirken sie sich negativ auf dein Wohlbefinden und deinen Schreibprozess aus.

Alle drei Ebenen können Einfluss auf die Gestaltung deines Alltags nehmen und sollten bei deiner Erwartungshygiene beachtet werden. Nicht immer sind sie klar zu trennen und nicht immer sind sie dir bewusst. Daher ist ein erster Schritt, deinen Erwartungen auf die Spur zu kommen.

Erwartungen loslassen

Ich zeige dir nachfolgend exemplarisch, wie die drei Schritte einer Erwartungshygiene aussehen können. Im Reflexionsblatt findest du eine ausführliche Anleitung, um den Prozess für deine Situation durchzugehen.

Erwartungshygiene Schritt 1: Bewusst machen

Zunächst geht es wie gesagt darum, den verschiedenen Erwartungen in deinem Promotions- und Familienalltag auf die Spur zu kommen. Dabei helfen Fragen wie:

- Welche expliziten Erwartungen gibt es zum Fortschritt deiner Dissertation? Welche zu deiner familiären Verantwortung? Welche Ziele hast du im Gespräch mit jemandem vereinbart?
- Was glaubst du, welche Leistungen andere von dir sehen wollen? Was denken sie deiner Ansicht darüber, wie viel Zeit du mit deiner Dissertation und mit deinen Kindern verbringen solltest? Welche Personen beeinflussen dich hier besonders?
- Was erwartest du von dir selbst in Bezug auf deine Promotion? Wie viel Zeit solltest du deiner Meinung nach pro Woche in die Arbeit investieren? Wie groß muss das Zeitfenster sein, damit es sich deiner Ansicht nach „lohnt“? Was steht am Ende einer Arbeitseinheit, damit du sie als erfolgreich bewertest?

Erwartungshygiene Schritt 2: Überprüfen

Die gesammelten Erwartungen kannst du anschließend daraufhin überprüfen, inwiefern sie für dich persönlich einen Mehrwert haben. Gemessen an ihrer Umsetzbarkeit in deiner Lebenssituation, ergeben sie einen Sinn für dich? Ist es für dich erstrebenswert, diese Erwartungen zu erfüllen?

Auf die Alltagsgestaltung übertragen, könnte die Überprüfung so aussehen:

- Frage dich, welche Person die Erwartung geäußert hat und wie viel sie von deiner Situation weiß. Welche Rolle spielt diese Person für deine Promotion? Ist es hilfreich, dass sie so etwas von dir erwartet?
- Wenn du von hohen Erwartungen einer Person ausgehst und diese dich sehr stressen, wird es Zeit für einen Abgleich zwischen Vermutung und Realität. Wenn möglich, gehe mit der Person ins Gespräch und frage nach. Zum Beispiel: Wie findet es dein Kind, länger in der Betreuung zu bleiben bzw. wie schätzen die Erzieher:innen eine spätere Abholzeit ein? In welchem Zustand sollte der Text sein, wenn du ihn deiner Betreuungsperson schickst? Was denkt dein:e Partner:in über die Wochenendgestaltung?
- Auch deine inneren Erwartungen solltest du einmal objektiv mit der Realität abgleichen. Wie viel Zeit kannst du realistisch in einer Woche in die Dissertation stecken? Wann hast du wenig Energie und kannst nicht so viel schaffen, wie du erwartest? Wie wahrscheinlich ist es, dass du den aktuellen Zeitplan einhältst? Wie wichtig ist es dir?

Die Erwartungen, die dich weiterbringen, kannst du für dich mitnehmen. Möglicherweise lassen sie sich in motivierende Sätze umformulieren. Die Ideen, die dich bewegen und gleichzeitig irritieren, nimmst du zunächst mit in eine Reflexion. In ihnen verbirgt sich Veränderungspotenzial. Und einer dritten Kategorie widmen wir uns jetzt gezielt.

Erwartungshygiene Schritt 3: Loslassen oder verändern

Alle Erwartungen, die du gedanklich in die Kategorie „ohne Mehrwert“, „verursachen Druck und Stress“, „halten mich zurück“ einsortierst, nimmst du erst einmal genau so für dich zur Kenntnis.

Wenn sie dir jetzt bewusstwerden, kannst du das als Hinweis nehmen, sie nach und nach loszulassen. Das kann ein längerer Prozess sein. Es ist sogar sinnvoll, aus dem Abstandnehmen eine Gewohnheit zu machen. Bleibe behutsam und überfordere dich nicht. Mit einer (be)greifbaren Methode lässt sich dieses Loslassen unterstreichen. Schreibe alle Erwartungen auf jeweils einen Zettel. Lies dir jeden Zettel noch einmal durch und mache dir bewusst, welchen Einfluss die Erwartung bisher auf dich hatte und wie unrealistisch sie für dich ist. Dann kannst du die Zettel nacheinander zerknüllen und dich dabei innerlich von den Erwartungen verabschieden.

Was sich so leicht liest, kann teilweise sehr schwierig sein. Nicht immer ist es mit dem Zerknüllen eines Zettels getan. Denn hinter den Erwartungen verbergen sich oft langjährig verinnerlichte Glaubenssätze, beispielsweise Ideen dazu, wie „das Leben“ zu sein hat oder wie „die Welt“ funktioniert. Mit Glaubenssätzen solltest du behutsam umgehen, denn bis hierher haben sich dich ausgemacht, dir auf eine bestimmte Art genützt und dich ein Stück weit getragen. Um sie zu verändern (in diesem Fall geht es meistens nicht um das vollständige Loslassen), ist eine tiefere begleitete Arbeit nötig. Wenn du die Auseinandersetzung mit Erwartungen als kräftezehrend erlebst oder in den Widerstand gehst, höre an dieser Stelle auf dein Gefühl und suche dir professionelle Unterstützung.

Beim Lösen von hinderlichen Erwartungen kannst du dich selbst unterstützen, indem du dich gut auf dich selbst ausrichtest. Komme immer wieder zu dir zurück und finde heraus, was dir gerade nützt, was für dich gerade möglich ist und was du ganz konkret brauchst, um deine Promotion noch mehr in deinen Alltag zu integrieren. Es ist *dein* Leben, *deine* Familie, *deine* Promotion. Damit treten die Positionen anderer automatisch etwas in den Hintergrund. In Kapitel 9 hast du die Gelegenheit, deinen Ideen dazu gezielt nachzugehen.

Widersprüchlichkeit sehen

Um einen gesunden Abstand einzunehmen, ist es auch hilfreich, dir die Erwartungen an dich als Promovierende:n mit Kind nochmals in ihrer Vielzahl, Widersprüchlichkeit und Absurdität zu vergegenwärtigen. In Kapitel 3 hast du bereits gesehen: Es ist schlicht unmöglich, sie alle zu erfüllen. Tabelle 3 ist eine Auswahl von Erwartungen, die promovierende Eltern in einem Workshop zusammengetragen haben.[22]

Tabelle 3: Gesammelte Erwartungen an Mütter und Wissenschaftler im Kontrast

Eine gute Mutter…	***Ein guter Wissenschaftler…***
ist aufopferungsvoll	ist alleinstehend und kinderlos
ist immer da und präsent	geht ins Ausland
hat keine eigenen Bedürfnisse	liest den ganzen Tag
geht mit dem Kind viel an die frische Luft	ist flexibel im Wohnort
kocht frisch und gesund	erhebt Daten am Wochenende
übernimmt Verantwortung	braucht keinen Urlaub
begleitet jeden Gefühlssturm	ist eloquent
ist Vorbild	arbeitet auch nachts
soll immer glücklich sein	lebt nur für die Forschung
kümmert sich um alles im Leben der Kinder	ist rational und distanziert
hält sich fit und hübsch	hat ein internationales Netzwerk

22 Für die linke Spalte wurde „*die* gute Mutter" zugrunde gelegt, da ausschließlich Mütter anwesend waren. Für die rechte Spalte haben wir uns „*den* guten Wissenschaftler" vorgestellt. Die Person wurde bewusst männlich gewählt, da hier die typischen Erwartungen am deutlichsten werden (vgl. Kapitel 3).

Auch wenn die Gegenüberstellung hier sehr stereotyp wirkt, können solche oder ähnliche Ansprüche in deine Alltagsgestaltung hineinwirken. Der Kontrast der beiden Lebensbereiche, über den ich bereits in Kapitel 3 geschrieben habe, wird hier noch einmal deutlich. Umso wichtiger ist es, dass du vor Augen hast, welche Erwartungen dich im Alltagsgeschehen steuern.

Im Sinne der Erwartungshygiene weißt du nun: Wenn sie dir nicht dienlich sind, ist es müßig, sie erfüllen zu wollen. Wenn sie dich unter Druck setzen, blockieren oder Stress verursachen, ist es gut, dich behutsam davon zu lösen. Erwartungen sind also vor allem dann nützlich, wenn sie motivierend auf dich wirken und dich den nächsten Schritt gehen lassen. Für eine promotionsfreundliche Struktur schaue gut auf dich selbst und das, was realistisch möglich ist. Integriere diese Form der Gedankenhygiene gerne in deinen Alltag.

Im nächsten Kapitel erfährst du, wie du langfristig zu deiner Dissertation findest und dir eine Routine gestaltest, die zu den wechselhaften, unperfekten Bedingungen einer Promotion mit Kind passt.

5.6 Deine Checkliste zu Kapitel 5

Die alltagspraktischen Überlegungen kannst du dir mit dieser kurzen Übersicht noch einmal vor Augen führen.

In Kapitel 5 hast du

- ☐ gesehen, wie sich für die Promotion Ziele und Zwischenziele formulieren lassen.
- ☐ deine Planung auf verschiedenen Ebenen angeschaut.
- ☐ Strategien erhalten, um mit Planunterbrechungen umzugehen.
- ☐ Anregungen dazu bekommen, deine Energie in deiner Struktur zu berücksichtigen.
- ☐ Methoden kennen gelernt, um deine Aufgaben in machbaren Häppchen zu organisieren.
- ☐ Impulse dazu bekommen, dir Erwartungen bewusst zu machen.

5.7 Transfer in den Alltag: Deinen Alltag strukturieren

Über Pläne und Strukturierungsmethoden zu lesen ist etwas Anderes, als sie anzuwenden. Vermutlich hast du schon einige Varianten für dich ausprobiert und wieder verworfen. Es ist übrigens normal, dass Methoden für eine Zeit lang hilfreich sind und schließlich nicht mehr nützen. Dann braucht es wieder etwas anderes, um voranzukommen.

Im Reflexionsblatt setzt du bei deiner aktuellen Situation an und wirfst einen ressourcenorientierten Blick darauf, bevor es an das Neudenken deiner Struktur geht. Auch mit Planunterbrechungen und Erwartungen kannst du dich tiefer auseinandersetzen.

Lade dir das Reflexionsblatt gleich hier herunter:

Reflexionsblatt Kapitel 5: Deinen Alltag strukturieren.

Schaffe dir optimale Bedingungen, um deine Promotion in den Alltag zu holen.

Im nächsten Kapitel lernst du die Idee der Promotionsinseln kennen und erfährst, wie du dank einer individuellen Routine immer wieder dorthin reist. Es wird facettenreich und anschaulich.

6 Promotionsinseln: Eine familienkompatible Routine schaffen

Wie Marie so treffend in ihren Worten beschreibt, ist es in der Promotion mit Kind eine der größten Herausforderungen,

> *überhaupt Zeit zu finden, um zu schreiben. Care-Arbeit hört ja gefühlt nicht auf und so gibt es genügend Tage, an denen nicht einmal 25 Minuten für eine Schreibeinheit zur Verfügung stehen. Und abends bin ich häufig zu platt und möchte mich erholen und mich nicht noch mal konzentrieren (Marie, 2 Kinder, eigene Umfrage).*

Wie kann das Schreiben an der Dissertation unter diesen Umständen zur Routine werden? Dazu erhältst du in diesem Kapitel verschiedene Anregungen. Eine grundsätzliche Bemerkung vorab: Bei der Idee einer familienkompatiblen Routine geht es darum, sie an *dein* Leben anzupassen, so wie es jetzt ist. Daher hat dieses Kapitel „Buffetcharakter“: Ich schlage dir verschiedene Ansätze vor und du kannst entscheiden, was zu deinem Leben passt und inwiefern dieser Punkt für dich infrage kommt. Alle Abschnitte dieses Kapitels haben zum Ziel, dass du das Promovieren zu einer gut umsetzbaren Gewohnheit werden lassen kannst. Das digitale Reflexionsblatt kann dich dabei unterstützen, erste Veränderungsideen zu konkretisieren.

Jede Promotion mit Kind ist so individuell, dass es nicht die eine Routine geben kann. Dein Leben als Elternteil ist streckenweise chaotisch, meistens unplanbar und oft anstrengend. Da ist es unmöglich, alle Tipps zu befolgen und anschließend eine reibungslose Routine zu erschaffen. Das sollte also nicht der Anspruch sein. Gleichzeitig kann es interessant sein, dich auf einzelne Strategien einzulassen und sie – möglichst ergebnissoffen – in deinen Alltag aufzunehmen. Während du in Kapitel 4 den Platz deiner Promotion bestimmt und in Kapitel 5 eine Struktur dafür geschaffen hast, geht es nun darum, Rahmenbedingungen zu kreieren, in denen du dich deiner Dissertation freundlich, aber bestimmt immer wieder zuwendest.

Wenn du ein freiheitsliebender Mensch bist und dich mit festen Abläufen schwertust, bringe immer wieder Abwechslung in dein Vorgehen und versuche dennoch, dir langfristig und regelmäßig deine Promotionsinseln einzurichten. Betrachte das routinierte Vorgehen als eine Strategie, die du in dieser beruflichen Phase für dich ausprobieren kannst. Sorge auch dafür, dass in deinen anderen Lebensbereichen genügend Raum für freie Gestaltung bleibt.

Übrigens: Routinen dürfen sich verändern. Was jetzt passt, kann in ein paar Wochen bereits einengend oder unrealistisch erscheinen. Erlaube dir, neue Dinge auszuprobieren und Unbrauchbares wieder loszulassen.

6.1 Wozu braucht es eine Routine?

„Motivation bringt dich in Gang. Gewohnheit bringt dich voran." – Diesem Zitat von Jim Rohn stimmen meine Workshopteilnehmer:innen häufig nickend zu. Es ist die Regelmäßigkeit, die ein großes Projekt wie die Promotion schlussendlich fertig werden lässt. Zu Beginn waren deine Motivation und der sprichwörtliche Zauber des Anfangs genau die richtigen Qualitäten, um dir dieses ambitionierte Projekt überhaupt vorzunehmen. Es erschien dir erstrebenswert, reizvoll oder bereichernd – sonst hättest du dich vermutlich nicht auf den Weg gemacht (siehe auch Kapitel 4 zum Warum für deine Promotion). Und genau das hat dich ins Handeln gebracht, dich deine ersten Schritte gehen lassen. Solltest du diese intensive Anfangsmotivation momentan nicht (mehr) spüren, so ist das ganz normal.

Was du jetzt für den Weg zum Ziel brauchst, ist eine Art und Weise zu promovieren, die dir Langfristigkeit ermöglicht. Lass deine Dissertation zur Gewohnheit werden, und zwar so, wie sie in dein Leben mit Kindern passt. Eine Routine bringt dir die folgenden Vorteile:

- Die Arbeit an deiner Promotion ist ein fester Bestandteil deines Alltags.
- Du stellst deine Promotion weniger infrage.
- Du bleibst in Kontakt mit deinem Promotionsprojekt.
- Du wechselst leichter vom Alltagsmodus in den Schreibmodus und zurück.
- Du senkst die Anfangshürde und prokrastinierst weniger.
- Du knüpfst nach Unterbrechungen leichter wieder an.
- Du hast Klarheit darüber, wann du welcher Aufgabe nachgehst.
- Du kannst regelmäßige Erfolge verzeichnen.
- Du steigerst dadurch deine Motivation.

Um in diese Gewohnheit (wieder) hineinzufinden, benötigst du realistische und verbindliche Promotionsinseln für deine Promotion. Damit meine ich feste Zeitfenster, die du tatsächlich für die geplante Aufgabe nutzt, in denen du Ergebnisse erzielst und die sich wirksam und produktiv anfühlen. Schauen wir, welche Kriterien eine Routine erfüllen muss, damit sie sich im wechselhaften Alltag mit Kindern bewährt.

6.2 Kriterien einer Schreibroutine für Eltern

Zunächst einmal sollte deine Routine *individuell* auf deine Lebenssituation zugeschnitten sein. Es nützt nichts, dich an den Maßstäben anderer zu orientieren. Richte also den Fokus auf das, was gerade für dich möglich ist, etwa in Bezug auf Anzahl und Alter deiner Kinder oder die Rahmenbedingungen deiner Promotion (Anbindung, Betreuungssituation, Finanzierung ,...). Ein weiteres Kriterium ergibt sich direkt aus den Unwägbarkeiten, die im vorherigen Kapitel Thema waren: Deine Routine muss *anpass-*

bar sein. Sie sollte dir Sicherheit geben, sich jedoch nicht wie ein zu enges Korsett anfühlen. Du solltest Dinge verändern können, die nicht stimmig sind. Außerdem muss deine Routine unbedingt *alltagskompatibel* sein. Das heißt, deine Promotionsinseln sollten zu deinen Gegebenheiten passen. Damit sind etwa die Betreuungs- und Schlafzeiten deiner Kinder gemeint, aber auch dein Biorhythmus und deine eigenen Bedürfnisse. Nimm dir Gewohnheiten vor, die du für *realistisch* hältst und möglichst leicht umsetzen kannst. Deine Routine sollte dir nicht zu viel abverlangen, damit du nach einer Hochphase nicht in ein Tief fällst. Kleinere Wellen gehören dazu, doch generell solltest du darauf achten, dass deine Routine sich positiv auf deine Energie auswirkt. Damit sorgst du dafür, dass sie *durchhaltbar* ist und du gesund bleibst. Damit deine Routine im Familienalltag funktioniert, d. h., damit du die geplanten Promotionsinseln tatsächlich für die Arbeit an der Dissertation nutzt, sollte sie sich *grundsätzlich motivierend* anfühlen. Wenn der Gedanke an deine geplanten Abläufe dir kein gutes Gefühl gibt, gilt es nachzujustieren. Verbindlichkeit im Umgang mit deinen Promotionsinseln kannst du dir schaffen, indem du deine Routine *beobachtbar* machst, also deine Fortschritte und Fragen schriftlich festhältst und dich dafür anerkennst. Nicht zuletzt sollte deine Promotionsroutine *dir selbst entsprechen*. Auch wenn sie für andere nicht nachvollziehbar ist: Bleibe bei dir und mache sie dir passend. Dafür ist es nützlich, dich von den Vorstellungen anderer abzugrenzen und dich im Nein sagen zu üben (siehe den letzten Abschnitt dieses Kapitels). Achte bei der Gestaltung deiner Routine auch darauf, dass sie sich *gleichberechtigt* anfühlt: Damit ist es gemeint, dass du mit deinem:deiner Partner:in einen Weg findest, um deine Promotion stattfinden zu lassen (diesem Thema widmest du dich gezielt in Kapitel 7). Auch das Loslassen von bisherigen Gewohnheiten kann zur Etablierung der neuen Routine gehören: Gibt es Dinge, die dir im Weg stehen bei der Realisierung deiner Ideen?

Entscheidend ist: Deine Routine sollte sich insgesamt stimmig anfühlen. Überprüfe zwischendurch, wie gut sie zu deinen Lebensbedingungen passt und halte nicht allzu starr an ihr fest. Im Folgenden schauen wir uns die verschiedenen Möglichkeiten an, mit denen du für mehr Langfristigkeit und Verbindlichkeit sorgen kannst.

6.3 Zeiten im eigenen Alltag verankern

Zunächst einmal geht es darum, die Zeitfenster, die du im letzten Kapitel zum Schreiben an der Dissertation identifiziert hast, wirklich im Alltag zu verankern. Nimm dir das Reflexionsblatt aus dem letzten Kapitel zur Hand, wenn du beim weiteren Lesen daran anknüpfen möchtest. Zur Routine werden deine Zeitfenster, indem sie *in festen Abständen* wiederkehren. Hier ist es wieder essenziell, dass du von deiner eigenen Situation ausgehst: Welche Zeitfenster und welcher Abstand sind für dich passend? Wenn du z. B. eine externe 80%-Stelle hast und euer Baby allein durch dich und dein:e Partner:in betreut wird, dann sieht deine Promotionsroutine anders aus, als wenn deine Promotion Teil deiner Arbeitszeit ist und du ein Schulkind hast, das im Ganztag betreut ist. Die Antwort auf die Frage „Wie oft kannst du realistisch gesehen an deiner Dissertation schreiben?“ wird hier sehr unterschiedlich ausfallen. Das gilt es für die Routine zu berücksichtigen und bedeutet auch, dass du dir *keinen zusätzlichen Druck* machen musst, wenn deine Pflichten einfach nicht mehr Zeit hergeben. Falls der Zeitmangel dich gerade stört, nimm diesen Impuls gerne zum Anlass, in Kapitel 9 nach Veränderungsmöglichkeiten zu suchen.

Achte bei der Suche nach geeigneten Zeitfenstern darauf, zu welcher Tageszeit du die meiste Energie zum Schreiben hast. Wenn du eher der *Chronotyp Lerche* bist und damit in den frühen Morgenstunden am besten arbeiten kannst, sind abendliche Promotionsinseln nicht das Mittel der Wahl, um konzentriert und effizient einen Text zu erstellen. Du kannst sie dennoch nutzen, um Aufgaben zu erledigen, die weniger Energie erfordern (siehe die flexible To-do-Liste in Kapitel 5). Bist du eher eine *Eule* und magst es, spät abends bis nachts in deine Aufgaben einzutauchen, sind für dich fokussierte Schreibeinheiten am Morgen schwierig durchzuhalten.

Charlotte beschreibt ihren Bedarf nach Zeitfenstern, die zu ihrem Alltag passen und in denen ihre eigene Energie noch ausreicht:

> *Ich bräuchte mehr Zeit in Ruhe, wenn ich tagsüber noch fit genug bin. Ursprünglich (also vor den Kindern) bin ich eine Nachteule – da die beiden aber immer schon sehr früh wach werden kollidiert das leider mit einem möglichen Arbeitsfenster bis 2 oder 3 Uhr morgens. Tatsächlich überlege ich aber auch derzeit, mein Ehrenamt für eine Zeit ruhen zu lassen, um mir die dafür notwendigen Zeiten für meine Diss zu nehmen – ich hänge nur sehr daran. Irritiert bin ich eigentlich immer nur von den Leuten, die alles zusammen und mehr (allerdings ohne Diss) schaffen – ich begnüge mich aber damit, dass sie vielleicht auch nicht zu 100% die Wahrheit erzählen, wie anstrengend alles ist. (Charlotte, 2 Kinder, eigene Umfrage)*

Auch wenn durch deine Kinder viele Strukturen im Alltag vorgegeben sind, lohnt es sich, hier kreativ zu werden und deinen Bedürfnissen Aufmerksamkeit zu schenken.

Praxisbeispiel:

Anna hat in ihrer Promotion regelmäßig die Zeit nach dem gemeinsamen Abendessen genutzt, um sich täglich für eine Stunde an ihren Schreibtisch zurückzuziehen. Dieser befand sich in einem anderen Stockwerk, sodass sie den Raum und die Etage verlassen konnte. Ihr Partner hat in dieser Zeit den Tisch abgeräumt, die Kinder bettfertig gemacht und mit ihnen gespielt. Auch wenn es ihr anfangs schwerfiel und sich das schlechte Gewissen meldete, hat sie die Zeit immer besser für sich nutzen können. Um die Kinder ins Bett zu bringen, was ihr wichtig war, war sie wieder zurück. Je nach Energie konnte sie dann während der Schlafenszeit noch einmal an die Aufgabe anknüpfen.

Elske beschreibt ihr Vorgehen wie folgt:

> *Am Ende des dritten Jahres habe ich dreimal pro Woche nach dem Abendessen noch mal zu Hause an meiner Dissertation geschrieben. Tatsächlich habe ich meine Promotion nach knapp vier Jahren verteidigt, was – abzüglich 8 Wochen Mutterschutz und 6 Monate Elternzeit – kürzer ist, als die der meisten anderen Doktoranden. Das hat mich Einiges an Kraft gekostet, aber ich wollte sie unbedingt fertigbekommen und nicht irgendwie „verschleppen". (Elske, 1 Kind, Erfahrungsbericht, eigener Blog)*

Um ein definiertes Zeitfenster zur Gewohnheit werden zu lassen, kannst du mit dem *Immer dann…*-Prinzip arbeiten: „Immer dann [konkreter Zeitraum, konkrete Situation], tue ich [genaue Handlung]".[23] Das kann z. B. so aussehen:

- Immer montags und mittwochs von 9:00 bis 12:00 Uhr ist Promotionszeit.
- Noch spezifischer: Jeden Montag ist Recherchezeit, jeden Mittwoch ist Lesezeit. Oder: Von 9:00 bis 11:00 Uhr ist Schreibzeit, von 11:00 bis 12:00 Uhr ist Überarbeitungszeit.
- Jeden Donnerstag nach der Mittagspause aktualisiere ich meine Literaturdatenbank.
- Jeden ersten Mittwoch im Monat treffe ich mich abends mit Kolleg:innen zum virtuellen Austausch.
- Für *Eulen*: Zweimal im Monat lege ich am Freitag eine Nachtschicht ein und vereinbare mit meinem:meiner Partner:in, dass ich am nächsten Morgen länger schlafen kann.
- Für *Lerchen*: Zweimal in der Woche stehe ich um 5 Uhr auf und gehe am Abend vorher eine Stunde früher ins Bett.
- Alle 14 Tage freitags von 11:00 bis 12:00 Uhr treffe ich mich zum virtuellen gemeinsamen Schreiben.

So wie es dir und deiner Energie im Tagesgeschehen entspricht, kannst du mit deinem:deiner Partner:in eine feste Promotionseinheit, etwa an einem Abend der Woche oder zweimal pro Monat am Wochenende, festlegen. Nimm dein Bedürfnis nach echter konzentrierter Schreibzeit dafür ernst. Du darfst und sollst diese Zeiten für dich in Anspruch nehmen. Vielen fällt es leichter, verabredete Schreibtreffen vor der Familie zu verteidigen als sie sich selbst zu schaffen. Doch es braucht nicht zwingend diesen Rahmen, um deine Promotionsinsel zu „legitimieren", solange es für alle klar ist.

Ein guter Grundsatz für alle deine Promotionsinseln ist: *Qualität vor Quantität*. Es ist sinnvoller, deine Zeiträume ganz bewusst zu wählen, klar einzugrenzen und dann

23 https://www.uni-bremen.de/byrd/promovierende/taking-care-of-yourself-gesundes-arbeitsleben/gute-arbeitsroutinen-entwickeln [Zugriff: 23.4.2024]

wirklich zu nutzen, als jeden Tag von der inneren Stimme „Du müsstest eigentlich jetzt etwas für die Dissertation machen" geplagt zu sein. So entlastet beispielsweise ein fester und tatsächlich genutzter Schreibabend pro Woche gleichzeitig die anderen Abende, denn diese bleiben offiziell promotionsfrei.

Im Sinne der Anpassbarkeit komme ich noch einmal auf den Fall zurück, dass du ein geplantes Zeitfenster kurzfristig nicht nutzen kannst. Gründe dafür können sein, dass die Schlafzeit deines Kindes variiert, dass die Betreuung ausfällt oder sich verkürzt, dass du oder dein Kind krank werdet oder dass du selbst unter Schlafmangel leidest. Für die Routine ist es wichtig, diese latente Unsicherheit aufzufangen. Dafür kannst du minimale Sicherheitsvorkehrungen treffen, indem du bereits bei der Planung *Alternativen* mitdenkst. Was passiert mit diesem Zeitfenster, wenn du es betreuungsbedingt nicht nutzen kannst? Wer kann die Betreuung übernehmen? Kannst du dir einen kleinsten Schritt vornehmen? Wie kannst du möglichst gut in die Akzeptanz kommen? In allen Fällen kannst du dir bewusst machen, dass dieser unfreiwillige Schreibstopp nicht dein persönliches Scheitern ist, sondern dass du hier einen flexiblen Umgang mit ungeplanten Bedingungen zeigst (siehe Kapitel 5 zu Planunterbrechungen).

Wenn du bereits feste Zeitfenster etabliert hast, kannst du erneut prüfen, inwiefern sie aktuell zu dir passen und wie du bisher damit umgegangen bist, wenn sie weggefallen sind. Falls du jetzt bereits neue Ideen gewonnen hast, mache dir eine kurze Notiz dazu. Wir kommen jetzt zu einem anderen Schritt, der für gute Gewohnheiten eine Rolle spielt: Es geht darum, dich leichter in den Arbeitsmodus einzufinden und dich – auch nach Unterbrechungen – gut wieder auf das Schreiben einzulassen.

6.4 Übergänge gestalten

> *Mir fallen die Übergänge schwer, wenn ich eigentlich konzentriert arbeiten könnte, aber dann feststelle, dass die Wäsche trocken ist o.Ä. Dann den Fokus zu behalten, ist überhaupt nicht meine Stärke. (Carlotta, 1 Kind, eigene Umfrage)*

Vielleicht kennst du das: Du hast eine klar umrissene Aufgabe vor dir, deine Zeit ist für das Schreiben reserviert, dein Kind betreut und dein Schreibtisch aufgeräumt. Im Außen ist also alles da. Doch mit dem Schreiben zu beginnen, fällt dir unheimlich schwer und Ablenkungen sind besonders willkommen. Was braucht es also, um in der gegebenen Zeit in den konzentrierten Schreibmodus einzutauchen?

Schauen wir zunächst, was dich eigentlich noch davon abhalten könnte. Wenn das Außen so klar ist wie oben skizziert, liegen die Gründe vermutlich im Innen. Mentale, emotionale oder auch physische Aspekte können hier eine Rolle spielen. Beispiele dafür sind:

- Gedanken an deine Kinder: Du fragst dich, was sie gerade machen, ob sie gut versorgt sind, wie es ihnen wohl geht.

- Unerledigte Care-Aufgaben: Du müsstest eigentlich noch einen Arzttermin vereinbaren, ein Geburtstagsgeschenk auswählen, den Einkauf erledigen oder die gewaschene Kleidung einsortieren.
- Ungeklärte Situationen: Du bist emotional mitgenommen von einer Auseinandersetzung mit der Promotionsbetreuung, einem Streit in der Partnerschaft oder einem hektischen Morgen mit deinen Kindern.
- Müdigkeit und Erschöpfung: Aufgrund von Schlafmangel oder zu viel mentalem Ballast fehlt es dir an Energie.
- Unlust und Widerstand: Du verbindest die anstehende Aufgabe mit negativen Gefühlen. Sie fühlt sich zu anstrengend, zu schwierig oder zu langweilig an.
- Eile oder Zeitdruck: Das Zeitfenster, was vor dir liegt, empfindest du als zu kurz. Du willst die Zeit besonders gut nutzen und verspürst Druck.
- Unsicherheit oder Unklarheit: Du musst dich mit einem neuen, unbekannten Thema auseinandersetzen, das noch viele offene Fragen bereithält. Der Schreibprozess macht dir Angst.
- Perfektionismus: Du willst auf Anhieb einen makellosen Text erstellen und schreckst deshalb vor dem Schreibprozess zurück.

Es gibt eine Vielzahl an möglichen Gründen dafür, dass das Anfangen schwerfällt. Vielleicht kannst du der folgenden Beobachtung zustimmen: Bei allen genannten Punkten liegt der Fokus auf dir selbst. Grundsätzlich ist es wichtig, dass du dich mit deinen persönlichen Themen auseinandersetzt und dir Raum zur Klärung gibst. Sie gehören zur Promotion dazu und du kannst daran wachsen. Für den Moment, in dem du dich auf das Schreiben einlassen willst, ist es jedoch hilfreich, deine Aufmerksamkeit von dir weg und auf die Sache selbst zu richten. Führe dir also vor Augen, was du eigentlich gerade vorhast: Das neue Kapitel strukturieren, den Anfang des Papers lesen, zu einem neuen Thema recherchieren oder einen Versuch auswerten. Welche inhaltliche Frage stellst du dir heute? Wie gehst du vor, um sie zu beantworten? Welches ist dein erster Schritt? Mit diesen Fragen kannst du dich in die Aufgaben hineindenken. In puncto Langfristigkeit ist es eine gute Übung, deine inneren Hindernisse als zum Schreibprozess zugehörig zu akzeptieren. Auch *mit* unerledigten Care-Aufgaben, Unlust oder Unsicherheit kannst du ins Schreiben finden. Es ist nicht nötig – und wohl auch eher unwahrscheinlich –, dass du dich zuvor vollständig von allen unangenehmen Gefühlen freimachst.

Dennoch ist es empfehlenswert, die Zeit des Übergangs nicht zu unterschätzen und bewusst zu gestalten. Nach einem turbulenten Morgen mit Kindern deinen Schalter auf das Schreiben umzulegen, ist von jetzt auf gleich kaum möglich. Und umgekehrt: Nach einem intensiven Schreibvormittag den Schalter auf die Fürsorge deines Kindes umzulegen, ist ebenso schwierig. Es ist normal, dass du gedanklich und emotional noch in der vorherigen Phase hängst und dass du Zeit für das Ein- bzw. Auschecken benötigst. Mein Tipp für deine Routine lautet daher: Nimm dir am Anfang und Ende deiner Promotionsinsel jeweils fünf bis zehn Minuten Zeit für den Übergang. Das gilt auch – und insbesondere – für eher kürzere Zeitfenster.

Übergang vom Familien- in den Promotionsmodus: Einchecken

Wie findest du gut vom Familien- in den Promotionsmodus? Die beste Frage für das Einchecken ist eine, die du immer wieder neu für dich beantworten darfst: *Was brauche ich jetzt, um zu schreiben?*

Es geht also darum, deine Promotionsinsel für den Tag anzusteuern. Nachfolgend findest du eine Auswahl an Strategien, die dich dabei unterstützen können. Achte gut darauf, was zu dir passt. Auch wenn sich deine Zeit zu kostbar anfühlt für eine dieser Methoden, probiere sie in einem begrenzten Zeitrahmen aus. Ein vertrödelter Vormittag kostet dich am Ende mehr als die bewusst genommenen zehn Übergangsminuten.

15 Dinge, die dir beim Einlassen auf das Schreiben helfen:

1. Checke deine körperlichen Bedürfnisse. Brauchst du gerade etwas zu trinken, zu essen oder musst auf Toilette?
2. Schicke deinen Kindern in Gedanken eine Umarmung.
3. Notiere die offenen Care-Aufgaben auf einem Zettel und „parke“ sie ganz deutlich für später.
4. Mache dir deine Aufgabe für jetzt bewusst. Suche nach einem Aspekt, der für dich interessant oder lohnend ist.
5. Prüfe noch einmal deine Energie und wie die Aufgabe dazu passt (siehe Kapitel 5).
6. Nimm deine Situation an, so wie sie jetzt ist.
7. Nutze eine kurze Meditation, um gedanklich im Moment anzukommen und alles andere loszulassen.
8. Sorge für eine kurze Bewegungseinheit, z. B. indem du zu deinem Lieblingslied tanzt.
9. Führe ein Anfangsritual durch. Welche Tätigkeit hilft dir, um wirklich in Arbeits- oder Schreibstimmung zu kommen? Beispiele für Rituale sind:
   dir eine Tasse Tee oder Kaffee kochen und den Gedanken nachhängen,
   deine Arbeitsfläche freiräumen,
   ein paar Mal tief durchatmen,
   eine Kerze anzünden,
   einer Freundin schreiben, dass du jetzt loslegst.
10. Begegne dir selbst mit Empathie. Du stellst dich gerade einer großen Herausforderung, das kostet Kraft.
11. Schreibe dir den Kopf frei mithilfe einer *Freewriting*-Einheit. Dazu stellst du dir den Timer auf 5 oder 10 Minuten und schreibst ungefiltert (!) alles auf, was dir durch den Kopf geht. Setze dabei den Stift nicht ab und schreibe in ganzen Sätzen, auch

etwas wie „Mir fällt gerade nichts ein." Fokussierter kannst du vorgehen, indem du eine Frage oder einen Satzanfang festlegst, etwa
„Mich hält gerade vom Schreiben ab, dass..."
„Im nächsten Abschnitt geht es um..."
„Ich weiß gerade nicht, wie..."
„Ich brauche heute zum Schreiben..."
Wenn der Timer klingelt, kannst du das Geschriebene nochmals durchgehen und interessante Stellen markieren. Manchmal unterstützt es zusätzlich, aus den markierten Stellen einen einzigen Satz als Essenz zu formulieren. Mir persönlich helfen diese Minuten sehr, um zum Kern meiner Gedanken durchzudringen.

12. Nimm dir 10 Minuten Trödelzeit. Diese Zeit darfst du mit Dingen füllen, die du sonst gerne zur Ablenkung nutzt, etwa durch Social-Media-Kanäle scrollen oder Videos ansehen. Die einzige Bedingung: Wenn der Timer das Ende signalisiert, gehst du ohne Umwege in dein Schreibdokument.
13. Wenn du gerade etwas Neues beginnst, akzeptiere den vorläufigen Charakter. Der erste Aufschlag ist immer unvollständig. Er ist nur für dich selbst gedacht. Andere Personen (Betreuung, Gutachter:innen, Leser:innen) spielen jetzt keine Rolle.
14. Halte deine ersten Arbeitseinheiten für den Einstieg sehr kurz. Eine Sanduhr für 15 Minuten umzudrehen, kann auch ein haptisches Signal zum Loslegen sein.
15. Erteile dir die innere Erlaubnis zum Schreiben. Überlege dir einen Satz, der dich stärkt, z. B.: „Ich erlaube mir, jetzt meine Dissertation voranzubringen." oder „Es ist alles in Ordnung. Ich darf jetzt schreiben." Sprich den Satz einmal laut aus, bevor du beginnst.

In ähnlicher Weise kannst du dir mithilfe eines Mantras mentalen Support geben. Dazu wählst du einen oder zwei stärkende Sätze aus und sprichst sie laut oder in Gedanken aus, bevor du mit dem Schreiben beginnst. Unterstützend kannst du sie dir aufschreiben und über deinen Schreibtisch hängen. Hier sind einige Beispiele zur Inspiration, die du gerne für dich anpassen kannst:

Ich erlaube mir, mich jetzt ganz auf meine Dissertation einzulassen.
Diese Zeit gehört nur mir und meiner Promotion.
Meine Kinder sind gut versorgt.
Alle anderen Aufgaben können warten.
Das, was ich jetzt geben kann, ist genug.
Dieser Schritt bringt mich meinem Ziel näher.
Meine Aufmerksamkeit gilt meiner Dissertation im Hier und Jetzt.
Ich lasse alle Ansprüche und allen Druck los.
Auch wenn die Zeit sich kurz anfühlt, bringt sie mich weiter.

Wenn deine Zeit zum Einchecken verstrichen ist, geht es – ganz simpel und relativ unemotional – darum, den Anfang zu machen. Genau jetzt. Du startest direkt mit der Aufgabe: Öffne das Paper und lies den ersten Abschnitt, öffne das Dokument und schreibe einen unperfekten Satz, oder öffne einen Datensatz und mache den ersten Analyseschritt. Erinnere dich daran, dass du für das Arbeiten an der Promotion in diesem Moment keine Motivation brauchst. Du kannst auch so anfangen. Einfach, weil die Aufgabe jetzt dran ist. Und eine gewisse Anfangsanstrengung darf dich trotz allem begleiten.

> *Was mir hilft ist, wenn ich kleine Zeitinseln habe. Dazu mache ich mir kurz einen Plan, wobei ich gemerkt habe, dass das Wichtigste ist, dass ich nicht erst alles andere mache – dann bleibt keine Zeit mehr übrig. (Marianne, zwei Kinder, eigene Umfrage)*

Ein bisschen erinnert das vielleicht an „Augen zu und durch“. Wenn mental, emotional und physisch alles weitgehend abgecheckt ist, kann das eine praktikable Strategie sein.[24] Denn jetzt sind deine Verantwortung und dein Handeln gefragt. Wenn du darauf wartest, dass die Promotion „passiert“, wirst du nicht vorankommen. Vielleicht kennst du auch Situationen, in denen die Emotionen nach einer Weile in den Hintergrund rücken und du deiner Aufgabe mehr und mehr deine Aufmerksamkeit widmen kannst. An diesem Punkt hast du den Modus des Einfindens bereits überwunden. Erlaube dir, immer wieder diese kleinen Eincheck-Momente zu nehmen, wenn du von äußeren oder inneren Störungen unterbrochen wirst.

Übergang vom Promotions- in den Familienmodus: Auschecken

Ebenso wichtig wie das Ansteuern deiner Promotionsinsel ist es, dich zum Aufbrechen bereit zu machen und den nächsten Besuch vorzubereiten. Ich kenne es selbst: Wenn ich aus einer konzentrierten Arbeitsphase aufschrecke und loshetzen muss, um meine Kinder abzuholen, hängt mir das sehr lange nach. Ich bin den Rest des Tages unzufrieden, unruhig und komme nicht mehr richtig bei mir selbst an. Die Zeit zum Auschecken erlaubt mir, gedanklich mit der Arbeitseinheit abzuschließen.

Wenn du gerade ein Baby versorgst oder dein Kleinkind zu Hause betreust, hast du nicht immer die Wahl. Ein Baby, das hungrig oder weinend aufwacht, lässt dir nicht viel Zeit für den Abschluss. Vielleicht kannst du einige der folgenden Ideen nutzen, sobald die akute Situation sich etwas beruhigt hat (z. B. nachdem du das Baby versorgt hast). Für die eigene innere Ruhe ist es meiner Erfahrung nach sehr wertvoll, dir diese klärenden Momente zu nehmen.

24 Solltest du so starke Widerstände spüren, dass sie dich regelmäßig vom Anfangen abhalten und dieses Muster dein Wohlbefinden stark beeinträchtigen, suche dir bitte professionelle Unterstützung. Es lohnt sich, dem Grund für diesen Widerstand auf die Spur zu kommen und ihn aufzulösen.

Hier findest du eine Sammlung von Methoden, die du zum Auschecken nutzen kannst:

15 Dinge, die dir beim Übergang in den Familienmodus helfen:

1. Stelle dir einen Wecker, der dich zehn Minuten vor dem Ende deines Zeitfensters ans Aufhören erinnert. Unterbrich deine inhaltliche Arbeit.
2. Lass dein Handy noch im Flugmodus und alle Social-Media-Apps geschlossen.
3. Atme ein paar Mal tief durch.
4. Sei geduldig mit dir und akzeptiere, dass jetzt die Zeit für die Beendigung der Arbeitsphase gekommen ist.
5. Notiere dir die Gedanken, die jetzt noch in deinem Kopf präsent sind.
6. Ziehe ein kurzes schriftliches Resümee aus der Arbeitseinheit:
   Was habe ich heute gemacht?
   Was konnte ich abschließen?
   Was ist offen?
   Wo mache ich beim nächsten Mal weiter?
   Was ist der nächste kleine Schritt?
7. Schließe alle Dateien und Bücher ganz bewusst.
8. Klopfe dir selbst auf die Schulter und erkenne deinen Fortschritt für heute an.
9. Trinke ein Glas Wasser.
10. Räume deinen Arbeitsplatz auf.
11. Höre dein Lieblingslied und/oder bewege dich.
12. Lies einen Text, der nichts mit deiner Promotion zu tun hat.
13. Richte die Aufmerksamkeit langsam auf dich selbst und auf den Tag, der noch vor dir liegt. Dazu kannst du dich fragen:
    Wie geht es mir jetzt?
    Was steht heute noch an?
    Worauf freue ich mich heute noch?
    Was brauche ich gerade für mich selbst?
14. Bleibe auf dem Nachhause- oder Abholweg noch fünf Minuten auf der Parkbank oder im Auto sitzen und hänge deinen Gedanken nach.
15. Überlege, was dir und deinen Kindern heute guttun könnte, um gemeinsam einen Übergang in den Familienmodus zu finden. Und stelle dich darauf ein, dass wahrscheinlich gleich etwas ganz Anderes passiert, als du jetzt denkst.

Betrachte das Ein- und Auschecken am besten als *fließende Übergänge*. Auch wenn du dir bewusst Zeit dafür nimmst, werden die Lebensbereiche ineinandergreifen. Wie ich bereits in Kapitel 2 beschrieben habe, ist es normal, dass mitten im Schreibprozess Gedanken an deine Familie auftauchen oder dir während der Zeit mit deiner Familie weitere Ideen für dein Kapitel kommen. Du bist als ganzer Mensch unterwegs und kannst deine Rollen nicht wie einen Mantel an der Tür ablegen. Ich möchte dich nochmals erinnern, dir diese Ganzheitlichkeit zu erlauben. Vielleicht kannst du ihr ja etwas Positives abgewinnen. Ist es nicht eine nette Nebenbeschäftigung, auf dem Spielplatz eine Idee als Audionotiz aufzunehmen? Und kann der Gedanke an einen gemeinsamen Nachmittag mit deinem Kind nicht auch das Schreiben beflügeln? Andrea beschreibt rückblickend, wie sie diese Abwechslung für sich genutzt hat und davon profitieren konnte:

> *Intensiv in Erinnerung werden mir die Zeitpunkte bleiben, in denen mein Sohn eingeschlafen ist und ich regelrecht zum Computer gelaufen bin, weil ich meine neuen Ideen zu Papier bringen wollte. Ich habe sehr oft die Einschlafphasen meines Sohnes genutzt, um die Gedanken rund um eine wissenschaftliche Arbeit zu sortieren. Viele Erkenntnisse habe ich auch während der Nachmittagsaktivitäten mit meinem Sohn gehabt. In der Zeit, in der er zu laufen begonnen hat, bin ich ihm kilometerweise hinterhergegangen. Auch dabei konnte ich oft neue Lösungsstrategien für meine Dissertation entwickeln. (Andrea, 1 Kind, Erfahrungsbericht, eigener Blog)*

Die Phasen des Übergangs bewusst zu gestalten, kann eine große Veränderung bewirken. Nun geht es um die Phase dazwischen und die Frage, wie du in dieser wertvollen Zeit fokussiert deinen Aufgaben nachgehen kannst. Um im Bild der Insel zu bleiben: Deine Ankunft und dein Aufbruch sind vorbereitet, doch wie kannst du dir deinen Aufenthalt so gestalten, dass du gerne verweilst und von deinem Besuch profitierst?

6.5 Im Prozess bleiben und den Fokus halten

Die Ausgangsfragen lauten: Wie kannst du als Elternteil fokussiert an deiner Promotion arbeiten? Wie gehst du mit ablenkenden Gedanken und parallel existierenden Aufgaben um? Wie bleibst du im Schreibfluss?

Eine, wie ich finde, sehr treffende Umschreibung des Wortes *focus* ist das folgende Akrostichon:

F ollow
O ne
C ourse
U ntil
S uccessful

Den Fokus halten bedeutet also, dass du eine Sache abschließt, bevor du dich der nächsten widmest. Dass deine Aufgabenpäckchen dafür die richtige Form brauchen, hast du bereits in Kapitel 5 gesehen. Und damit stellt sich die Frage: Was ist die eine Sache, die du heute erfolgreich abschließen möchtest? Diese Frage zu Beginn des Tages oder einer Arbeitseinheit für dich zu beantworten, bringt Klarheit und schafft gute Voraussetzungen für deinen Fokus. Ich persönlich variiere gerne zwischen diesen zwei Varianten der *Fokusfrage*:

Wenn ich heute Abend zufrieden schlafen gehe, was genau habe ich dann – für meine Dissertation/mit meinen Kindern – gemacht?

Bei welcher Sache würde es mich am Ende des Tages am meisten stören, wenn sie unerledigt bliebe?

Beim Nachdenken über eine dieser Fragen wird sich sehr wahrscheinlich herauskristallisieren, worum es heute für dich geht. Es zahlt sich aus, wenn du dir für diese Antwort etwas Zeit nimmst. Auch das schlechte Gewissen lässt sich damit von vorneherein minimieren, denn du hast dir bereits klar gemacht, was dir heute wichtig ist.

Nach diesem Schritt ist es hilfreich, dir deinen Fokus für den Tag sichtbar zu machen. Schreibe dir das Thema des Tages auf deine To-do-Liste, in deinen Kalender oder auf einen Notizzettel. Stelle diese Aufgabe immer wieder in den Mittelpunkt, sie hat heute oberste Priorität. Am besten ist es, wenn du dich dieser einen Sache, mindestens aber ihrem Anfang, ohne große Umschweife widmest.

Und dann bleibe bei dieser einen Sache, bis sie abgeschlossen ist. Zugegeben, dieses abolute *Single-Tasking* ist für die meisten Eltern ein ungewohnter Modus. Viel zu oft haben wir zig verschiedene gedankliche Tabs im Gehirn geöffnet und kommen doch vor lauter Gleichzeitigkeit bei keiner Aufgabe richtig voran. Tatsächlich wechselt unser Gehirn zwischen den Aufgaben hin und her. Dass wir zeitgleich mehrere Dinge bearbeiten können, ist ein Mythos. Diese geteilte Aufmerksamkeit ist erschöpfend und macht auf Dauer unzufrieden. Ein Schlüssel für das Eintauchen ist also die Konzentration auf eine einzige Sache.

Die folgenden Dinge können dich darin unterstützen, bei deiner ausgewählten Aufgabe am Ball zu bleiben.

15 Dinge, die dir helfen, den Fokus zu halten:

1. Schalte möglichst alle Störungen aus. Schließe dein E-Mail-Postfach und deine Bürotür.
2. Nutze Kopfhörer, wenn du magst mit Noisecancelling-Funktion. Auch eine Playlist mit Konzentrationsmusik kann helfen.
3. Arbeite in festen Zeitintervallen, etwa mit der Pomodorotechnik.
4. Mache regelmäßige, echte Pausen. Bewege dich, trinke etwas, verlasse kurz deinen Arbeitsplatz und schaue in diesen Pausen nicht in deine E-Mails. Das Risiko ist hoch, dass sie dich augenblicklich aus deinem Arbeitsmodus herausholen.
5. Eins nach dem anderen: Setze dich an eine Aufgabe und beginne erst mit der nächsten, wenn sie zu deiner Zufriedenheit abgeschlossen ist.

6. Halte beim Arbeiten immer wieder kurz inne: Wie kommst du mit der Fokusaufgabe für heute voran? Diese Frage kannst du dir z. B. in Pomodoropausen stellen oder dann, wenn du dir etwas zu trinken holst.
7. Wenn du in Gedanken bei deiner Unlust oder deinen Zweifeln landest, nimm die Aufmerksamkeit von dir selbst weg und richte sie wieder auf deine Aufgabe.
8. Wenn du dich dabei ertappst, dass du nach Ablenkung suchst: Verdeutliche dir den kurzfristigen Gewinn (du fühlst vermeintliche Entspannung) und stelle den langfristigen Gewinn (du bringst deine Dissertation voran) gegenüber.
9. Wenn deine Gedanken zu deinen Kindern wandern und du sie vermisst, freue dich auf euer Wiedersehen. Und wertschätze gleichzeitig die Zeit, die du in diesem Moment für deine Promotion zur Verfügung hast.
10. Mache dir bewusst, wie produktiv du zu dieser Tageszeit sein kannst. Wenn du noch (oder schon) müde bist, plane entsprechend mehr Pausen ein, bewege dich regelmäßig und trinke ausreichend.
11. Setze dir ein klares Ende für deine Schreibzeit. Lass dir noch Zeit für andere Aufgaben und für dich selbst (siehe Übergänge).
12. Egal woran du schreibst, gehe zuerst von einem Entwurf aus. Konzentriere dich zunächst darauf, deine Gedanken auf Papier zu bringen und bleibe bei dir selbst.
13. Trenne das Schreiben vom Überarbeiten. Erst im zweiten Schritt gehst du bereits Geschriebenes noch einmal durch und markierst Stellen, die du dir noch genauer ansehen wirst.
14. Auch das Recherchieren und Nachlesen sind separate Schritte. Notiere dir Fragen oder Themen, die du später überprüfen möchtest, und setze deine Arbeit fort.
15. Wenn sich beim Schreiben der innere Kritiker/die innere Kritikerin meldet, verweise sie deutlich auf ihren Platz. Das kannst du etwa machen, indem du deine selbstkritischen Gedanken knapp auf einem Zettel notierst und ihn dann an die Seite legst.

Eine promovierende Mutter berichtet, wie sie für die Arbeit an der Dissertation auf ihrem Smartphone den Fokus-Modus aktiviert. Alle Störungen sind damit ausgeschaltet, doch Anrufe von ausgewählten Nummern (in ihrem Fall ihr Partner, die Schule und der Kindergarten ihrer Kinder) können empfangen werden. So kann sie sicher sein, dass sie von besonderen Zwischenfällen oder dringenden Fragen erfährt, und ist dennoch nicht abgelenkt von Chats oder E-Mails.

Bei allen Vorkehrungen und aller Mühe: Nicht immer wird es dir möglich sein, den Fokus zu halten und ganz in die Aufgabe einzutauchen. Das ist menschlich. Setze dich nicht mit Erwartungen an einen Flowzustand, positive Emotionen oder ein Maß an Produktivität unter Druck. Dank deiner Routine hast du die Sicherheit, dass auch diese Momente dich voranbringen und dass die nächste Gelegenheit zum Schreiben bereits fest eingeplant ist.

6.6 Die Verbindung zum Thema halten

In deinem Alltag mit Kindern bist du umgeben von den Bedürfnissen, Sorgen und Pflichten, die deine Elternrolle mit sich bringt. Da kann es leicht passieren, dass du den Bezug zu deinem Promotionsthema verlierst. Deine Prioritäten ändern sich, und dein Urteil über Wichtiges und Unwichtiges in deinem Leben vermutlich auch. Immer mal wieder kommt es dazu, dass sich die eigene Dissertation nicht mehr sinnhaft anfühlt.

In Kapitel 4 hast du gesehen, dass die Promotion in Phasen verläuft. Das heißt auch: Kaum eine promovierende Person (egal ob mit oder ohne Kind) wird von Anfang bis Ende für ihr Thema Feuer und Flamme sein. Das ist okay. Und auch unabhängig von diesen Phasen kann dein persönlicher Bezug zu deinem Promotionsthema stärker oder schwächer sein. Für einige hat das Thema eine persönliche Bedeutung, für andere eine gesellschaftliche Relevanz, für wiederum andere ist es ganz interessant oder „nur" ein schlichter Arbeitsauftrag zur Qualifikation. Ich denke, es hängt auch vom Fachgebiet ab, inwiefern eine Identifikation mit dem eigenen Thema überhaupt von Bedeutung ist. Ganz grundsätzlich gilt: Eine Dissertation ist kein Lebenswerk. Sie behandelt einen von unzähligen Aspekten aus der Forschung und es ist mehr als ausreichend, wenn du am Ende deine Fragestellung bearbeitet hast.

Wie hängen nun Promotionsthema und -routine zusammen? Aus meiner Sicht ist es hilfreich, die Verbindung mit dem Thema immer wieder bewusst einzugehen. Auch wenn du nicht dafür brennst, kannst du dich an deine Fragestellung erinnern und inhaltlich wieder andocken. Ähnlich wie die Frage nach dem „Warum?" (siehe Kapitel 4) ist die Frage nach dem „Was genau?" eine gute Stütze, um langfristig dranzubleiben. Du kann es zum Teil deiner Routine machen, innezuhalten und dich mit den grundlegenden Aspekten deiner Dissertation zu verbinden. Damit meine ich, dass du dir vor Augen führst, was genau du herausfinden möchtest, was daran grundsätzlich interessant ist, welche Forschungslücke du damit füllst und, falls zutreffend, was dich persönlich daran reizt. Und wie bereits gesagt: Es ist in Ordnung – und vielleicht sogar eine entlastende Perspektive –, dein Promotionsthema als sachlichen „Bearbeitungsgegenstand" zu sehen.

Eine Verbindung zu deinem Thema kannst du etwa schaffen oder erneuern, indem du...

- ... ein Exposé verfasst oder dieses nochmals durchliest.
- ... deine Fragestellung als Post-It über dem Schreibtisch oder auf dem Desktop platzierst.
- ... zehn Gründe für deine Dissertation aufschreibst.
- ... dir ein Gutachten dafür ausstellst, dass du die richtige Person für dein Thema bist.
- ... ein *Freewriting* machst zum Impuls „An meinem Thema interessiert mich...".
- ... in ein Buch reinliest, das dich von Anfang fasziniert hat.

... dir eine Expert:in vor Augen führst, die dich inspiriert.
... zu deinem Promotionsthema ein *mood board* erstellst, etwa in Form einer digitalen Collage.
... mit deinem:r Partner:in darüber sprichst, was dich gerade bewegt.
... dir bei deinem Kind abschaust, wie es sich für eine Sache begeistern kann.
... die Arbeit an deinem Thema kreativ gestaltest.
... mehr von den Dingen machst, die dir Spaß am wissenschaftlichen Arbeiten machen.
... regelmäßig in den Austausch mit anderen gehst, z. B. in einem Kolloquium
... (je nach Alter) deinem Kind darüber erzählst, woran du arbeitest und was du daran spannend findest.

Du kannst diese Anregungen dazu nutzen, dich dem Inhalt deiner Dissertation immer wieder anzunähern. Dadurch werden kleine Motivationsschübe erlebbar und du behältst gleichzeitig deinen Themenschwerpunkt im Auge. Für Nebenschauplätze und andere interessante Aspekte hast du nach der Promotion noch Zeit. (Zumindest hilft es, von dieser Option auszugehen).

Sollte es dir sehr schwerfallen, dich mit deinem Thema zu verbinden oder solltest du Zweifel oder Widerstände spüren, dann prüfe einmal gut, in welche Richtung sie dich ziehen:

A) Ist es Zeit, hinzuschauen und dein Thema zu überprüfen? Wie gut kannst du dir vorstellen, die Promotion zu deinem Thema abzuschließen? Möchtest du grundsätzlich etwas daran verändern? Dann wird es Zeit für eine Auseinandersetzung damit – zunächst für deine persönliche, später auch für eine gemeinsame mit deiner Betreuungsperson. Ein Themenwechsel kann neue Unsicherheiten hervorrufen und zugleich eine hilfreiche Option sein.

ODER

B) Ist es Zeit, die Zweifel jetzt gerade zu parken und im Sinne des fokussierten Arbeitens deinen Blick wieder auf die nächste Aufgabe zu lenken? Wenn das Hinterfragen deines Themas zum Aufschieben führt und du in die Passivität gehst, du jedoch grundsätzlich eine Verbindung dazu aufbauen kannst, dann gib deinen Zweifeln nicht zu viel Raum auf deiner Promotionsinsel.

Es gilt hier, wirklich ehrlich zu dir sein. Du kannst auch für eine festgelegte Zeitspanne mit Option B arbeiten und am Ende zu Option A wechseln. Ich empfehle dir, auch einmal auf die bisherige Reise mit deinem Thema zurückzuschauen. Wo bist du losgegangen? Wo hast du bewusst Entscheidungen getroffen? Wo bist du fremden Empfehlungen oder Anweisungen gefolgt? Wo bist du passiv geblieben? Wie fühlt sich das rückblickend jeweils an? Mache dir bei dieser Rückschau bewusst, dass du an jeder Abzweigung aus guten Gründen deine Entscheidung getroffen hast. Und ebenso, dass der Weg vor dir nicht zu 100% festgeschrieben ist. Du kannst immer noch die Richtung ändern.

Wenn du Anknüpfungspunkte findest und die Reise mit deinem Thema fortsetzen kannst, dann sage dir immer wieder: Es ist *dein* Thema. Du bist die Person, die es bearbeitet. Mache es dir mehr und mehr zu eigen, indem du es auf deine Art angehst.

Für deine Routine ist es aus meiner Sicht eine sehr hilfreiche Zutat, dass du sie nicht nur über den organisatorisch-zeitlichen Rahmen aufrechterhältst, sondern dass sie durch dein inhaltliches Interesse gestützt wird.

6.7 Kontinuierlich dranbleiben statt punktuell durchstarten

„Die Promotion ist kein Sprint, sondern ein Marathon."

Vielleicht kannst du dieser Analogie ebenso viel abgewinnen wie ich. Bei der Promotion bist du gefragt, Qualitäten wie Langfristigkeit, Ausdauer und Durchhaltevermögen an den Tag zu legen, anstatt dich auf kurzer Strecke mit hohem Tempo zu verausgaben.

Proaktiv und geplant

Viele Promovierende berichten, wie sie ihre Abschlussarbeit im „Sprintmodus" geschrieben haben: Mit wenig Schlaf, viel Kaffee, unter großem Zeitdruck und mit hohem Stresshormonlevel haben sie für einzelne Wochen, manchmal Tage und Nächte, ein Maximum an Leistung erbracht. Dieser Arbeitsmodus lässt sich für die lange Wegstrecke der Promotion nicht mehr ohne Weiteres anwenden, und noch weniger, wenn du Kinder hast. Es funktioniert nicht, eine umfassende und inhaltlich komplexe Fragestellung mit unüberschaubaren Hindernissen als Sprint anzugehen. Als Elternteil kommen für dich die veränderten Lebensbedingungen hinzu: Auf Schlaf verzichtest du ohnehin häufig, du bist mit verschiedensten Daueraufgaben und ungelösten Problemen konfrontiert und kannst nicht völlig frei über deine Zeit verfügen. Der Fürsorgemodus ist von spontanen Entscheidungen, Kurzfristigkeit, Unstetigkeit geprägt. Du reagierst auf das, was in der Situation mit dem Kind passiert.

Für die Promotion profitierst du von einem kontinuierlichen und proaktiven Modus, durch den du immer wieder ins Handeln kommst. Die Dissertation auf längere Zeit zum Teil des Alltags zu machen, kostet dich Organisation, Kommunikation und regelmäßige Anstrengungen. Doch ein langfristiger Promotionsmodus zahlt sich aus: Du kommst stetig und sichtbar voran und spürst eine größere Zufriedenheit. Deine Schritte sind geplant und das Schreiben findet nicht mehr zufällig statt. Du wartest nicht mehr auf perfekte Bedingungen.

Im Gegensatz dazu lösen seltene und ungeplante Schreibgelegenheiten häufig Druck aus: Die Aufgabe, die du angehen willst, ist längst überfällig. Du bist unvorbereitet, doch du möchtest jetzt besonders viel schaffen. Die wenige investierte Zeit soll umso mehr zu einem sichtbaren Ergebnis führen. Vielleicht kennst du das Gefühl, dich davon blockiert zu fühlen: Du findest so kurzfristig nicht in einen produktiven Arbeitsmodus. Und bis sich die nächste Möglichkeit ergibt, hast du deine Anknüpfungspunkte bereits wieder aus dem Auge verloren. Eine regelmäßige und dauerhafte Auseinandersetzung mit deiner Dissertation erleichtert dir hingegen das Anknüpfen: Du weißt, wo du aufgehört hast, kannst die Anfangshürde besser überwinden und tauchst leichter in deine Aufgaben ein. So erhältst du auch dein Energielevel aufrecht. Mit Blick auf deine Promotionsinsel könnte das heißen: Du besuchst sie so häufig, dass sie zu deinem zweiten Zuhause wird, anstatt für kurze Stippvisiten vorbeizuschauen. Du kennst den Weg dorthin, bist ortskundig, deine Abläufe sind dir vertraut und du fühlst dich grundsätzlich wohl.

In Tabelle 4 habe ich die verschiedenen Modi skizziert, in denen du dich bewegst. Den Sprintmodus der Abschlussarbeit kannst du vielleicht auf andere Alltagssituationen wie den Haushalt oder Projektaufgaben übertragen. Auch wenn sie zu Darstellungszwecken sehr zugespitzt sind: Erkenne einmal für dich an, wie unterschiedlich du agierst und wie herausfordernd es ist, zwischen den Modi zu wechseln.

Tabelle 4: Der Marathonmodus der Promotion im Vergleich zum Eltern- und Sprintmodus.

	Sprintmodus (Abschlussarbeit)	**Fürsorgemodus (Elternrolle)**	**Marathonmodus (Promotion)**
Leitfrage	Wie erreiche ich schnell (noch) mein Ziel?	Wo und wie werde ich gerade gebraucht?	Was ist mein nächster Schritt?
Handlungsmodus	aktiv übereilt	reaktiv situationsbedingt	proaktiv planend
Intensität	hoch	ständig wechselnd	mittelhoch
Anforderungslevel	kurzzeitig sehr hohes Anforderungslevel	mal Über-, mal Unterforderung	hoch mit zeitweiser Überforderung
Tempo	hoch	wechselnd	gemäßigt, konstant
Gefühl	gestresst, unsicher	ständig wechselnd	handlungsfähig
Geforderte Qualitäten	Spontaneität, Explosivität	Flexibilität, Variation	Kontinuität, Ausdauer
Regeneration und Energie	keine Pause möglich, hoher Energieverlust	Pausen nötig, um Energie zu erhalten	Pausen eingeplant, Energie bleibt erhalten
Motto	All-In.	Im Hier und Jetzt.	Schritt für Schritt.

„Vorausschauend und konstant, einen Schritt nach dem nächsten" – danach könnte ein langfristiger Promotionsmodus ausgerichtet sein. Hier kommen wir zurück zur Routine, denn die Arbeit an der Dissertation kann in diesem Modus zur Normalität werden. Für Ursula hat sich etwas verändert, als sie nicht mehr auf die perfekten Umstände gewartet, sondern die Dissertation in ihr aktuelles Leben integriert hat:

> *Die größte Veränderung für mich war, dass ich nicht mehr auf Veränderungen gewartet habe, sondern den Ist-Zustand akzeptiert habe. Mit der Zeit ist es mir gelungen Methoden zu erarbeiten, die es mir ermöglichen meine Doktorarbeit in meiner individuellen Situation zu schreiben und abzuschließen. Diese „Werkzeuge" sind für mich in vielen Bereichen meines Lebens anwendbar. Dadurch bin ich insgesamt produktiver und vor allem zufriedener geworden. (Ursula, 3 Kinder)*

Kontinuität

Was kann dich darin unterstützen, die Promotion kontinuierlich in dein Leben zu integrieren? Zum einen kannst du sie als *Wegbegleiterin* sehen, die für eine ganze Weile an deiner Seite sein wird. Dieser Perspektivwechsel hilft vor allem, wenn du die Dissertation bisher als Ballast oder lästiges Übel wahrgenommen hast. Daneben kann zugleich der Gedanke stehen, dass dein Leben nicht ewig so aussehen wird wie jetzt und der gemeinsame Weg ein klares Ende hat.

Was den Weg mit deiner Begleiterin angeht, so kannst du dir noch einmal den Langstreckencharakter bewusst machen. Das Ziel ist vielleicht noch weit entfernt und sehr diffus, und auch der Weg selbst wird sich erst nach und nach herauskristallisieren. Solange du ein Gefühl von *Endlosigkeit* hast, nimm jeweils nur die nächste Etappe ins Visier. Denke von Schritt zu Schritt. Unterwegs kannst du dein Tempo bewusst variieren. Mal nutzt du kürzere *Power-Writing*-Sessions und mal bewusstes Langstreckenschreiben. Bringe Abwechslung in deine Tätigkeiten, indem du zwischen verschiedenen Aufgabentypen wechselst. Und erinnere dich daran, auf deinem langen Weg Rast zu machen. Ab und an Urlaub von der Dissertation zu nehmen, ist doppelt gewinnbringend: Zum einen kannst du neue Kräfte sammeln, zum anderen siehst du deine Ergebnisse und auch deine Probleme mit Abstand aus einem erfrischten Blickwinkel.

Um tatsächlich eine Kontinuität zu erreichen, empfehle ich dir eine relativ *nüchterne Haltung* gegenüber deiner Dissertation. Das bedeutet: Wenn deine Schreibzeit gekommen ist, schreibe. Alternativ wähle eine Aufgabe, die etwas mit deiner Promotion zu tun hat. Es geht dabei nicht um Perfektion, sondern um das Dranbleiben. Dazu gehört auch, dir immer wieder vor Augen zu führen, dass *jetzt* der Moment ist, um deine Arbeit voranzubringen. Und wo wir beim Stichwort Arbeit sind: Das Schreiben muss nicht zwingend Spaß machen, sondern kann streckenweise auch anstrengend sein. Das ist Teil der Dissertation und wohl auch ein Grund dafür, dass sie sich nicht nach Freizeitvergnügen anfühlt.

Wenn du zu *Ablenkungen* und selbst gewählten Unterbrechungen tendierst, kannst du mithilfe der 10-10-10-Methode (du hast sie bereits in Kapitel 5 kennen gelernt) deinen Fokus immer wieder ausrichten. Dazu fragst du dich, wie sich deine Entscheidung in 10 Minuten, in 10 Monaten und in 10 Jahren auswirken wird. Was passiert, wenn du jetzt die Ablenkung wählst? Was passiert, wenn du stattdessen den nächsten Satz schreibst? Durch die verschiedenen Zeitabschnitte kannst du dir mittel- und langfristige Konsequenzen bewusst machen.

Eine Möglichkeit, um deine *Gewohnheiten im Blick* zu behalten, ist ein Journal oder eine App, in der du Buch über deine Schreibzeiten führst. Hier ist noch einmal wichtig, auf deine Lebenssituation zu schauen. Insbesondere, wenn du gerade ein kleines Kind betreust und/oder die Dissertation nicht in deinen Arbeitstag im Rahmen einer Stelle ihren Platz hat, befreie dich so gut es geht vom Leistungsdruck. Es geht nicht zwingend darum, täglich für mehrere Stunden zu schreiben. Deine Routine kann auch bedeuten, dass du jeden zweiten Samstag für drei Stunden an deiner Dissertation arbeitest oder zwei Schreibabende pro Woche etablierst. Oder du verbringst einen Sonntagnachmittag pro Monat in der Bibliothek. Ziel ist es, dass du in regelmäßigem Abstand wieder an das bereits Geschaffte andocken kannst.

Was aber, wenn dich unterwegs die *Eile* einholt und du ungeduldig wirst? Zum einen kannst du sie als Motivationsschub nutzen: Du möchtest nicht mehr ewig promovieren, sondern willst dein Ziel erreichen? Zeit für den nächsten Schritt. Zum anderen kann sie dich auch blockieren. In diesem Fall ist der beste Weg, dir innerlich wieder Ruhe zuzusprechen und deine bisherigen Schritte anzuerkennen. Was hast du bis jetzt geschafft? Was steht als nächstes an? Auch wenn du heute gerne schon weiter wärst: Es dauert so lange wie es dauert. Und das ist meistens länger, als du zuvor dachtest. Bleibe geduldig mit dir. Du tust dein Bestmögliches, indem du weitermachst.

Ganz bewusst darfst du auf deinem Marathon den Zuschauer:innen am Streckenrand zuhören, die dir zujubeln und an dich glauben. Vielleicht gibt es auch Weggefährt:innen, mit denen du Etappen gemeinsam läufst. Nimm die *Bestärkung von anderen Menschen* an und blende kritische, bremsende Stimmen aus.

Sollte das *Dranbleiben schwierig* sein, rufe dir eine Phase vor Augen, in der du schon einmal Durchhaltevermögen bewiesen hast. Wie ist dir das gelungen? Auf welche deiner Ressourcen konntest du in diesen Momenten zurückgreifen? Wenn du Mutter bist und ein Kind geboren hast: Vielleicht kannst du sogar Kraft ziehen aus deinen Erfahrungen in deiner Schwangerschaft.

Um dich selbst beim Durchhalten zu unterstützen, schaffe dir *Verbindlichkeiten*, die für dich funktionieren. Verabrede dich mit anderen zum Schreiben, triff Absprachen mit deinen Kolleg:innen oder vereinbare Gespräche mit deinen Betreuungspersonen[25]. Hole dir Feedback von dir wohlgesonnenen Personen ein. So gewöhnst du dich gleichzeitig daran, dass jemand deine Text liest und dir Rückmeldung gibt. Damit diese Absprachen funktionieren, solltest du sie ernstnehmen können bzw. dich selbst darin ernst nehmen, deinen Beitrag zu leisten. Damit übernimmst du Verantwortung für deine Promotion. Außerdem ist es hilfreich, immer wieder kurze *Zwischenfazits* einzubauen. „Was habe ich im letzten Monat konkret für die Dissertation gemacht? Wie ging es mir dabei? Was brauche ich als nächstes?“ Wenn du ein Promotionstagebuch führst, wird dein Vorankommen für dich sichtbar. Trage dort auch kleine Fortschritte ein und halte offene Fragen und zukünftige Vorhaben fest. Du kannst auch Gewohnheitstracker, z. B. in einem Journal oder einer App, nutzen oder in deinem Kalender vermerken, wie und wozu du deine Promotionsinsel genutzt hast.

Angemessene *Belohnungen* können außerdem eine gute Stütze sein. Was machst du am Wochenende, wenn du die zwei Schreibabende in der Woche genutzt hast? Wie feiert ihr gemeinsam das abgeschlossene Kapitel? Vielleicht ist es eine besonders lange Mittagspause nach der Lektüre eines komplizierten Papers, ein freier Nachmittag am Ende einer durchgehaltenen Woche oder das Essengehen mit deinem:deiner Partner:in nach einem abgeschlossenen Kapitel. Wirksam ist es, wenn sich die Belohnung stimmig anfühlt, also zu deinem erbrachten Aufwand passt.

Bei aller Langfristigkeit möchte ich dich abschließend ermutigen, deinen *eigenen Modus* zu finden: Wenn du gerne Sprints magst und besonders gut in kleineren Powerphasen arbeitest, dann baue dir immer wieder Kurzstrecken ein. Vielleicht legst du einen Schreiburlaub ein, reichst zu deiner unfertigen Auswertung ein Abstract auf der nächsten Fachkonferenz ein, oder setzt dir zum Ziel, ein Kapitel noch vor Ferienbeginn fertigzustellen... Auch aus diesen Sprints kann eine Langfristigkeit entstehen.

Ganz realistisch betrachtet: Trotz aller Kontinuität wird deine weitere Promotion kein geradliniger Weg mit gleichbleibendem Output werden. Vielmehr kommt die Produktivität in Wellen und du wirst durch die Gegebenheiten in deiner Familie unterschiedlich intensiv mit deiner Promotion in Kontakt sein. Gerade deshalb ist Durchhaltevermögen eine der wichtigsten Qualitäten. Durch Gewohnheiten kannst du dafür sorgen, dass die Wellen nicht zu sehr ausschlagen, und dir mehr Sicherheit verschaffen.

6.8 Dich von Fremdem abgrenzen und bei dir selbst bleiben

„Ja ist das Ziel, Nein der Weg dorthin.“

Damit deine Promotion tatsächlich stattfinden kann, ist es eine unerlässliche Voraussetzung, dass du Nein sagst. Für eine Routine, die wirklich dir selbst entspricht, brauchst

25 Auf der einen Seite solltest du die Erwartungen deiner Betreuungspersonen hinsichtlich Eigenständigkeit erfragen. Auf der anderen Seite solltest du auch deine Wünsche dazu äußern. Hier gibt es eine beidseitige Verantwortung.

du eine gesunde Distanz zu den Anforderungen im Außen und eine gute Verbindung zu dir selbst. Dieser Abschnitt richtet sich besonders an dich als promovierende Mutter, wenn du, wie so viele deiner Weggefährt:innen, mit verschiedensten Ansprüchen konfrontiert bist und stärker für dich und deine Promotion einstehen willst.

Rufe dir noch einmal das Bild der Lebenstorte aus Kapitel 4 ins Gedächtnis: Die Torte selbst kann nicht größer werden. Wenn ein Tortenstück größer ausfallen soll, müssen die anderen automatisch kleiner werden. Wenn du ein neues Stück hinzufügst, muss ein anderes wegfallen. Übertragen auf deine Lebensbereiche kannst du dir noch einmal bewusst machen: Es funktioniert nicht, zu 100% Promovierende:r, zu wiederum 100% fürsorgendes Elternteil und vielleicht zu weiteren 100% Projektmitarbeiter:in. Hier komme ich zurück auf die kritische Betrachtung des Begriffs Vereinbarkeit, der suggeriert: „Du musst dich nur mehr anstrengen, dann passt auch alles in dein Leben."

Du hast sicher schon häufig das Gegenteil festgestellt: So sehr du dich auch anstrengst, es passt eben nicht. Diese Überanstrengung sollte auch nicht das Ziel sein. Stattdessen darfst du deine Aufmerksamkeit darauf richten, deine Energie langfristig zu erhalten. Wenn du zugunsten anderer häufig über deine Grenzen gehst, kannst du hier genauer hinschauen.

Insbesondere von feinfühligen Menschen wird Abgrenzung oft als hart, konfrontativ und unumkehrbar empfunden. Rolf Sellin beschreibt diese Idee wie folgt:

> „Manche Menschen stellen sich unter Abgrenzung das Errichten von unüberwindlichen Mauern vor, den totalen Rückzug oder den Abbruch von Kontakten. Sie scheinen auch nur zwei Möglichkeiten zu kennen: Entweder sind sie ganz offen anderen gegenüber oder sie verschließen sich komplett." (Sellin 2014: 10f.).

Dass gelungene Abgrenzung gar keine Entscheidung nach dem Motto „entweder völlige Nähe oder völlige Distanz" sein muss, sondern dass es viel mehr um die Nuancen dazwischen geht, wird im weiteren Text deutlich:

> „Erst das ist gekonnte Abgrenzung: das passende Maß an Nähe und Distanz für die jeweilige Situation herzustellen. Dann ist man auch in der Begegnung noch bei sich, man ist im Kontakt mit dem anderen, ohne seine Eigenständigkeit zu verlieren. Den anderen schließen wir nicht aus, auch wenn wir ihm Grenzen setzen. Sich abzugrenzen ist alles andere als Mauern zu bauen oder den Kontakt abzubrechen. Über sichere Grenzen ist Kommunikation und Freundschaft möglich. Grenzen sorgen für stabile soziale Verhältnisse und sogar für Harmonie und Frieden: Gute Zäune – gute Nachbarn!" (Sellin 2014: 10f.).

Durch Abgrenzung wird authentische Kommunikation erst möglich. Deine Grenzen geben auch den Menschen um dich herum Sicherheit. Auch für deine Kinder ist es wichtig, Grenzen wahrzunehmen, sowohl deine als auch ihre eigenen. Im Kontakt mit ihnen hast du vielleicht erfahren: Je klarer du dir selbst bist, desto besser kannst du eine Grenze kommunizieren.

„Der erste Schritt zur Abgrenzung ist deshalb die Zentrierung", schreibt Rolf Sellin (2014: 77). Je genauer du dich selbst wahrnimmst, je bewusster du dir über deine Bedürfnisse bist, desto besser kannst du deine Grenze spüren und vertreten. Auch für dich selbst brauchst du Grenzen, denn dadurch bewahrst du deine Energie und dein Wohlbefinden. Dass deine Grenzen ihre Berechtigung haben und bedeutsam sind, kann bereits eine neue Perspektive sein, die mitunter etwas Zeit braucht, um einzusickern. In Bezug auf den Familienkontext schreibt Nora Imlau:

> „Grenzerziehung im Familienleben beginnt also mit einem offenen Umgang damit, dass wir alle begrenzt sind – in unserer Leistungsfähigkeit, in unserer Kraft, in unserer Fürsorgefähigkeit. Das widerspricht radikal dem Bild der perfekten Mutter, das wir oft verinnerlicht haben, und ist gerade deshalb so eine wichtige Botschaft für unsere Kinder und uns selbst" (Imlau 2023: 67).

Was bedeuten Grenzen nun für deine Promotionsroutine? Um im Bild der Promotionsinsel zu bleiben: Durch eine gesunde Abgrenzung kannst du aus ihr einen geschützten Raum machen. Nur du und deine Dissertation habt hier euren Platz. Dafür mag es nötig sein, mental oder emotional einen Zaun zu errichten. Vielleicht hat er ein kleines Tor, vielleicht kann er auch erhöht oder verdichtet werden. Was du brauchst, um es dir behaglich zu machen und in Ruhe promovieren zu können, ist ganz individuell.

Abgrenzung beginnt also im Innen: Du spürst, was du brauchst und was für dich nicht in Ordnung ist. Diese Wahrnehmung gilt es dann nach außen zu transportieren. Die kürzeste Formulierung ist das Wort „Nein" – nach dem Motto „Nein ist ein vollständiger Satz". Warum aber fällt es schwer, dieses Nein zu äußern? Ein Grund dafür ist, dass wir damit unangenehme Gefühle verbinden, etwa Scham oder die Angst vor Zurückweisung. „Wie stehe ich da, wenn ich den Aspekt nicht in meine Dissertation aufnehme? Was denken meine Kolleg:innen, wenn ich das Meeting wegen meines kranken Kindes absage? Wie werde ich wahrgenommen, wenn ich das Büro am frühen Nachmittag verlasse? Gehöre ich noch dazu, wenn ich die Einladung zum abendlichen Netzwerktreffen ablehne?" Solche oder so ähnliche Gedanken können eine Entscheidung zur Abgrenzung begleiten. Den Wünschen der anderen nachzukommen, kann sich im Kontrast dazu eher bestärkend anfühlen. Wir werden gebraucht und fühlen uns wirksam.

Dennoch ist das nicht die bessere Option: Ein Ja zu äußern, obwohl du ein Nein meinst, hat einen hohen Preis. Es kostet dich z. B. mehr Energie als du hast. Du bezahlst mit Zeitdruck und schlechterer Konzentration. Du verzichtest auf Pausen und Regeneration, fühlst dich vielleicht ausgenutzt. In Bezug auf deine Promotion ist der Preis für zu viele halbherzige Jas, mit denen du deine Grenzen überschreitest, ganz deutlich: Sie wird nicht fertig.[26]

Die Promotion zur Routine zu machen, bedeutet also auch, dich zu fragen: Wozu sage ich bewusst und klar Nein? Wovon lasse ich mich *nicht* beeinflussen? Was tue ich *nicht* (mehr)? Hier findest du eine Auswahl von Dingen, denen gegenüber du dich für die Zeit der Promotion abgrenzen solltest.

10 Dinge, zu denen du als promovierende Mutter Nein sagen darfst:

1. die Grenzen deiner Promotionsinseln verschwimmen lassen, indem du parallel zum Schreiben Care-Aufgaben erledigst
2. Zuständigkeiten in Schule und Kindergarten übernehmen, die viel zusätzlichen Aufwand bedeuten
3. kurzfristige Aufgaben selbst übernehmen, anstatt sie mit deinem:deiner Partner:in abzuklären
4. alle Verbesserungsvorschläge deiner Betreuungspersonen annehmen
5. die Recherche für dein Theoriekapitel unendlich ausweiten
6. Deadlines zusagen, die bereits jetzt negativen Stress verursachen
7. deine Gesundheit hintenanstellen
8. Nebenschauplätze deines Forschungsthemas aufzeigen
9. mehrere Aufgaben gleichzeitig erledigen
10. es allen Menschen in deinem Umfeld recht machen

Einer meiner Lieblingssätze lautet „Ein klares Nein ermöglicht ein vorbehaltloses Ja.“ Das bedeutet: Wenn du ein klares Nein äußerst, kannst du an anderer Stelle ganz bewusst zustimmen und zu deiner Entscheidung stehen. Erinnere dich an das Bild des Marathons: Achte gut auf deine Kräfte und mache dir die Strecke nicht schwieriger, als sie ohnehin schon ist. Jedes Nein ist wie ein Grenzpfahl am Straßenrand und lässt den Weg klarer erkennen. Jedes Ja zu deiner Promotion lässt das nächste Zwischenziel ein Stück näher rücken. Du kannst es wie ein Hinweisschild sehen: Noch 5 km bis zur nächsten Versorgungsstation. Noch 15 km bis zum Ziel. Wenn die Promotion im Sinne einer Routine immer wieder dein Ja bekommen soll: Was muss dann für diese Momente immer wieder ein Nein erhalten? Dieser und anderen Fragen kannst du nun im Reflexionsblatt nachgehen.

Am Bild der Promotionsinseln hast du eine Übersicht über wesentliche Bestandteile einer familienkompatiblen Promotionsroutine bekommen. In Abbildung 7 ist die Essenz bildlich veranschaulicht:

26 Übrigens: Auch inhaltlich profitiert deine Dissertation von Grenzen. Je genauer du die Inhalte eingrenzt, desto greifbarer wird dein Thema und desto klarer werden die Schritte zur Bearbeitung.

Abbildung 7: Kleine Schritte sind besser als keine Schritte.

Ermögliche dir in deiner Promotion immer wieder kleine Schritte, denn „kleine Schritte sind besser als keine Schritte." Sie führen am Ende eher zu deinem Erfolg als zu hoch gesteckte Ziele.

6.9 Deine Checkliste zu Kapitel 6

Verschiedene Aspekte deiner Promotionsroutine waren bis hierher Thema.

In Kapitel 6 hast du

- ☐ dir vor Augen geführt, aus welchen Gründen eine Routine sinnvoll ist.
- ☐ erfahren, worauf es bei einer familienkompatiblen Routine ankommt.
- ☐ die Idee der Promotionsinseln als fest verankerte Zeiten kennen gelernt.
- ☐ Strategien an die Hand bekommen, um Übergänge bewusst zu gestalten.
- ☐ Möglichkeiten erfahren, um fokussiert an deiner Dissertation zu arbeiten.
- ☐ dich mit der Verbindung zu deinem Promotionsthema auseinandergesetzt.
- ☐ Kontinuität als wichtige Promotionsqualität angeschaut.
- ☐ Abgrenzung als wertvolle Kompetenz für deine Routine betrachtet.
- ☐ die Idee der kleinen Schritte als Essenz mitgenommen.

6.10 Transfer in deinen Alltag: Deine Routine weiterentwickeln

Um deine eigenen Promotionsinseln zu etablieren, empfehle ich dir, die verschiedenen Ideen zunächst für dich zu sortieren. Die begleitenden Übungen unterstützen dich unter anderem darin, dich auf das Schreiben einzulassen und dranzubleiben, deine Verbindung zum Thema zu intensiveren, einen langfristigen Modus einzunehmen und dich auf gute, gesunde Art abzugrenzen.

Lade dir wie gewohnt dein Reflexionsblatt herunter:

Reflexionsblatt Kapitel 6: Deine Routine weiterentwickeln.

Finde in eine Routine, die zu dir und deiner Familie passt.

Im nächsten Kapitel geht es um die Bedeutung der Partnerschaft für deine Promotion mit Kind. Es wird klärend und verbindend.

7 Promotion und Partnerschaft

Für deine Promotionsroutine spielt es auch eine Rolle, inwiefern sie getragen ist von der gemeinsamen Anerkennung aller Verantwortung und aller Aufgaben, mit denen ihr als Eltern konfrontiert seid. In Kapitel 4 hast du bereits gelesen, dass die Promotion im Familienleben einen Platz benötigt. Damit sie diesen Platz immer wieder einnehmen kann, sollte er ihr von beiden Partner:innen zugestanden werden. Daher lade ich dich ein, in diesem Kapitel auf das Zusammenspiel deiner Promotion und deiner Partnerschaft zu schauen. Es geht hier nicht darum, alle Aspekte zum Anspruch an deine Beziehung zu erklären. Vielmehr kannst du die Inhalte für dich als Klärungshilfe nutzen und gegebenenfalls Veränderungswünsche formulieren. Nimm insbesondere auch zur Kenntnis, was gerade gut läuft in deiner Partnerschaft und wertschätze, was ihr bereits gemeinsam erschaffen habt.

Wenn du alleinerziehend bist oder in Trennung lebst, kannst du das Kapitel ebenfalls für eine Art Bestandsaufnahme nutzen. Vielleicht hilft es dir, schwierige Situationen rückblickend genauer zu verstehen. Vielleicht sind auf der Ebene des Elternteams noch Dinge möglich, die du anstoßen kannst. Vielleicht bist du bereits in einer neuen Partnerschaft und kannst noch klarer erkennen, was dir besonders wichtig ist. Mache dir immer wieder auch deine Ressourcen bewusst (vgl. Kapitel 2). Schaue gut, wie du dich entlasten und wie du dir ausreichend Unterstützung holen kannst, um dir verlässlich den Raum für deine Promotion und deine Regeneration zu schaffen.

7.1 Die Rolle der Partnerschaft in der Promotion

Zu Beginn möchte ich auf das Kriterium der *Gleichberechtigung* näher eingehen, das ich als Bestandteil der familienkompatiblen Promotionsroutine angeführt habe. Ich meine damit die grundsätzliche Idee von gemeinsamer Verantwortung, die sich etwa darin zeigt, dass du mit deinem:deiner Partner:in im Gespräch über deine Promotion und eure Familienaufgaben bist, dass du die Verteilung der Care-Arbeit als stimmig empfindest, dass ihr eure Karrierewünsche besprechen und Konflikte klären könnt. Deine Promotion mit Kind kann von einer gemeinsamen Grundlage sehr profitieren. Oder andersherum: Ohne ideelle und praktische Unterstützung in der Partnerschaft wird dich deine Promotion weitaus mehr Kraft kosten. Falls du gerade unzufrieden bist in deiner Partnerschaft, vertraue dir und euch, dass ihr den Weg in diese gemeinsame Verantwortung findet. Auch das ist ein Prozess. In krisenhaften Zeiten kann es euch helfen, das Gemeinsame im Blick zu halten und auf eure Vergangenheit zurückschauen: Was haben wir schon gemeistert? Was hat uns dabei geholfen? Was haben wir nach der Promotion Gemeinsames vor?

Dinah beschreibt in ihrem Erfahrungsbericht, wie sie die Promotion gemeinsam mit ihrem Partner angegangen ist:

> *Wir haben die Aufgaben rund um Kinder und Haushalt absolut gleichberechtigt aufgeteilt. Familie haben wir nicht vor Ort; im Alltag sind wir alleine und trotzdem klappt es. Beide Kinder gehen in die Kita, seit sie ein Jahr alt sind. Da wir beide voll berufstätig sind, müssen wir Freunde der Organisation sein. Wir haben einen gemeinsamen Online-Kalender für unsere Termine. Wenn wir gut sind, wissen wir ein bis zwei Wochen im Voraus, wer wann die Kinder abholt und bringt. Die Kinder machen das alles total gut mit. Von Vorteil ist, dass mein Mann als Pfarrer keinen typischen nine to five-Job hat. Was auch zum Funktionieren unserer Konstellation beiträgt, ist, dass wir uns als Paar Zeit freischaufeln. Wir aktivieren ungefähr alle zwei Wochen für einen Abend unseren Babysitter, entweder, wenn sich unsere beruflichen Termine überschneiden oder damit wir uns einen gemeinsamen Abend gönnen. (Dinah, 2 Kinder, Erfahrungsbericht, eigener Blog)*

Schauen wir uns zunächst an, welche Idealvorstellungen es zur Unterstützung vonseiten des Partners/der Partnerin geben könnte und welche realen Gegebenheiten die meisten stattdessen antreffen.

7.2 Idealvorstellung versus Realität

Damit du deine Dissertation fertigstellen kannst, brauchst du die Sicherheit, dass du dich über einen Zeitraum von mehreren Jahren immer wieder auf das Schreiben einlassen kannst. Dazu gehört auch, dass deine Kinder versorgt sind und nicht alle Notfälle auf dich zurückfallen. Das Gefühl von *Zusammenarbeit und Verlässlichkeit* ist ein Erfolgsfaktor für die Promotion mit Kind. Was sind im Einzelnen gute Voraussetzungen in der Partner- und Elternschaft, um deine Promotion möglich zu machen?

Idealerweise…

… bist du, ebenso wie dein:e Partner:in, in der Beziehung zufrieden und fühlst dich verbunden.
… ist deine Promotion ein Vorhaben, das dein:e Partner:in mitträgt, ernst nimmt und als dein persönliches Ziel respektiert.
… liegt die gefühlte und gelebte Verantwortung für die Fürsorge eurer Kinder nicht allein bei dir.
… kannst du dich ohne äußere und innere Vorwürfe deiner Dissertation widmen.
… lebt ihr eure Elternschaft gleichberechtigt und traut euch die Fürsorge der Kinder zu.

... seid ihr miteinander im Gespräch zur Aufteilung von Care-Aufgaben, Erwerbsarbeit und eigenen Freiräumen.
... musst du dir deine Schreibzeiten nicht erstreiten, sondern kannst dich darauf verlassen, dass sie dir vorbehaltlos zustehen.
... ist berufliche Entwicklung für euch beide im gewünschten Rahmen möglich.
... habt ihr gemeinsame Familienzeit, in der keine:r von euch arbeitet.
... feiert ihr Zwischenerfolge und Meilensteine gemeinsam.
... nehmt ihr Anteil am Berufsweg der anderen Person.
... zeigt ihr euren Kindern, dass die Promotion für dich ein wichtiges Projekt ist und dass auch sie euch wichtig sind.
... habt ihr Zeiten für euch als Paar und jede:r für sich alleine.

Vielleicht treffen einige Punkte auf deine Situation zu, vielleicht fehlen dir einige Aspekte gerade besonders, vielleicht sind andere für dich wenig erstrebenswert oder du hast ganz andere Wünsche an deine Partnerschaft.

Ich finde, es tut gut, diese Ideale einem *Realitätscheck* zu unterziehen: Dass eine Promotion mit Kind im gegenseitigen Einvernehmen und konfliktfrei verläuft, ist selten der Fall. In jeder Partnerschaft gibt es Reibungspunkte. Wenn ihr Eltern von kleinen Kindern seid, könnte einer davon sein, dass sich eure Beziehungsqualität insgesamt in eine negative Richtung verändert hat. Diese Tendenz ist sehr häufig und kann sich über einen Zeitraum von mehreren Jahren erstrecken: „Die meisten Paare, die Eltern werden, erfahren eine signifikante Abnahme der Beziehungsqualität und -zufriedenheit. (...) Nicht nur die Beziehungszufriedenheit nimmt ab, auch Gefühle der Liebe und Zuneigung zum Partner weichen Ambivalenzen – und dies über mehrere Jahre nach der Geburt“ (Bodenmann 2019: 10f.). Sollte das auf dich zutreffen, kannst du erst einmal feststellen, dass du damit nicht allein bist.

Die Promotion kommt in deinem Fall womöglich als weiterer Reibungspunkt hinzu und erfordert immer wieder Aushandlungen. Zudem beeinflussen die strukturellen Bedingungen (siehe Kapitel 3) eure Lebenssituation. Auseinandersetzungen sind in diesem Komplex nicht zu vermeiden, und sie sollten auch nicht vermieden werden. Vielmehr gilt es, eure Reibungspunkte als Hinweise auf ungeklärte Themen anzunehmen und einen konstruktiven Umgang damit zu finden. Schauen wir einmal auf spezifische Schwierigkeiten, die auf der Paar- und Elternebene entstehen können, wenn eine Promotion Teil des gemeinsamen Lebens ist.

Die *Verteilung von Zeit* ist sicherlich einer der größten Diskussionspunkte: Wie viel Zeit fließt von wem in welche Aufgaben und in welchen Lebensbereich? Das ist nicht nur beruflich, sondern auch bezüglich der Familienzeit ein großer Punkt: Wenn eine:r von euch Zeiträume für die Dissertation nutzt, muss die andere Person in dieser Zeit für die Kinder da sein oder Betreuungsausfälle auffangen können. Damit stehen diese Zeiträume weder für gemeinsame familiäre Aktivitäten noch für persönliche Interessen zur Verfügung. Auch für die Partnerschaft fehlt es an gemeinsamer Zeit. So entsteht leicht ein Mangel an Erholung und Regeneration – oder das Einfordern derselben führt wiederum zu neuen Diskussionen. Wenn die Promotion vom Gefühl her unbezahlt, d. h. außerhalb der Arbeitszeit oder einer Festanstellung erfolgt, fällt sie als zusätzliche zeitliche Belastung ins Gewicht. Insbesondere bei Müttern ist diese Zeitknappheit eine „Einladung“ für ein schlechtes Gewissen:

> *Ich würde gerne auch am Wochenende schreiben (Zeitfaktor), aber da ich während meiner Elternzeit promoviere und gerade kein eigenes Einkommen generiere, fühle ich mich verpflichtet, für alle Care-Aufgaben aufzukommen. Es kommt zu Konflikten, wenn ich mir zusätzliche „Auszeiten“ verschaffen möchte. (anonym, eigene Umfrage)*

Hier ist auch zu erkennen, wie eine *finanzielle Abhängigkeit* die Situation erschweren kann. Es sind eben keine Auszeiten, die diese promovierende Mutter einfordert, sondern Zeit für die eigene Qualifikation.

Die *ungleiche Verteilung der unsichtbaren Fürsorgeaufgaben* kann ein weiterer Streitpunkt sein. Wenn traditionelle Rollenbilder unbewusst wirken oder unterschiedliche Vorstellungen über die Zuständigkeiten bestehen, kann das dauerhaft zu Auseinandersetzungen führen. Ist die promovierende Person gleichzeitig diejenige, die mehr Fürsorgearbeit leistet, so ist ihr Empfinden häufig das einer *mangelnden Unterstützung* durch die:den Partner:in. Der Eindruck, mit dem eigenen Einsatz nicht gesehen zu werden, kann auf beiden Seiten bestehen. Dieses Unwohlsein zur Sprache zu bringen und konkret um Unterstützung zu bitten, fällt vielen schwer.

Weiterhin muss die promovierende Person über lange Zeit *ungeklärte Fragen, Frust und Unsicherheiten* aushalten. Falls sie ihr Erleben mit ihrem:ihrer Partner:in teilt, wird diese:r wiederum herausfinden müssen, wie sehr er:sie unterstützen kann und will. Welcher Zuhörmodus ist gerade gefragt ist und wieviel Anteilnahme ist für beide Seiten hilfreich und möglich? Hinzu kommen die mentale, emotionale und physische Belastung (siehe Kapitel 2): Die Gleichzeitigkeit von Promotion und Familie verursacht häufig *Überforderung und Stress*. Das Gefühl, immer einen Schritt hinterher zu sein und niemals anzukommen, zieht sehr viel Energie. Die Folge dieser Mehrfachbelastung kann z. B. eine „kürzere Zündschnur“ sein: Die promovierende Person ist schneller gereizt, ungeduldig und unzufrieden mit sich selbst. Auch damit muss das Paar einen Umgang finden.

Vor dem Hintergrund der Überlastung kann es einerseits sein, dass die nicht promovierende Person ihr *Unverständnis für die Promotionsabsicht* äußert. Eine Haltung wie „Warum tust du dir das an?“ kann das Gegenüber in den Widerstand bringen („Weil es mir wichtig ist!“). Andererseits können auch Ärger oder Schuldgefühle hervorgerufen werden, wenn die kritische Stimme des Partners/der Partnerin für eine *Konfrontation mit den eigenen Zweifeln* sorgt.

Beide Seiten hegen eventuell unausgesprochene *Erwartungen und Hoffnungen bezüglich der Promotion*: Wann ist die Dissertation endlich fertig? Welches Ergebnis erhoffe ich mir? Wie geht es danach weiter? Wenn über diese nicht gesprochen wird und auch die eigenen Wünsche für die Zukunft nicht zum Thema gemacht werden, fehlt gegebenenfalls die *gemeinsame Vision*. Durch Unverständnis oder Kränkung kann es leicht passieren, dass eine oder beide Personen in den Rückzug gehen und sich voneinander entfremden. Auf der anderen Seite wird ihnen das Funktionieren als Elternteam weiter abverlangt, was ohne die persönliche Verbindung ein noch größerer Kraftakt ist als ohnehin schon.

Grundsätzlich können anstrengende Phasen – egal ob in der Promotion oder in der Elternschaft – die eigene *Ambivalenz* verstärken. Einerseits wird die Promotion mit Kind als bereichernde und spannende Kombination gesehen, die es wert ist zu leben. Andererseits werden die vielseitigen Herausforderungen als hohe Belastung erlebt. Hier kann schnell die Frage auftauchen, ob die Promotion eine gute Entscheidung war. Die Partnerschaft ist dann als Ort gefragt, an dem diese widersprüchlichen Gefühle geäußert werden dürfen. Nicht immer können oder wollen sich beide Partner:innen ihnen stellen.

Die Wut über *strukturelle Ungerechtigkeit*, die besonders Frauen spüren, kann sich ebenfalls auf der Paarebene als Streitpunkt zeigen, auch – und das ist das Schwierige – wenn er hier nicht gelöst werden kann. Das folgende Zitat von Kerstin bringt dies zum Ausdruck:

> *Ich möchte aber auch ernst genommen werden mit meiner Arbeit, mit meiner Forschung. Nur weil ich von zuhause aus ohne sichtbare Arbeitgeberin arbeite, heißt das nicht, dass ich immer verfügbar bin. Aber genau diese Grenze muss ich kleinteilig immer wieder neu abstecken. Kind krank, ich übernehme. Ferien, ich übernehme. Notbetreuung, ich übernehme. Wenn ich zu einem Termin, einer Tagung, einem Kolloquium reisen möchte, dann brauche ich immer Plan B und Plan C. Wer kann beide Kinder betreuen? Wer kann sie auch dann betreuen, wenn sie eine Rotznase haben? Plan A funktioniert selten. Mich macht dabei wütend, dass wir in die 50er Jahre Rollenverteilung hineingeschlittert sind, obwohl wir es uns anders vorgenommen haben. Dass ich mir darüber Gedanken machen muss und mein Mann nicht. Ich habe lange gebraucht, um zu sehen, dass weder mein Mann noch ich schuld daran sind. Sondern dass es strukturelle Probleme sind, die wir hier ausbaden dürfen. Und das ist sehr anstrengend. Bedeutet viele Konflikte, bedeutet viel Anstrengung. Ich hoffe, dass sich das lohnt. (Kerstin, 2 Kinder)*

Nicht alle Herausforderungen für die Partnerschaft sind auf individueller Ebene zu lösen, und dennoch werden sie hier besonders spürbar. Die Schieflage in der Gesellschaft wird auch in der Promotion mit Kind ersichtlich und ihr solltet sie in euren Gesprächen berücksichtigen. Ein alltäglicher und besprechungswürdiger Grund für die Erschöpfung, die bei fast allen promovierenden Müttern spürbar ist, ist das Thema Mental Load. Wenn die unsichtbare Denkarbeit auf der Familienebene und ungelöste Fragen auf der Promotionsebene zusammenkommen, ist das eine belastende Mischung.

7.3 Mental Load in der Promotion

Zu einer familienkompatiblen Promotionsroutine gehören daher definitiv Gespräche über die Alltagsorganisation, die noch immer größtenteils von Frauen übernommen wird. Einkaufslisten führen, Termine koordinieren, Geschenke besorgen, Kleidung auswechseln... diese Tätigkeiten bleiben allzu oft unsichtbar, werden nicht als Arbeit anerkannt und innerhalb der Partnerschaft nur in den seltensten Fällen finanziell ausgeglichen. In Kapitel 2 hast du Mental-Load-Beispiele gesehen, die sich aus der Kombination von Promotion und Familie ergeben. Durch die Unsichtbarkeit dieser vielseitigen und anstrengenden Aufgaben schleicht sich – auch durch den Prozess der Retraditionalisierung – eine Selbstverständlichkeit ein, die Mütter unter Druck setzt, pausenlos auf Trab hält und langfristig erschöpft. Unter diesen Voraussetzungen den Kopf für das Schreiben an der Dissertation „freizuräumen", ist eine riesige Herausforderung. Das Paket aus Promotion und Care-Arbeit langfristig alleine zu tragen, kann dich schnell über deine Grenzen bringen. Daher ist es notwendig, die Verantwortung für Care-Aufgaben und Familienorganisation auf mehr als zwei Schultern zu verteilen.

Wenn eine:r von euch die Verteilung des Mental Load als unausgeglichen empfindet und sich dadurch belastet fühlt, muss eine gemeinsame Klärung stattfinden. Die bisherige Rollenverteilung solltet ihr dabei kritisch in den Blick nehmen und – wenn ihr bisher keinen oder wenig Anteil an der Familienorganisation hattet – es euch ein wenig unbequem machen.

Wenn du promovierende Mutter bist und dich dein Anteil an Mental Load *belastet:* Hole deine:n Partner:in mit ins Boot und mache ihm/ihr dort Platz. Insbesondere wenn du den Großteil der Care-Arbeit wie selbstverständlich allein stemmst und dich das viel Kraft kostet, lass dich zu einer Veränderung ermutigen. Du darfst und solltest dir zugestehen, dass deine Kinder von anderen versorgt werden, damit du dich deiner Promotion zuwenden kannst. Die Langfristigkeit der Promotion (siehe Kapitel 6) und das Jonglieren zu vieler Bälle im Alltag vertragen sich nicht gut. Du leistest gerade (zu?) viel, damit eure Familie versorgt ist. Deine Dissertation ist kein Hobby, sondern ein wichtiges berufliches Projekt. Auch sie braucht von dir Ressourcen. *Wenn du Partner:in einer promovierenden Mutter bist und beobachtest, wie sie sich verausgabt:* Steige mit ins Boot und nimm ein Ruder in die Hand. Lass dich auf einen gemeinsamen Prozess ein und nimm deinen Teil der Verantwortung zu dir. *Wenn du promovierender Vater und gar nicht an der Familienorganisation beteiligt bist:* Frage deine Partnerin, wie sie die Situation gerade empfindet und was sie belastet. Wertschätze das, was sie leistet, damit eure Familie funktioniert. Wenn sie möchte, dass du mit ins Boot steigst, steige ein. Entwickelt gemeinsam euren Weg. Euer *gemeinsames Ziel* sollte es sein, dass beide ihren Anteil an Verantwortung als gerecht empfinden. Es muss dafür nicht zwingend 50:50 sein, sondern so, dass es zu eurer Situation passt. Welche Schritte können euch dorthin führen?

Raus aus der Unsichtbarkeit

Ein erster Schritt aus der Ungleichheit führt über sie Sichtbarmachung der Belastung. Visualisiert alle anstehenden Aufgaben, egal ob kurz- oder langfristig, konkret oder abstrakt. Alles, was aus der Familienorganisation in euren Köpfen Raum einnimmt, sollte diesen Raum auch im Außen haben – dort, wo ihr beide es sehen könnt. Dazu eignen sich geteilte digitale Kalender, To-do- und Einkaufslisten oder auch eine analoge Pinnwand oder ein Kanban-Board mit Post-Its an der Wand.

Im gleichen Schritt könnt ihr anerkennen, dass *Planung und Organisation* für den Familienalltag wichtige Tätigkeiten sind, die möglicherweise bisher vorwiegend von einer Person geleistet wurden. Wie es gerade um die Aufteilung *des* Mental Loads bei euch bestellt ist, könnt ihr auch mithilfe des *Mental-Load*-Tests der *Initiative Equal Care*[27] reflektieren.

Raus aus der Überlastung

Um die Aufgaben dauerhaft auf mehrere Schultern zu verteilen, braucht es regelmäßige Updates und klare Zuständigkeiten. Die Mental Load-Expertin Laura Fröhlich empfiehlt dafür ein wöchentliches gemeinsames *Küchenmeeting*, in dem alle Termine und Aufgaben für die kommende Woche besprochen werden.

> „Mein Mann und ich setzen uns sonntags zusammen an den Tisch und gehen alle Termine durch, die die kommende Woche anstehen. Wir überlegen, wer welche Aufgaben übernehmen kann und was alles erledigt werden muss. Zusätzlich schreiben wir alle Termine in ein kleines Buch, da kann man die Woche über immer mal reinschauen. Dieses Buch steht bei uns in der Küche und so haben wir die Dinge auf dem Schirm. Einzelne Aufgaben werden in unsere Holz-Pinnwand einsortiert, da sehen wir dann spätestens nächste Woche noch einmal, was vergessen wurde, und was wir noch nachholen müssen. Da bei mir als Mutter die meisten Aufgaben landen, sammle ich sie und wir gehen sie sonntags gemeinsam durch."[28]

Hanna Drechsler spricht in ihrem Podcast von *Elternteammeetings*, in denen alle Alltagsaufgaben besprochen werden, die die Familie betreffen. Sie regt dazu an, die

---

27 https://equalcareday.de/mental-load/#_test
28 https://www.instagram.com/reel/CbGGaGtj5J3/?utm_source=ig_web_copy_link

Paar- und die Elternebene zu unterscheiden und sich beiden bewusst, aber eben nicht gleichzeitig, zuzuwenden.[29]

Grundsätzlich geht es darum, allen Terminen und familiären Aufgaben einen festen Platz zur Klärung einzuräumen. An dieser Stelle kannst du darauf achten, dass deine Promotionszeiten für euch beide transparent sind. Auch Notfalloptionen für wichtige Angelegenheiten (und dazu gehören auch deine Promotionsinseln) könnt ihr direkt mitdenken: Wer übernimmt, wenn ein Kind krank wird? Wen könnten wir bereits vorher fragen?

Legt gemeinsam Verantwortungsbereiche fest, die bestenfalls euren Vorlieben entsprechen: Wer übernimmt die Wäsche, wer die Essensplanung und das Kochen, wer die Kinderkleidung? Einige Paare teilen sich auch die Zuständigkeiten für unterschiedliche Betreuungseinrichtungen auf: Eine Person übernimmt alles, was den Kindergarten des einen Kindes betrifft; die andere alles, was die Schulangelegenheiten des anderen Kindes betrifft. Für Elternabende, Ausflüge, mitzubringendem Geld, Wechselklamotten und Gruppen-Chats ist damit pro Kind immer genau ein Elternteil zuständig; diese ist gleichzeitig auch die (einzige) Kontaktperson in Notfällen. Auch bei mehr als zwei Kindern zahlt sich diese eindeutige Zuständigkeit aus.

Raus aus dem Perfektionismus

Was der neuen Aufteilung von Verantwortung manchmal im Wege steht, sind die Erwartungen an bestimmte Ergebnisse. Der Prozess, bisherige Zuständigkeiten abzugeben, braucht Flexibilität und Vertrauen, oft aber auch eine Verständigung über gemeinsame Standards. Ein Beispiel: Eine Person übernimmt die Aufgabe, das Badezimmer sauber zu halten und hält es für ausreichend, alle 14 Tage dort zu putzen. Die andere Person fühlt sich damit unwohl und stört sich jeden Tag daran, dass es (aus ihrer Sicht) nicht sauber ist. In diesem Fall muss geklärt werden, was beide brauchen, um gut damit leben zu können. Was heißt also „das Bad sauber halten" genau? Hier gilt es, eine gemeinsame Ebene zu finden, damit nicht die eine Person ständig nacharbeitet oder die andere Person das Gefühl hat, die Erledigung der Aufgabe sei überflüssig oder werde nicht wertgeschätzt.

Zum anderen ist es hilfreich, die eigenen Ansprüche zu überdenken und den Druck rauszunehmen, der sich durch Aufgaben im Haushalt und das überhöhte Mutterbild bemerkbar machen kann. Mit welchem Grad an Unordnung können wir für uns gut leben? Was kann für eine Weile so bleiben? Wo kann ich meine Ansprüche ein Stück weit loslassen? Gibt es vor diesem Hintergrund Aufgaben, die wir vollständig streichen oder delegieren können?

Schaut genau hin, wo überhöhte Ansprüche den Mental Load noch unnötig vergrößern. Oft lohnt sich auch ein Blick darauf, wie diese Ansprüche überhaupt entstehen

29 https://www.hannadrechsler.de/78-tipp-trennt-gedanklich-zwischen-eltern-und-paarebene/

und aufrechterhalten werden. Vielleicht ist es Zeit, bestimmten Social-Media-Accounts zu entfolgen oder den Zustand der Wohnung nicht mehr mit der Qualität als Eltern gleichzusetzen. Hier kommt auch wieder eine gesunde Erwartungshygiene ins Spiel (siehe Kapitel 5).

Gedankliche Fallen, die das Gleichgewicht in Gefahr bringen

Eine Reihe von Faktoren können das mühsam erarbeitete Gleichgewicht der Verantwortung zügig wieder ins Wanken bringen. Auch zugunsten deiner Promotionsinseln solltet ihr darauf achten, dass ihr diese vermeidet bzw. dass ihr gegensteuert, sobald sie euch auffallen.

Ihr belasst die Hauptverantwortung bei einer Person.

Wenn eine Person von euch denkt, plant und koordiniert, während die andere ausschließlich bei der Umsetzung „hilft“, ist das keine Verantwortungsteilung. Der Mental Load der ersten Person wird sich dadurch nicht reduzieren.

Ihr verteilt Aufgaben ungleich.

Eine Person übernimmt die Zuständigkeit für unangenehme Dinge, während die andere es eher leicht hat. Ein Beispiel: Eine:r von euch putzt die gesamte Wohnung, die andere spielt mit dem Kind. Was für euch jeweils angenehm ist, ist natürlich subjektiv. Sprecht darüber, wie ihr eure Aufgaben empfindet.

Ihr betrachtet eure Tätigkeiten nicht als gleichwertig.

In eurer Wahrnehmung gibt es eine Schieflage darüber, wer in seiner Zeit einer „wichtigeren“, „wertvolleren“ oder „lohnenderen“ Tätigkeit nachgeht. Häufig wird der Erwerbsarbeit eine höhere Relevanz beigemessen, obwohl die Care-Arbeit nicht selten der anstrengendere Part ist. Achtet darauf, dass ihr eure Tätigkeiten anerkennt und euch dafür wertschätzt, was ihr jeweils leistet. Das gilt auch und besonders, wenn eine Person von euch in Teilzeit tätig ist.

> „Es gibt keinen Grund, einen Feierabend nach einem Achtstundentag im Büro ernster zu nehmen als einen Feierabend nach vielen Stunden mit Babygeschrei und Haushaltspflichten. Teilzeitjobs sollten außerdem nicht grundsätzlich geringschätzt werden, indem der Vollzeitarbeitnehmer nie die kranken Kinder betreut oder nicht einmal auf die Idee kommt, die gesammelten Überstunden abzufeiern und sich einmal ausgiebig um die Kinder oder die Schmutzwäsche zu kümmern“ (Fröhlich 2020: 158).

Ihr unterschätzt die Regelmäßigkeit.

Wenn Absprachen nicht mehr bewusst getroffen oder als selbstverständlich vorausgesetzt werden, entsteht schnell wieder eine Schieflage, denn eine Person wird diesen Part gedanklich ausgleichen. Das Schwierigste und Wichtigste zu gleich ist es daher, im Alltag immer wieder Raum dafür zu schaffen.

> „Übrigens ist es fatal, das Küchenmeeting ausfallen zu lassen. Während Anton neulich oben die Kinder badete, dachte ich, ich mache das alles mal eben alleine. Und Zack, hatte ich wieder alles im Kopf. Ganz egal, wie ihr die Aufgaben zuhause aufteilt, ob einer von beiden viel oder wenig zuhause ist: macht die Organisationsarbeit zusammen. Sind Mama oder Papa mal länger auf Geschäftsreise, kann sie oder er dennoch von Weitem unterstützen. Kindergeburtstagsgeschenk ausdenken und online bestellen, Handwerker anfordern oder Termine planen geht auch aus dem Hotel. Sich Sorgen der Kinder anhören funktioniert zur Not über Skype und die Einkaufslisten-App füllen geht sowieso am Handy. Manchmal sind es ein paar Kleinigkeiten, die dem anderen sehr viel Arbeit abnehmen und das Chaos im Kopf weniger werden lassen. „Ja, hat man denn nie Feierabend, oder was“, fragen sich nun manche Papas. Nein, mit Kindern leider sehr wenig. Dass das bisher nicht so auffiel, lag in vielen Familien daran, dass die Denk- und Kümmerarbeit meist von der Mutter erledigt wurde.“[30]

Gemeinsam über Mental Load zu sprechen, sollte ein fester Bestandteil deiner Partnerschaft sein/werden. Und natürlich tut es gut, über die organisatorischen und fürsorgenden Aspekte hinaus mit deinem:deiner Partner:in in Verbindung zu bleiben.

7.4 Miteinander im Gespräch bleiben

Die Verbindung zwischen euch als Paar zu halten, ist eine wohltuende Komponente im Familien- und Promotionsalltag. Auch wenn das selbstverständlich klingt, kann es durchaus herausfordernd sein. Als berufstätige und promovierende Eltern kann es phasenweise bereits die gesamte Kraft und Zeit kosten, den Alltag zu managen. Gerade deshalb ist es bedeutsam, sich Gespräche immer wieder bewusst vorzunehmen. Wie groß der Raum für die Promotion in diesen Gesprächen sein soll, stimmt ihr am besten ab.

> *Bedeutend ist es hier meiner Meinung nach, offen mit seiner:seinem Partner*in (wenn denn vorhanden) zu reden und sich dieser Herausforderung als Familie bewusst gemeinsam zu stellen. Was erwartet man voneinander? Wie kann man*

30 https://heuteistmusik.de/die-revolution-beginnt-zuhause-mental-load-besiegen-mit-dem-kuechen-meeting/

sich unterstützen? Und solche Gespräche sind nicht nur am Anfang nötig, sondern immer wieder! Dies ist wichtig, um sich auch als Paar, zwischen Arbeit, Kindern, Alltagsstress und Promotion nicht zu verlieren. Manchmal muss man eben die ein oder andere Entscheidung revidieren, Dinge neu planen, damit alles funktioniert und alle Familienmitglieder zufrieden sind. (Anna, 4 Kinder, Erfahrungsbericht, eigener Blog)

Einige der Promovierenden in meinen Coachings beschreiben ihre:n Partner:in als wertvolle Stütze. Sie ziehen Kraft aus den Gesprächen, erfahren Ermutigung in schwierigen Phasen und sind dankbar für den emotionalen Support. Anderen ergeht es ganz anders: Sie ärgern sich darüber, dass sie im familiären Kontext in ihrer Rolle als Promovend:in gar nicht wahrgenommen werden. Wenn die Promotion zur Sprache kommt, führt das häufig zu Konflikten. Die Dissertation fühlt sich für einige an wie ein „Privatproblem“, was das Einzelkämpfer:innengefühl verstärkt. Dann fließt viel Energie in die ungeklärten Sachverhalte und die innere Auseinandersetzung damit. Doch die Promotion muss nicht zwingend eine Beziehungskrise hervorrufen.

Auf dem Blog *Café cum laude* schildern drei Frauen, wie sie ihre Paarbeziehung in Zeiten der Promotion erlebt haben. Als größte Herausforderungen für die Beziehung nennt eine der Autorinnen Stress, Zeitdruck, Selbstzweifel und das Aushalten von Unsicherheiten. Dass ihr Mann als Ruhepol und „Frustabladestelle“ für sie da war, hat sie als bestärkend erlebt. Eine andere Autorin schildert, wie gut es für die Beziehung (zu der Zeit ohne Kinder) war, dass beide der Paarzeit einen hohen Stellenwert gegeben haben und dass sie mit ihren Verabredungen verbindlich umgegangen sind. Im dritten Einblick wird deutlich, wie wichtig das Einfühlungsvermögen des Partners ist: Auch wenn er einen anderen beruflichen Kontext hat und die Herausforderungen persönlich nicht nachvollziehen kann, interessiert er sich für ihre Sichtweise, betrachtet die Dissertation als (Erwerbs-)Arbeit und nimmt sie ernst. Der Blogbeitrag schließt mit einem ermutigenden Fazit:

„Wir möchten aber mit dem Mythos aufräumen, eine Promotion sei eine Zerreißprobe für jede Beziehung. Es ist nicht unbedingt so, dass der Partner oder die Partnerin über Jahre nur die zweite Geige spielt, ständig vertröstet wird und die Beziehung viel zu kurz kommt. Mit gegenseitigem Verständnis, Kommunikation und Verbindlichkeit – von beiden Seiten! – lässt sich eine Diss als Paar super stemmen, ohne das einer sich aufopfern muss. Ich wage zu behaupten: Wenn ein Paar während der Doktorarbeit in eine tiefe Krise schlittert, wäre das vermutlich auch in einer anderen Stressphase passiert!“[31]

31 https://cafecumlaude.de/was-macht-die-doktorarbeit-mit-meiner-beziehung/

An das obige das Zitat von Anna anknüpfend möchte ich euch einladen, in dieser intensiven Zeit gut miteinander im Austausch zu sein. Wenn du in deiner Partnerschaft gerade Turbulenzen erlebst, möchte ich dich ermutigen: Sprich offen aus, was du persönlich gerade schwierig findest. Stehe für dein Ziel der Promotion ein. Teile mit deinem:deiner Partner:in, was dich aktuell umtreibt. Beschreibe z. B., warum du gerade mehr Ruhe brauchst, was dich frustriert, wie du deine nächste Etappe gestalten willst und welche Rolle dein:e Partner:in für dich spielt. Es kann auch bedeutsam sein, dir aus deiner Partnerschaft noch mehr Rückhalt zu holen. Kommuniziere, was du brauchst, um durchzuhalten. Bezüglich der inhaltlichen Schwierigkeiten in der Promotion kann es – streckenweise oder auch dauerhaft – ebenso gut sein, diese nicht am Familientisch zu diskutieren, sondern dich im Kolleg:innenkreis dazu auszutauschen. Stimmt euch darüber ab, wie ihr das gerne hättet und findet Kompromisse, wenn nötig.

Im Folgenden findet ihr einige Impulse für Gespräche, die die Promotion in eurem gemeinsamen Leben zum Thema machen. Vielleicht richtet ihr neben den oben erwähnten Küchenmeetings feste Diss-Check-ins ein? Damit sie für beide Seiten eine positive Erfahrung werden, solltet ihr auch hier für ein Gleichgewicht sorgen. Achtet darauf, dass die Redeanteile gleich verteilt sind, ganz egal, wer von euch den Großteil des Tages welcher Tätigkeit nachgeht. Hilfreich ist es, die Fragen nacheinander zu beantworten und euer Gegenüber ausreden zu lassen. Hört einander zu, um etwas über eure:n Partner:in zu erfahren, nicht um direkt mit einer eigenen Stellungnahme zu antworten. Es mag ungewohnt erscheinen, gerade wenn ihr bereits für längere Zeit nicht mehr intensiv über euch selbst gesprochen habt, doch ihr könnt dadurch wieder mehr in Verbindung kommen und erfahren, was eure:n Partner:in bewegt. Diese Liste an Impulsfragen könnt ihr beliebig ergänzen.

- Wie geht es dir gerade mit meiner/deiner Promotion und unserer Familie?
- Welche Rolle spielen aktuell dein Job/deine Promotion und unsere Familie für dich?
- Wie ist es dir als berufstätige Mutter/Vater in der letzten Zeit ergangen?
- Worauf bist du heute stolz?
- Was wünscht du dir gerade von mir?
- Wie lange soll uns die Promotion begleiten?
- Was unternehmen wir Schönes, wenn die Promotion beendet ist?
- Welche Vision hast du für unsere Familie in 10 Jahren?
- Was sind deine Wünsche für deine und unsere gemeinsame Zukunft?

Die in die Zukunft gerichteten Fragen aus dieser Liste bringen schnell die beruflichen Perspektiven auf den Plan. Für den Fall, dass auch dein:e Partner:in in der Wissenschaft tätig ist (oder andere ambitionierte Karriereziele für sich definiert hat), können Widerstände auftreten. In Kapitel 3 hast du bereits gesehen, wie sich einige Herausforderungen potenzieren können. Wie lassen sich mit dieser Unsicherheit im Rücken gute Gespräche über eure Zukunft führen?

7.5 Karrieren vereinbaren

Vielleicht treibt auch euch die gemeinsame Frage um: Wie lassen sich zwei wissenschaftliche Qualifikationsphasen so mit einem Familienlieben zusammenbringen, dass es sich für alle Beteiligten möglichst stimmig anfühlt?

Viele Elternpaare, die ich im Coaching begleite, sind interessiert an den Strategien, die andere Paare zur Koordinierung ihrer Karrieren wählen. Beim Lesen über dieselben solltet ihr bedenken, dass euer Weg ein ganz anderer sein kann. Ihr könnt die Beispiele nutzen, um zu überprüfen: Wäre das etwas für uns? Wenn nicht, was wollen wir für uns anders machen? Idealerweise nutzt ihr diesen Abschnitt und die Reflexionsfragen, um auch über berufliche Perspektiven weiterhin oder wieder miteinander ins Gespräch zu kommen.[32]

Im Folgenden erfahrt ihr etwas über die Handlungsstrategien von Doppelkarrierepaaren in der Wissenschaft, die Schürmann und Sembritzki (2017) in ihrer qualitativen Untersuchung herausgearbeitet haben. Vor allem die Mobilität und Kinderbetreuung sind hier interessant.

Im ersten Beispiel – ein Paar mit zwei Kindern und zwei Vollzeitstellen – haben beide Elternteile ihre Karrieren vorangebracht. Sie steht kurz vor einer Professur, er ist außerhalb der Wissenschaft tätig. Eine der Hauptstrategien dieses Paares ist die Auslagerung der Kinderbetreuung. Diese wird durch Institutionen und durch das *familiäre Netzwerk am Wohnort* gewährleistet. Die Großeltern übernehmen einen Großteil der Kinderbetreuung und stehen auch in Notfällen bereit. Die *Zuständigkeit* für die Betreuung ist fest aufgeteilt. Die Anforderungen an Mobilität hat das Paar durch verschiedene *Umzüge* (am Ende zurück an den ursprünglichen Wohnort, wo die Nähe zu den Großeltern besteht) ermöglicht. Sie *pendelt* zwischen Wohn- und Arbeitsort. Die *Arbeitszeit* teilen sich beide *flexibel* ein, arbeiten teils *von zu Hause und häufig abends.* Ganz bewusst setzt sie mittlerweile auch *Grenzen*, wenn sehr hohe Anforderungen an ihre Verfügbarkeit gestellt werden. Um ihren Karrieren nachzukommen, verzichtet das Paar größtenteils auf gemeinsame Familienzeit. Das Fazit dieser Konstellationen: „Das Gelingen einer Doppelkarriere wurde durch die Anforderungen der Kinder nicht gefährdet“ (Schürmann/Sembritzki 2017: 76).

Ein zweites Doppelkarrierepaar mit zwei Kindern, bei dem mittlerweile beide auf einer Postdoc-Stelle tätig sind, hat *keine familiäre Unterstützung vor Ort.* Die Großeltern entlasten sie bei längeren Konferenzbesuchen oder bei Forschungsaufenthalten

32 Achtet gut darauf, welche „Gesprächsdosis“ ihr bezüglich eurer Zukunft braucht. Bezieht dabei mit ein, in welcher Phase der Promotion und Familiengründung ihr seid. Zu viel über Unsicherheiten zu sprechen, kann auch Energie kosten, die ihr gut an anderer Stelle gebrauchen könnt.

im Ausland (ob sie mitreisen oder am Wohnort die Kinder versorgen, wird nicht deutlich), nicht aber im Alltag. Die *Internationalität* beider Karrieren ist charakteristisch für ihre gemeinsame Geschichte. Das Paar hat in einer Fernbeziehung gelebt und das berufliche Pendeln auf unterschiedliche Distanzen hin als Strategie gewählt.[33] Durchweg haben sie die *Mobilitätsanforderungen als eine gemeinsam zu bewältigende Aufgabe* betrachtet. Die große *Flexibilität in der Arbeitszeitgestaltung* ermöglicht ihnen das Arbeiten an verschiedenen Orten. Der Elternteil, der sich gerade nicht am Familienwohnort befindet, kann in diesen Phasen länger arbeiten. Da das Paar keine alltägliche Unterstützung für die Kinderbetreuung hat, ist die Struktur durch die *Betreuungszeiten der Institutionen* (zuerst Tagesmutter, dann KiTa mit ausreichendem zeitlichem Umfang) vorgegeben. Außerhalb der institutionellen Betreuungszeit (und vermutlich auch in Krankheitsfällen) teilt sich das Paar die Betreuung der Kinder auf. Auch bei diesem Paar gehört die Arbeit am Abend oder am Wochenende dazu.[34] Diese Gegebenheiten werden von beiden nicht als belastend bewertet, wohl aber die Terminschwierigkeiten bei nachmittäglichen oder abendlichen Veranstaltungen (Schürmann/Sembritzki 2017: 76). Im Hinblick auf die beruflichen Perspektiven nach der Postdoc-Phase hat das Paar sich auf *eine zeitliche Ordnung der Karrieren* geeinigt. Vereinbart ist, „dass der Karriere desjenigen Partners, der zuerst eine Professur oder Dauerstelle erreicht, eine Priorität eingeräumt wird und sich die Karriere des anderen Partners daran orientieren muss. In einem solchen Fall ist auch der Ausstieg eines oder beider Partner aus der Wissenschaft eine Option, um die Vereinbarkeit von Beruf und Familie für beide Partner zu sichern, wenngleich ein Ausstieg nicht angestrebt wird" (Schürmann/Sembritzi 2017: 87).

Bei den *Elternzeitmonaten* wählen übrigens beide Paare *keine gleichmäßige Aufteilung*. Sie entscheiden so, dass beide ihre Karrieren verfolgen können und Nachteile durch die Erwerbsunterbrechung verhindert werden. Der Grundsatz einer geteilten Elternschaft wird dadurch nicht verletzt und die Gleichberechtigung genau durch die Orientierung an beiden Karrieren erhalten.

Beim Zusammenfassen dieser Beispiele haben mich drei Dinge nachdenklich gestimmt: Erstens begegnen mir in meiner Arbeit viele Paare, die kein familiäres Netzwerk vor Ort haben und die das sehr belastet. Es ist schwierig, sich hier eine andere Art der Kinderbetreuung vorzustellen, die so bedingungslos, kurzfristig und auch in Krankheitsfällen zur Verfügung steht, wie es Großeltern können. Andererseits: Auch

33 Für drei Jahre pendelte er im wöchentlichen Wechsel vom Familienwohnort ins Ausland. Nach einem Umzug können beide im täglichen Rhythmus an den Arbeitsort pendeln. Sie verbringt zusätzlich etwa eine Woche im Monat am früheren Wohnort, wo sie nach wie vor an der Universität angestellt ist.

34 Im Vergleich zum deutschen System verweist das Paar auf die Familienfreundlichkeit des schwedischen Systems, von dem sie zur Zeit der Familiengründung profitieren konnten. Hier wird „eine zeitliche und räumliche Trennung von Arbeits und Familienarbeit (sic) als selbstverständlich und – im Vergleich zu Deutschland – als durchweg unproblematisch wahrgenommen" (Schürmann/Sembritzki 2021: 76).

Großeltern vor Ort sind nicht gleich eine Garantie für Kinderbetreuung. Hier müssen auch die persönliche Beziehung, die eigene Bereitschaft, der Gesundheitszustand und weitere Pflichten und Wünsche im Leben der Großeltern in Betracht gezogen werden.

Zweitens bin ich an diesem Zitat hängengeblieben: „Eine verlässliche Kinderbetreuung wird als essentiell angesehen, um den Verlust familiärer Unterstützungsnetzwerke aufgrund von Umzügen abzufedern" (Schürmann/Sembritzki 2017: 77). Vor dem Hintergrund der aktuellen Care-Krise ist diese Betreuung nicht verlässlich gegeben. Aufgrund von Personalmangel fehlen Plätze und KiTas müssen kurzfristig schließen – von der Qualität der Betreuung, die in Notbesetzung noch möglich ist, einmal ganz abgesehen. Der Mangel an Kinderbetreuung wird als Hindernis gesehen. Es bleibt also eine Herausforderung für promovierende Eltern, dass weder vonseiten der Wissenschaft (die weiterhin die absolute Verfügbarkeit einfordert) noch vonseiten der Politik (die weiterhin keine Kinderbetreuung gewährleistet) gute Bedingungen geschaffen werden. Die Notfallbetreuung der Hochschule zu nutzen, ist sicher in kurzfristigen Ausnahmefällen ein Weg, löst jedoch nicht das grundsätzliche Spannungsfeld auf.

Drittens äußern beide Paare aus der Studie den Wunsch, mehr Zeit mit ihren Kindern oder als Familie zu verbringen. Das kann als Widerspruch zur Forderung nach mehr Kinderbetreuung gedeutet werden, schließt sich jedoch nicht aus: Kinderbetreuung muss verlässlich und gut sein, damit Eltern ihre Kinder zu den Zeiten ihrer Erwerbsarbeit versorgt wissen und sich auf die Arbeit einlassen können. Gleichzeitig wollen sie von der Erwerbsarbeit nicht so sehr vereinnahmt werden, dass die Zeit mit Kind sich als zu kurz anfühlt. Ich vermute, der Grad der Selbstbestimmung ist hier entscheidend: Habe ich selbst gewählt, jetzt (nicht) bei meinem Kind zu sein? Manchmal ist es eine Frage, wie diese Zeit mit Kind verbracht wird. Viele Eltern schildern mir, dass sie parallel möglichst viele Aufgaben im Haushalt zu erledigen versuchen, was aufgrund der Zeitknappheit und des Mental Loads nachvollziehbar ist. Aus der Zeitgleichheit kann jedoch das Gefühl resultieren, die Zeit mit dem Kind sei zu kurz.[35]

Andere Strategien, die Paare in Coachings bereits erarbeitet haben, um ihre wissenschaftlichen Karrieren zu vereinbaren, waren:

- das Aufzeichnen des gesamten privaten und beruflichen Netzwerks und das Identifizieren von Personen, die für die beruflichen Perspektiven eine Rolle spielen
- die Erstellung eines gemeinsamen Zeitstrahls mit unterschiedlichen Abzweigungen für Befristungen, beruflichen Alternativen und bewussten Zwischenhalten für die Reflexion
- die Kontaktaufnahme mit dem *Dual Career Service* an den Hochschulen, sobald berufliche Optionen konkreter wurden.

35 Der Muttermythos tut hier sein Übriges, indem er anmahnt, als Mütter müssten wir uns dem Kind ganz zur Verfügung stellen.

Nachfolgend findet ihr einige Fragen, mit denen ihr eure eigene Strategie entwickeln könnt. Erlaubt euch dabei, eine ideale Zukunft vor Augen zu haben. Hilfreich sind Ideen dazu, wer idealerweise zu welchem Zeitpunkt welchen Schritt geht. Dem Gefühl der Unsicherheit könnt ihr begegnen, indem ihr Alternativen aufschreibt und verschiedene zeitliche Reihenfolgen mitdenkt. Am besten beantwortet ihr sie zuerst für euch selbst und in einem zweiten Schritt gemeinsam. Alle Unklarheiten, die sich daraus ergeben, könnt ihr ebenfalls aufschreiben. Behaltet gut im Blick, dass das Leben immer auch andere Wendungen nehmen kann.

- Wie sehen wir insgesamt unsere berufliche und private Zukunft?
- Auf welche Qualitäten unserer Partnerschaft können wir uns verlassen?
- Worauf können wir als Familie jetzt bereits stolz sein?
- Welche Karriereziele hat jede:r von uns? Was sind jeweils unsere Alternativen?
- Welche Karriere hat oder hätte Vorrang, wenn wir uns entscheiden müssten?
- Wie wichtig ist uns ein gemeinsamer Lebensmittelpunkt? Wie stehen wir einem möglichen Umzug gegenüber? Wie lange könn(t)en wir mit einer Fernbeziehung leben? Welche Form müsste diese haben, damit wir uns als Familie damit wohlfühlen? Wie wichtig ist uns die Nähe zu unseren Herkunftsfamilien?
- Wie viel Zeit möchte jede:r von uns mit dem Kind verbringen? Wie viel Zeit möchten wir gemeinsam als Familie verbringen?
- Wie sehen wir unsere Rollen als Elternteile? Was ist uns als Eltern wichtig?
- Wie teilen wir Care-Arbeit auf? Wie organisieren wir unsere Familienaufgaben?
- Welches berufliche Netzwerk haben wir bereits? Was wünschen wir uns noch?
- Welches soziale Netzwerk haben wir bereits? Was wünschen wir uns noch?
- (Wann) Brauchen wir Sicherheit in Form einer unbefristeten Stelle? Wollen wir beide eine unbefristete Stelle oder eine:r von uns?
- Wie familienfreundlich ist jeweils unser Arbeitgeber? Wie viel Flexibilität bietet uns das? Wie können/wollen wir diese nutzen?
- Welche Anforderungen spüren wir an uns vonseiten des Arbeitgebers? Welche davon sind diskutabel, welche nicht? Wo setzen wir Grenzen zugunsten unserer Familie?
- Wie viel Zeit geben wir uns für die nächsten Karriereschritte?
- Welche Wünsche und Ziele haben wir persönlich, einzeln, als Paar, als Familie?

Der Austausch zu diesen Fragen kann euch den gemeinsamen Weg klarer sehen lassen. Gleichzeitig können neue Abzweigungen auftauchen oder gefühlte Sackgassen betreten werden. Wenn eure Vorstellungen voneinander abweichen oder sich widersprechen, schaut gut, inwiefern die oben genannten Fragen noch hilfreich sind. Für den Fall, dass bereits tiefere Konflikte bestehen, findet ihr im nächsten Abschnitt weitere Anregungen.

7.6 Konflikte besprechbar machen

Im Verlauf des Kapitels hast du bereits gesehen, welches Konfliktpotenzial in einer Promotion mit Kind stecken kann. Vielleicht hast du selbst Erfahrungen gesammelt und dich in längeren und emotionalen Auseinandersetzungen wiedergefunden. Mit Konflikt meine ich hier, dass sich Ziele, Interessen oder Werte dauerhaft widersprechen oder eine Partei den Eindruck hat, ein bedeutsames Bedürfnis werde dauerhaft verletzt. Konflikte können offen ausgetragen werden (das heißt, ihr sprecht bereits darüber) oder verdeckt sein (das heißt, der Konflikt findet im Innern einer Person statt und wurde noch nicht thematisiert). Solltest du dich gerade mit deinem:deiner Partner:in in einem Konflikt befinden, der mit deiner Promotion zu tun hat, halte hier einmal kurz inne. Überlege dir, ob du bereit bist, ihn dir näher anzuschauen. Wenn du dich sicher mit dem Gedanken fühlst, können die folgenden Schritte dir einen neuen Zugang ermöglichen.

Den Konflikt analysieren

Auch wenn zu einem Konflikt mindestens zwei Seiten gehören, kannst du bestimmte Aspekte zunächst für dich selbst klären. Suche dir dafür einen Moment, in dem du innerlich möglich ruhig bist und nicht unter Druck stehst. Ausreichend Abstand ist hilfreich, um einen neutraleren Blick einzunehmen. Mithilfe der folgenden Schritte kannst du herausarbeiten, was genau dich in diesem Konflikt umtreibt. Du schaffst damit gute Voraussetzungen für ein gemeinsames Gespräch – insbesondere, weil du deine eigene Situation klarer siehst und neue Perspektiven mit einbringen kannst.

Entwickle Ideen zum Kern des Konflikts:

- Welche Frage liegt dem Konflikt zugrunde?
- Was ist deine Meinung dazu?
- Was die deines Partners/deiner Partnerin?
- Was ist jeweils euer Ziel?
- Wofür könnte die Promotion in eurem Konflikt stehen?
- Worum geht es noch?

Analysiere deine Emotionen:

- Was fühlst du, wenn ihr über das Konfliktthema sprecht?
- An welchem Punkt wirst du besonders emotional?
- Was könnte der Auslöser für diese Emotionen sein?
- Wann hast du dich noch so gefühlt?

Kläre deine Bedürfnisse:

- Was brauchst du?
- Was genau soll sich verändern?
- Was ist dein wichtigster Wunsch an deine:n Partner:in?

Reflektiere deine bisherigen Schritte:

- Wie bist du bisher vorgegangen?
- Was hast du konkret gesagt?
- Was hast du unternommen?

Mache dir deinen eigenen Anteil bewusst:

- Welche Rolle nimmst du in diesem Konflikt ein?
- Wie hast du bisher dazu beigetragen, dass der Konflikt bestehen blieb?

Schaue in die Zukunft des Konflikts:

- Wie lange wird der Konflikt noch existieren?
- Wie lange bist du noch bereit, ihn auszuhalten?

Grenze die Zuständigkeiten ab:

- Welchen Teil des Konfliktes kannst du nur mit deinem:deiner Partner:in lösen?
- Was steht für dich selbst an?

Schätze eure Gesprächsbereitschaft ab:

- Ist dein:e Partner:in prinzipiell bereit, mit dir darüber zu sprechen?
- Wie könnt ihr gut mit der Emotionalität umgehen?
- Seid ihr jeweils bereit, euch in die Lage der anderen Person zu versetzen?

Im Reflexionsblatt findest du weitere Anregungen, um dir euren Konflikt genauer anzusehen. Du kannst diese Übung auch für Auseinandersetzungen mit anderen Personen nutzen, etwa mit deiner Promotionsbetreuung. Um ein tieferes Verständnis und eine konstruktive Lösung für einen Konflikt zu gewinnen, ist auch das Eisbergmodell ein nützliches Werkzeug. Im Folgenden stelle ich es dir anhand eines Beispiels vor.

Beispiel: Ein Promotionskonflikt im Eisbergmodell

Wir gehen für dieses Beispiel von der folgenden Situation aus: Die promovierende Person fordert Unterstützung von ihrem Partner ein; dieser verweigert sie jedoch und weist das Problem von sich.

Abbildung 8: Verhärtete Fronten in einem Paarkonflikt

Mithilfe der Eisbergmetapher können die bewussten und unbewussten Ebenen der Kommunikation transparent gemacht werden. Die Spitze des Eisbergs repräsentiert das, was beide Personen im Konflikt an der Oberfläche ausdrücken: Ihre Äußerungen, ihre Gestik und Mimik, die eigene Position. Der weitaus größere Teil des Eisbergs liegt unter der Wasseroberfläche. Er ist in der Kommunikationssituation nicht sichtbar, beeinflusst jedoch maßgeblich das Verhalten. Dieser Teil repräsentiert die verborgenen Gefühle, Bedürfnisse, Werte, Überzeugungen und Erfahrungen, die oftmals im Unterbewusstsein liegen. Nicht selten werden auf dieser Ebene auf beiden Seiten ähnliche Beweggründe ersichtlich.

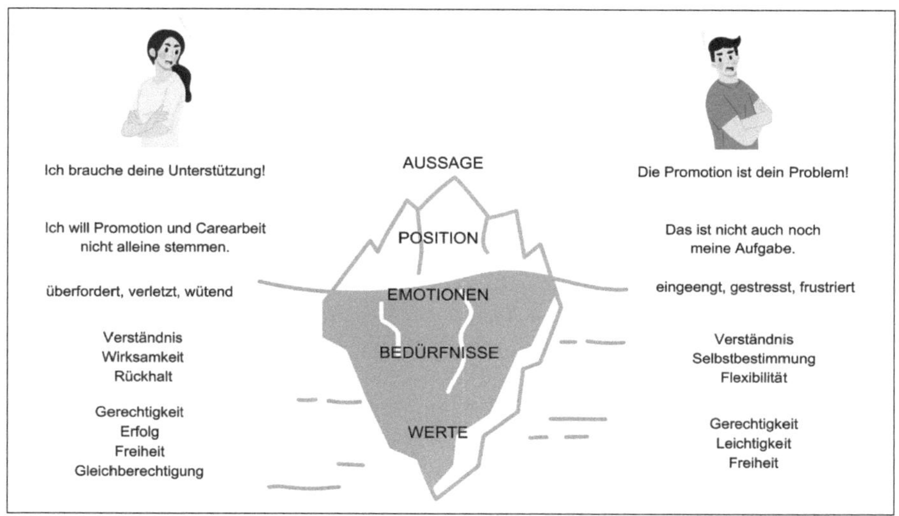

Abbildung 9: Exemplarischer Paarkonflikt zur Promotion im Eisbergmodell

In dieser exemplarischen Situation sind beide Personen mit negativen *Emotionen* konfrontiert. Sie fühlt sich von ihrer Mehrfachbelastung überfordert und ist enttäuscht über die ausbleibende Unterstützung. Seine abweisende Haltung verletzt sie. Er fühlt sich von ihrer Bitte unter Druck gesetzt. Dass von ihm Zeit und Energie eingefordert werden, verursacht bei ihm Stress. Er ist frustriert darüber, dass sie seinen bisherigen Mühen nicht sieht. Ihre Forderungen werden mit der Zeit zu Vorwürfen; seine Abwehrhaltung verstärkt sich und er weist die Verantwortung mit immer größerer Vehemenz von sich.

Blieben beide an der Oberfläche des Eisbergs, so würde der Konflikt weiter eskalieren. Unterhalb der Oberfläche finden wir Zugang zu neuen Informationen: Welche unerfüllten *Bedürfnisse* liegen dem Konflikt zugrunde? Sie möchte in ihrer Überlastung gesehen und verstanden werden. Außerdem wünscht sie sich Wertschätzung für die Arbeit, die sie für die Familie leistet. Durch den Fortschritt in ihrer Promotion erfüllt sie sich das Bedürfnis nach Wirksamkeit, dafür braucht sie wiederum ungestörte Zeit. Damit sie eine Partnerschaft als bestärkend erlebt, braucht sie einerseits Verbindlichkeit, andererseits Freiraum. Ihr Bedürfnis nach Zusammenarbeit und Rückhalt ist derzeit unerfüllt, denn sie möchte mit ihrem Partner als Team die Familie versorgen.

Ihrem Partner fehlt das Verständnis für seine Situation. Auch sein Bedürfnis nach Wertschätzung ist unerfüllt, denn er fühlt sich von seiner Partnerin nicht für seinen Beitrag zum Familienlieben anerkannt. Hinter seiner abweisenden Haltung steht auch das Bedürfnis nach Selbstbestimmung. Er möchte nicht von Außen zu etwas getrieben werden, sondern eigenständig entscheiden. Von einer Partnerschaft erhofft er sich Flexibilität und Freiraum. Er befürchtet, beides könne zukünftig eingeschränkt werden, wenn er sich auf die Bitte seiner Partnerin einließe.

Auf der *Werteebene* sind noch grundsätzlichere Themen zu finden, die in diesem Konflikt mitverhandelt werden. Für sie ist *Gerechtigkeit* eines der wichtigsten Prinzipien, das sie in ihrem Leben immer wieder verteidigt. Den Wert Erfolg hat sie als Promovierende der ersten Generation in letzter Zeit neu für sich gesetzt. Diesen sieht sie in Gefahr, wenn ihr Partner sich nicht stärker als bisher im Familienleben engagiert. Schließlich ist ihr auch *Freiheit* wichtig: Sie möchte ihren beruflichen Weg weiterverfolgen und ihre Fürsorgerinnenrolle für größere Zeiträume abgeben. Der Wert *Gleichberechtigung* spielt für sie ebenfalls eine wichtige Rolle und prägt ihre Vision des Familienlebens entscheidend mit. Sie hat ihre Prägungen zum Mutterbild reflektiert und möchte sich von der vergeschlechtlichten Rollenverteilung lösen.

Auch ihr Partner steht für *Gerechtigkeit* ein und findet es daher wichtig, für seinen Einsatz in der Familie gesehen zu werden. Er ist der Überzeugung, dass das Leben eine gewisse *Leichtigkeit* braucht. Außerhalb seines verantwortungsvollen und routinierten Berufsalltags schafft er sich deshalb immer wieder Abwechslung. In ihrer Forderung nach Unterstützung sieht er das Risiko, dass ihm unangenehme Daueraufgaben aufgedrückt werden und er seine Leichtigkeit auch im privaten Bereich verlieren könnte. Die Vorstellung, dass er bei der Verteilung der Aufgaben nicht mitbestimmen kann und die Zeiten dafür bereits festgelegt sind, bringt zudem seinen Wert *Freiheit* in Gefahr. Er hat in seiner Kindheit eine traditionelle Aufgabenteilung erlebt und unbewusst übernommen. Seine Rolle als Vater hat er für sich noch nicht intensiv reflektiert. Der Wert Gleichberechtigung ist für ihn nicht mit seiner Situation verknüpft.

Auf den tieferen Ebenen des Konflikts wird ersichtlich, worum es „eigentlich" geht. Das Paar teilt die Werte Gerechtigkeit und Freiheit, sieht sie jedoch aktuell nicht gewahrt. Beide fühlen sich ungerecht behandelt und haben das Gefühl, ihr Einsatz zähle weniger als der der anderen Person. Zudem scheint die jeweils andere Person den eigenen Freiraum einschränken zu wollen. Damit verringert sich die Möglichkeit, ihre Zeit eigenverantwortlich zu gestalten und Entscheidungen frei zu treffen. In puncto Gleichberechtigung sind sie nicht auf dem gleichen Kenntnis- und Reflexionsstand. Ein gemeinsames Bedürfnis nach Wertschätzung bleibt unerfüllt. Ihre Bedürfnisse unterscheiden sich in den Bereichen Flexibilität/Verbindlichkeit und Erfolg/Leichtigkeit.

Von dieser Basis aus kann das Paar nun konstruktive Ideen sammeln: Wie zeigen wir uns gegenseitig, dass wir die Arbeit der anderen Person wertschätzen? Wie können wir unsere Aufgaben so aufteilen, dass sie sich für uns beide gerecht anfühlen? Wie können wir uns selbstbestimmte Zeiträume schaffen? Wie kann er mehr Leichtigkeit im Privatleben spüren? Wie kann sie auf ihren Erfolg hinarbeiten? Welche neuen Möglichkeiten gibt es, die Care-Arbeit aufzuteilen? Was den Wert der Gleichberechtigung angeht, könnte das Paar sich Zeit für einen ehrlichen Austausch nehmen. Sie könnte beschreiben, welche Bedeutung es für sie hat, ihre Rollen als Mutter zu reflektieren und zu welchen Erkenntnissen sie bisher gekommen ist. Der gemeinsame Wert Gerechtigkeit kann eine gute Basis für ein Gespräch über ein gemeinsames Verständnis von Elternschaft sein.

Bei aller Schwierigkeit, in einem emotional belastenden Konflikt hinter die gegensätzlichen Positionen zu schauen: Ein tieferes Verständnis schafft oftmals die Voraussetzungen für Veränderung. Auch die Frage, wofür in dieser Auseinandersetzung die Promotion steht, ist lohnenswert zu verfolgen. Es liegt nahe, dass anhand des Promotionsvorhabens unerfüllte Bedürfnisse oder verletzte Werte besonders deutlich werden. Die Streitthemen, die ich zu Beginn dieses Kapitels dargestellt habe, stehen etwa für die Bedürfnisse Unabhängigkeit, Sicherheit, Anerkennung oder Entspannung. Eure Themen spiegeln vermutlich auch wider, was grundsätzlich schiefläuft in der Gesellschaft. Das Verständnis von Geschlechterrollen und deren Aufgaben wird gerade neu ausgehandelt. Auch ihr als Paar seid Teil dieses Prozesses und findet euch möglicherweise in stellvertretenden Konflikten wieder.

Kommunikation in Konflikten

Engl und Thurmaier (2009) zeigen drei Grundmuster auf, auf die Paare häufig erfolglos zurückgreifen, wenn sie unterschiedlicher Meinung sind:

- Verdrängung unangenehmer Gefühle, um (vermeintliche) Harmonie zu wahren
- Vorwürfe und Schuldzuschreibungen statt Klärung
- Versöhnung ohne echte Klärung

Bleibt wachsam dafür, dass ihr den Konflikt tatsächlich klärt und er nicht unterschwellig bestehen bleibt. Geht dafür miteinander in ein wohlwollendes und ehrliches Gespräch und beschreibt, was euch betroffen macht und worum es euch im Grunde geht. Achtet besonders bei emotionalen Themen auf einen respektvollen Umgang miteinander. Einige Dos and Don'ts für Konfliktgespräche habe ich hier als Erinnerung zusammengestellt.

Tabelle 5: Dos and Don'ts in Konfliktgesprächen

Don'ts	**Dos**
Du-Botschaften senden	Bei der eigenen Wahrnehmung bleiben
Verallgemeinern *(immer, alle, nie)*	Konkrete Situationen benennen
Übertreibungen	Realistische Beschreibungen
dem Gegenüber die Schuld zuschreiben und sich herausreden	die Verantwortung für das eigene Handeln übernehmen
sich ins Wort fallen	aktiv zuhören und ausreden lassen
ablenken oder Nebenschauplätze aufmachen	beim Thema des Konflikts bleiben
die geäußerten Gefühle negieren	Gefühle der anderen Person und unterschiedliche Emotionen akzeptieren
Vorwürfe machen und Herumnörgeln	eigene Bedürfnisse formulieren
herablassende, beleidigende Aussagen treffen	auf Augenhöhe miteinander sprechen
Fokus auf Kritik an der anderen Person legen	Wertschätzung und Anerkennung äußern
Beispiel: „Nie bist du für mich da!" „Es war so klar, dass ich wieder alles alleine machen muss!" „Meine Zukunft ist dir sowieso egal!"	Beispiel: „Als du gestern nicht auf die Kinder aufpassen wolltest, damit ich an meiner Dissertation schreiben konnte, hat mich das enttäuscht. Ich war traurig und habe mich einsam gefühlt. Meine Promotion ist mir wichtig und ich möchte sie im nächsten Jahr beenden. Dafür brauche ich deine Unterstützung bei der Care-Arbeit. Ich wünsche mir, dass wir mir feste Möglichkeiten zum Schreiben schaffen, und zwar an zwei Abenden in der Woche und an zwei Samstagen im Monat. Wie ist das für dich?"

Solltet ihr diese Anhaltspunkte nicht mehr befolgen können oder die Situation zu emotional werden, unterbrecht das Gespräch und findet einen anderen Zeitpunkt, um es fortzusetzen. Vorwürfe und Schuldzuschreibungen kommen in aufgebrachter Stimmung leicht über die Lippen und tragen ganz sicher nicht zur Klärung von Konflikten bei. Dennoch ist etwa eure Wut ein wichtiges Signal dafür, dass gerade etwas ganz und gar nicht in Ordnung ist. Lasst sie da sein, aber lasst sie nicht am Gegenüber aus und lasst sie nicht der Klärung im Wege stehen. Sprecht stattdessen zu einem Zeitpunkt weiter, an dem eure Zuneigung und Wertschätzung wieder Raum bekommen können. „Jedes Gespräch, was von Liebe getragen wird, anstatt auf dem Boden von Kränkung stattzufinden, beinhaltet die Lösung“ (Interview mit Dr. Mirrjam Prieß in Fröhlich 2020: 144).

Wenn du als Promovierende:r gerade in einem Konflikt steckst, möchte ich dich gerne ermutigen. Nutze den Konflikt als Chance, etwas zu klären, was dir wichtig ist. Behalte dein Promotionsvorhaben gut im Blick. Teile deinem:deiner Partner:in mit, was dir daran wichtig ist und was du dazu brauchst. Dich als Partner:in: einer:s Promovierenden möchte ich ebenfalls ermutigen: Mache dir bewusst, dass du für sie:ihn eine bedeutsame Person bist. Im Promotionsprojekt spielst du als Partner:in eine wichtige Rolle. Frage nach, was deine:n Partner:in beschäftigt und beschreibe auch, was dir in dieser intensiven Zeit wichtig ist. Lasst euch dabei Raum zum Formulieren der Gedanken. Hört in Ruhe beide Positionen an. Einen Konflikt offen zu besprechen, ist auch ein Zeichen von Wertschätzung. Bestenfalls könnt ihr in eurer Beziehung etwas Grundlegendes aufdecken und wertvolle Veränderungen anstoßen. Bedenkt neben der Promotion auch, was euch als Paar guttut und was eure Familie für ihr Wohlbefinden braucht.

Solltest du die Person sein, die sich mehr Gedanken um eure Situation als Paar macht, zögere nicht, diese auszusprechen. Es ist okay, wenn du etwas einbringst, was dein:e Partner:in vielleicht (noch) nicht sieht. Solltet ihr es schwer haben in eurer Partnerschaft und allein nicht in die Veränderung finden, sucht euch Unterstützung in Form von Paartherapie oder anderen Beratungsformaten.

7.7 Deine Checkliste zu Kapitel 7

Auch am Ende dieses Kapitels kannst du anhand der Checkliste nachvollziehen, welche Themen dir beim Lesen begegnet sind.

In Kapitel 7 hast du

- ☐ dich mit dem Zusammenhang von Partnerschaft und Promotion befasst.
- ☐ gesehen, wie Idealvorstellung und Realität voneinander abweichen können.
- ☐ spezifische Reibungspunkte in der Partnerschaft aufgrund der Promotion kennen gelernt.
- ☐ erfahren, warum es essenziell ist, die Verantwortung für Aufgaben in der Familie zu teilen.
- ☐ Anregungen erhalten, um mit deinem:deiner Partner:in gut im Gespräch zu bleiben.
- ☐ Strategien für das Zusammenbringen zweier wissenschaftlicher Karrieren kennen gelernt.
- ☐ dich mit Fragen für einen Austausch über berufliche und familiäre Perspektiven befasst.
- ☐ eine Sammlung von Fragen erhalten, um einen Konflikt für dich zu analysieren.
- ☐ ein Modell an die Hand bekommen, um einen Konflikt genauer zu verstehen.
- ☐ dich an Dos and Don'ts für die Kommunikation in Konfliktsituationen erinnert.

7.8 Transfer in den Alltag: Deine Partnerschaft als Rückhalt für die Promotion nutzen

Dieses Reflexionsblatt kannst du dazu nutzen, um einen wertschätzenden und ehrlichen Blick auf deine Partnerschaft zu werfen. Mithilfe der Übungen führst du dir vor Augen, was gerade gut läuft und wo du gegebenenfalls noch (mehr) Unterstützung brauchst. Wenn dich ein Konflikt belastet, kannst du dich mithilfe von spezifischen Fragen auf ein Gespräch vorbereiten.

Lade dir das Reflexionsblatt gleich herunter:

Reflexionsblatt Kapitel 7: Deine Partnerschaft als Rückhalt nutzen.

Verschaffe dir Klarheit, um deine Partnerschaft zu einem bestärkenden Element deiner Promotion mit Kind zu machen.

Im nächsten Kapitel erwarten dich Anregungen für eine positiv-realistische Grundhaltung, von der du dich tragen lassen kannst. Es wird inspirierend und bestärkend.

8 Promotionsmindset für Eltern: In eine positiv-realistische Grundhaltung kommen

Wenn es um das Thema Mindset geht, schwingt häufig die Idee mit, die Veränderung der eigenen Haltung sei der einzig notwendige Schlüssel zum Erfolg. „Ändere dein Mindset, dann schaffst du es.“ „Du musst es nur wollen“. „Denke positiv, dann wirst du erfolgreich.“ – so oder so ähnlich lautet der Tenor einer toxischen Positivität, die aus meiner Sicht kritisch zu nehmen ist. Mit Aussagen, die dir suggerieren, du müsstest dich nur *noch* mehr anstrengen, negative Gedanken ignorieren und kritische Stimmen außer Acht lassen, wird eine Mischung aus Selbstoptimierung und -verleugnung transportiert. Ebenso problematisch: Die Verantwortung wird damit vollständig auf dich als Individuum abgewälzt und strukturelle Bedingungen dabei ignoriert.

Roos und Roos beschreiben die Konsequenzen von toxischer Positivität wie folgt:

> „Toxische Positivität nimmt uns die Empathie mit uns selbst und unseren Mitmenschen. Denn jeder ist an seinem eigenen Schicksal selbst ‚schuld‘. (…) Wir verdrängen die Nachteile und die Ungerechtigkeit eines Systems, indem wir uns als Einzelne die Schuld geben. Wir nehmen uns dadurch die Möglichkeit, wütend auf ein System zu sein, um es zu verändern, weil wir glauben, alles „herbeimanifestieren“ zu können“ (Roos/Roos 2023: 114).

Insbesondere in puncto Vereinbarkeit geht die Idee, das Gelingen einer Promotion hinge ausschließlich von einem positiven Mindset ab, an eurer Lebensrealität als Eltern wohl vorbei. In Kapitel 3 wurde bereits deutlich, wie Wissenschaft und Gesellschaft auf euch als Eltern einwirken. Diese Bedingungen bilden den Rahmen, in dem du dich bewegst. Sie sollten als ungerecht, prekär und diskriminierend benannt und in dein Empfinden einbezogen werden. Allein durch das „richtige“ Mindset können sie nicht verändert werden.

Und doch lohnt es sich aus meiner Sicht, deine Grundhaltung gegenüber der Promotion zu reflektieren. Wie du unter diesen Gegebenheiten auf dich selbst schaust, kann einen großen Unterschied für deinen Promotionsweg machen. Mit einem veränderten Blick auf deine Situation kannst du dir mehr Handlungsspielraum verschaffen, ohne dabei die Schwierigkeiten zu ignorieren. Wenn ich dir in diesem Kapitel Anregungen für deine Grundhaltung gebe, geht es also nicht darum, deine Belastung zu verneinen und dich zu noch mehr Optimierung zu bewegen. Vielmehr stelle ich dir immer wieder die Frage, wie du auf dich und deine Promotion schaust. Möglicherweise entdeckst du Denkanstöße, die deinen Blick wohlwollender werden lassen.

An dieser Stelle kannst du einen kurzen Check-in bei dir machen: Welche Gedanken denkst du häufig, wenn du auf deine Lebenssituation schaust? Was ist das Motto, mit dem du durch deine Promotion gehst? Wie nimmst du dich als Verantwortliche:n für deine Kinder wahr? Wie begegnest du den Widrigkeiten in deiner Promotion mit Kind? Deine innere Haltung kann – bei aller Ungerechtigkeit im Außen – Einfluss darauf nehmen, als wie wirksam du dich erlebst. Dazu kann auch gehören, dich zu fragen: Welchen Spielraum habe ich? Was kann ich akzeptieren? Was nehme ich nicht länger hin?

In diesem Kapitel möchte ich dir Impulse für eine realistisch-positive Grundhaltung geben. Die Idee ist es, Schwierigkeiten und Möglichkeiten nebeneinander zu stellen und dadurch ins Handeln zu kommen. Das bedeutet z. B., dass du

- in herausfordernden Momenten nicht wegschaust und gleichzeitig nicht vom Schlimmsten ausgehst.
- deinen Frust und deine Zweifel fühlst und gleichzeitig ins Handeln kommst.
- deine Situation annimmst und gleichzeitig deine Möglichkeiten für Veränderung nutzt.
- die Bedingungen deiner Promotion mit Kind anerkennst und gleichzeitig Verantwortung für dein Vorankommen übernimmst.

Lass dich gerne von meinen Anregungen dazu inspirieren, im Alltag ab und an innezuhalten und deinen Fokus neu auszurichten.

8.1 Den eigenen Einflussbereich kennen

Wie kannst du zu einer Grundhaltung kommen, die dich mit Herausforderungen positiv-realistisch umgehen lässt? Wie kannst du ins Handeln kommen, anstatt angesichts der Schwierigkeiten zu erstarren? Stephen Covey regt mit dem Modell des *Circle of Influence* dazu an, die eigene Energie und Ressourcen auf die Dinge zu konzentrieren, die wir tatsächlich beeinflussen können.

Im äußeren Kreis des Modells, dem *Circle of Concern*, sind alle Dinge repräsentiert, die dich beschäftigen und außerhalb deiner direkten Kontrolle liegen. Das sind etwa das Weltgeschehen, das Verhalten anderer Menschen oder äußere Umstände. In Bezug auf deine Promotion mit Kind können das sein:

- die endgültige Entscheidung über eine Projektverlängerung
- der Zeitpunkt, zu dem dein Kind krank wird
- die fehlende Anerkennung von Eltern in der Wissenschaft
- die Anforderungen an deine Verfügbarkeit
- die niederschmetternde Kritik zu einer Publikation
- der Arbeitsstil deiner Promotionsbetreuung

Der Innenkreis, der *Circle of Influence*, repräsentiert Dinge, die du beeinflussen kannst: deine Einstellung, deine Entscheidungen, deine Handlungen, deine Beziehungen zu anderen Menschen. In Bezug auf deine Promotion mit Kind können das sein:

- der Aufbau deiner Expertise
- der Umgang mit deinen persönlichen Grenzen
- die Gestaltung der Zeit mit deinen Kindern
- dein Blick auf dich selbst
- deine persönlichen und beruflichen Kontakte
- die Stellschrauben für deine berufliche Karriere

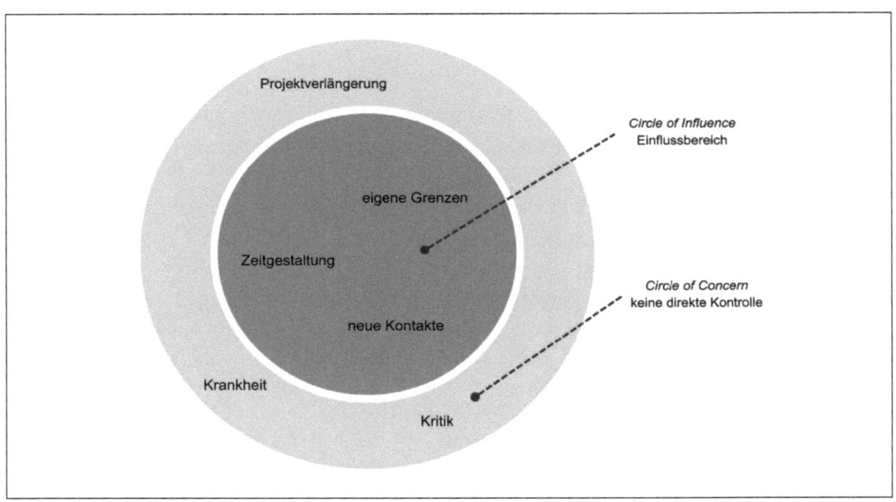

Abbildung 10: Das Konzept des Circle of Influence nach Stephen Covey

Mithilfe dieses Konzepts kannst du dir immer wieder bewusst machen, in welchem Kreis du dich gedanklich befindest. Dich auf den Außenkreis zu konzentrieren, lässt Gefühle von Ohnmacht und Hilflosigkeit zunehmen. In der Folge wird der Innenkreis kleiner. Um ihn stattdessen auszudehnen, lenke im herausfordernden Alltag deinen Fokus auf die Dinge, die gerade durch dich selbst veränderbar sind. So bleibst du handlungsfähig und verschaffst dir Sicherheit.

Nehmen wir als Beispiel die folgende Situation: Du erhältst für ein eingereichtes Paper eine Rückmeldung, die aus destruktiver Kritik besteht. Sie ist kurz und knapp formuliert, wirkt unfreundlich und hart. Bliebest du mit deiner Energie im *Circle of Concern*, dann würdest du erstarren und ein vernichtendes Urteil über dich selbst fällen. Du würdest die Rückmeldung als Beweis für dein Versagen deuten und nicht an den Erfolg glauben. Der Kreis würde größer und die Kritik könnte zu einer Sorge über deine berufliche Zukunft heranwachsen: „Was wird jetzt aus mir? Ich bin als Wissenschaftler:in nicht geeignet." An eine Überarbeitung des Papers wäre kaum zu denken. Würdest du deine Energie hingegen auf den *Circle of Influence* richten, dann lautete die Frage an dich selbst etwa: Wie kann ich jetzt mit dieser Situation umgehen? Du würdest spüren, dass die Kritik dich trifft und dich daher gut um dich kümmern. Dein Fokus läge auf der Möglichkeit, den Artikel durch eine Überarbeitung zu verbessern. Du würdest dir das Gutachten vornehmen, dir alle sachlichen Hinweise herausfiltern und dir dazu eine Meinung bilden. Ein Gespräch mit einer Kollegin würde dich dabei unterstützen. Für den Überarbeitungsprozess würdest du dir kleine Pakete schnüren und eine freundliche Arbeitsatmosphäre schaffen, um möglichst leicht ins Tun zu kommen.

So kann es für deine alltäglichen Herausforderungen einen Unterschied machen, deine Aufmerksamkeit auf deinen Einflussbereich zu lenken. Im Arbeitsblatt findest du eine vertiefende Übung dazu. Dinah konnte durch ihre positiv-realistische Perspektive auf die unsicheren Arbeitsbedingungen auch ihre Dissertation ein Stück leichter voranbringen:

> *Ich denke, der Job hat sehr viele Vorteile. Wenn man sich loslöst von dem Gedanken, man müsse unbedingt mit Ach und Krach eine akademische Karriere hinkriegen, und wenn man das eher als Projekt dieser Zeit des Lebens sieht, dann kann es total gewinnbringend sein. (...) Und mit einer Dissertation – wenn du sie als Teil der Ausbildung siehst – hast du auf jeden Fall bewiesen, dass du dranbleiben kannst und dass du dich so tief ins Thema einarbeitest, bis du der Spezialist bist in dieser Sache. (Dinah, 2 Kinder, Erfahrungsbericht, eigener Blog)*

8.2 Dir selbst gegenüber fair sein

Eine weitere Möglichkeit, um deinen Einflussbereich zu vergrößern, ist es, einen fairen Umgang mit dir selbst zu entwickeln. Mit fair meine ich, dass du einen ganzheitlichen Blick auf dich wirfst und dir mit Freundlichkeit begegnest. Unfair wäre es, in schwierigen Situationen nur deinen (vermeintlichen) Misserfolg zu sehen, dich selbst zu verurteilen oder in Selbstmit*leid* zu verfallen. Fair wäre es hingegen, deine Umstände anzuerkennen, dir für deine Bemühungen auf die Schulter zu klopfen und dir Selbstmit*gefühl* zu schenken. Auch deine Erfolge gilt es anzuerkennen. Du kannst dich für deinen Beitrag dazu wertschätzen und stolz darauf sein. Wenn du üblicherweise sehr streng mit dir bist, lade ich dich ein, mehr und mehr in eine mitfühlende Haltung gegenüber dir selbst zu kommen.

Diese wird unter anderem daran erkennbar, wie du mit dir selbst sprichst (siehe auch Kapitel 5 zum Umgang mit Planunterbrechungen). Bleibe besonders dann, wenn es im Außen schwierig wird, möglichst milde im Innen. So kannst du negative Selbstgespräche durch mitfühlende, unterstützende Aussagen ersetzen:

Anstatt dich selbst abzuwerten, erkenne an, was du gerade leistest.

„Ich bekomme das nie hin!"	→	„Ich gebe jeden Tag, was mir möglich ist."

Ersetze aber durch *und*.

„Ich wollte heute schreiben, aber ich kann nicht, weil ich zu müde bin."	→	„Ich wollte heute schreiben und ich bin so müde, dass ich zuerst eine Pause benötige."

Anstelle von Verallgemeinerungen, triff konkrete Beschreibungen.

„Immer bin ich zu müde, um zu schreiben."	→	„Die letzten Nächte waren anstrengend. Ich habe mein Kind versorgt; es ist menschlich, dass mir jetzt Energie fehlt."

Anstatt dir Vorwürfe zu machen, berücksichtige deine Umstände und die Anforderungen deiner Lebensbereiche.

„Ich habe meine Schreibzeit schon wieder nicht richtig organisiert!"	→	„Was ich gerade stemme, ist (zu) viel."

Wenn du etwas für deine Schwäche hältst, benenne auch die Stärke dahinter.

„Ich bin zu langsam."	→	„Ich nehme mir die Zeit, die ich brauche."

Sollte sich dein:e inner:e Kritiker:in sehr oft zu Wort melden und dabei vor allem ablehnend und gnadenlos sein, frage dich einmal: Hilft dir diese Stimme dabei, dein Ziel zu erreichen? Wenn nicht, rät die psychologische Psychotherapeutin Christine Brähler dazu, sie/ihn zu verabschieden und Raum für eine liebevolle Stimme entstehen zu lassen: „Nur wenn Liebe und nicht Angst oder Hass die treibende Kraft hinter unserem Handeln ist, führt es zu Zufriedenheit und Erfüllung" (Brähler 2015: 26). Von welcher Kraft ist eigentlich dein Promotionsvorhaben getrieben?

Selbstmitgefühl ist eine Ressource, die bei vielen promovierenden Eltern zu wenig Raum bekommt. Und dennoch ist es wichtig, in dieser herausfordernden Zeit gut mit sich selbst zu sein. Brähler (2015: 29) definiert Selbstmitgefühl als „die Fähigkeit zu erkennen, dass man gerade eine leidvolle Erfahrung macht, sich diese spüren zu lassen und sich selbst liebevoll dabei zu umsorgen, auf mentale, emotionale, körperliche Weise oder durch ein bestimmtes Verhalten." Das bedeutet auch, Verantwortung dafür zu übernehmen, wie es dir geht: Leid oder Schmerz kannst du zulassen und daraufhin herausfinden, was du brauchst.

Zu einer fairen Haltung dir selbst gegenüber gehört es aus meiner Sicht auch, perfektionistische Ansprüche loszulassen. Deine Promotion erst dann zu beginnen, voranzubringen oder abzuschließen, wenn ein perfekter Zustand erreicht ist, ist, wie einer

Illusion nachzulaufen. Was ist überhaupt der perfekte Zustand einer Promotion? Wann soll dieser erreicht sein? Und wie sollte man dorthin kommen? Wenn du ehrlich bist, geht von jedem Punkt aus immer noch mehr. Anstatt dich zu fragen, was alles noch möglich wäre, kannst du dich fairerweise fragen: Was ist für *dich* gerade möglich? Wie viel Raum möchtest du deinen Ansprüchen geben? In welchem Bereich sind sie überfordernd und ausbremsend, in welchem Bereich motivieren sie dich?

Eine gute Übung, um insgesamt einen fairen Umgang mit dir selbst zu entwickeln, ist immer wieder von außen auf dich selbst zu schauen und dich zu fragen: Was würdest du einer befreundeten Person sagen, wenn sie gerade in deiner Situation wäre? Wie würdest du ihr begegnen? Mithilfe körperlicher Gesten kannst du zusätzlich dein Fürsorgesystem aktivieren: Lege eine Hand auf dein Herz, nimm einen freundlichen Gesichtsausdruck an und sprich die Aussage aus Sicht deiner Freundin mit sanfter Stimme aus (vgl. Brähler 2015: 28).

Ich persönlich finde auch den Gedanken wertvoll, dass du mit deiner mitfühlenden Haltung viele Wissenschaftler:innen und Eltern zu mehr Menschlichkeit inspirieren kannst. Damit setzt du ein echtes Gegenbeispiel zu den üblichen Denkweisen.

8.3 Deine Promotion zyklisch denken

In Kapitel 6 hast du bereits gesehen, dass eine Promotion in Phasen verläuft. Die Idee, dass es Aufwärts- und Abwärtsbewegungen gibt, kann bereits Teil deines positiv-realistischen Mindsets sein: Tiefpunkte gehören dazu; und nach jedem Tief verläuft der Weg irgendwann wieder aufwärts. In diesem Abschnitt möchte ich zusätzlich die Idee der Linearität infrage stellen und dir eine zyklische Sichtweise vorschlagen.

Ich selbst habe mir meinen Promotionsprozess ursprünglich völlig linear vorgestellt: Ich dachte, ich fange vorne an, gehe alle Schritte genau einmal durch und komme am Ende mit meiner fertigen Dissertation am Ziel an. Das hatte zur Folge, dass ich bei jedem einzelnen Schritt sehr viel Druck verspürte und am Ende nicht mehr viel Kraft hatte, als klar wurde: Ich muss vieles noch einmal durchdenken, es ist noch nicht reif.

Von einem zyklischen Prozess auszugehen, kann entlastend sein, denn du erkennst damit an, dass deine Dissertation in Kreisen entsteht. Das bedeutet, du durchläufst viele Schritte mehrmals. Früher oder später kommst du noch einmal an den Punkt zurück, an dem du gerade arbeitest. Jedes Mal, wenn du zu einer Frage Informationen einholst, diese weiterverarbeitest und dir Feedback einholst, entstehen neue Fragen und Ideen, die wiederum weitere Informationen benötigen und anschließend in deine Arbeit einfließen.

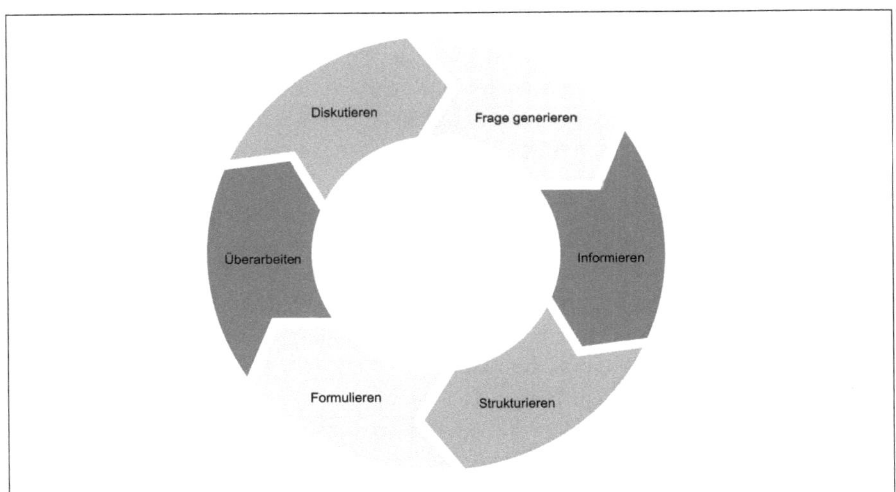

Abbildung 11: Zyklische Perspektive auf die Promotionsschritte

Von Mal zu Mal gewinnst du mehr Tiefe, dein Verständnis verändert sich. Das ist in etwa so, wie deine Kinder in verschiedenen Altersstufen auf die gleichen Themen zurückkommen, jedes Mal mit tiefergehenden Fragen, einem anderen Blick, mehr Reife. In der vereinfachten Darstellung in Abbildung 11 findest du einige der Schritte, die du in deiner Promotion sicherlich mehrfach durchlaufen wirst.

Zyklisch statt linear zu denken, kann Ruhe in deinen Schreibprozess bringen. Wenn du eine gewisse Vorläufigkeit akzeptierst, fällt das Weitermachen an schwierigen Punkten womöglich leichter. Es ist „erstmal" okay so, wie es ist. Später kannst du genauer beurteilen, ob dieser Stand so bleiben kann und wo noch vertiefende Schleifen notwendig sind. Bei der kreisförmigen Idee ist es zudem nicht wichtig, dass du „vorne" beginnst. Du kannst dort anfangen, wo es sich passend anfühlt. Mit dieser Perspektive auf deinen Prozess erteilst du dir gleichzeitig die Erlaubnis, zu wachsen. Du bist bereits auf dem Weg. Du entwickelst dich weiter. Mit jedem Schritt siehst du deine Dissertation klarer.

Was bei dieser Idee nicht verloren gehen darf, ist der Gedanke, dass du irgendwann aus diesem Kreis heraustreten wirst. Es gilt also, den Moment wahrzunehmen, an dem ein guter Stand erreicht ist. Achte darauf, dass du nicht in Perfektionismus verfällst: Wenn ein weiteres Durchlaufen des Zyklus dich vor allem sehr viel Zeit kosten würde, ohne einen nennenswerten Mehrwert zu bringen, ist es Zeit, den Status quo beizubehalten. Du kannst auch das Bild einer Aufwärtsspirale für dich nutzen und immer wieder prüfen: Wie weit nach oben möchtest du kommen? Wann ist es in mehrerlei Hinsicht „genug"?

8.4 Den Weg zu deinem Ziel schön machen

Am Bild des Marathons habe ich gezeigt, wie wichtig ein langfristiger und kontinuierlicher Modus ist, um ans Ziel zu kommen. Wenn das Ziel, deine eingereichte Dissertation, noch sehr weit entfernt ist, wirkt die Distanz womöglich einschüchternd oder entmutigend auf dich. Dennoch sind damit Gefühle wie Zufriedenheit, Erleichterung und Erfolg verknüpft, die du so schnell wie möglichen erreichen willst.

Auch hier kannst du in deiner Haltung etwas verändern. Mein Vorschlag ist, deinen Blick auf den Weg selbst zu richten und dir diesen Weg so schön wie möglich zu gestalten. Während du unterwegs bist, passiert jede Menge in deinem Leben – sowohl in der Promotion als auch in deiner Familie. Diese Geschehnisse, ganz gleich ob alltägliche Momente oder besondere Highlights, kannst du bewusst feiern. Dein Weg zur Promotion darf dir Freude bereiten, dich stolz und zufrieden machen. Und du darfst mehr von den Dingen einbauen, die dir guttun.

Eine interessante Übung ist es, die mit deinem Ziel verbundenen Gefühle ins Jetzt zu holen:

- In welchen Momenten sind heute schon Stolz, Zufriedenheit und Erleichterung spürbar?
- Welche Schritte kannst du feiern, während du sie gehst?
- Was ist gerade Gutes in deinem Leben?
- Wofür kannst du dir jeden Tag auf die Schulter klopfen?
- Welche Qualitäten hast du nur dank deiner Promotion mit Kind?

Oft sind mit der Promotionsphase Verzicht und Strenge verbunden. „Erst wenn die Dissertation fertig ist, darf ich einen Vormittag freimachen/mit Freund:innen ausgehen/mich gut fühlen/ohne Fachliteratur Urlaub machen." Es ist sinnvoll, einige Aktivitäten zu reduzieren, um den Fokus auf der Dissertation zu halten. Und gleichzeitig bedeutet das nicht, dass du jetzt keine schönen Dinge erleben darfst. Ich lade dich dazu ein, deinen Weg in den Blick zu nehmen und dir unvergessliche Momente zu schaffen. Es geht nicht nur um das Ziel, sondern auch um den Weg. Du kannst auch bewusst darauf schauen, zu welcher Person du wirst, während du deinen Weg gehst. Deine Entwicklung zu sehen, ist ein wertvolle Perspektive.

Mit Blick in die Zukunft darf eine Portion Realismus nicht fehlen. Die Promotion ist zwar eine intensive Phase, doch auch danach wird es Herausforderungen in deinem Leben geben. Beruf und Familie spielen weiterhin eine Rolle und müssen auf neue Art zusammengebracht werden. Was an deinem aktuellen Leben kannst du durchaus genießen? Was wird dich womöglich auch nach der Promotion begleiten? Wenn das weit entfernte Ziel der Promotion dich das nächste Mal entmutigt, schaue einmal, auf welchem Stück deines Weges du gerade unterwegs bist und was es dort am Wegesrand zu entdecken gibt.

8.5 Dir immer wieder die innere Erlaubnis erteilen

Viele Promovierende stehen dem Doktortitel ambivalent gegenüber. Sie verbinden ihn mit Stolz und wären gerne schon am Ziel angekommen; zugleich haben sie Angst vor den Reaktionen im Außen. Das Nebeneinander von Stolz und Angst ist nachvollziehbar, denn es handelt sich um einen großen persönlichen Schritt mit unterschiedlichen denkbaren Konsequenzen. Es ist zum einen möglich, dass andere dir Respekt dafür entgegenbringen, vielleicht sogar Bewunderung. Du zählst damit zu den hochqualifizierten Personen und wirst als klug und kompetent wahrgenommen. Zum anderen kann es sein, dass jemand dir die eigene Skepsis spiegelt. Möglicherweise triffst du auf Menschen, die deine Anstrengungen nicht nachvollziehen können, sie herunterspielen oder in Distanz zu dir gehen. Unverständnis und die Sorge, dass du nach deiner Promotion ein anderer Mensch sein könntest, können die ablehnende Haltung begünstigen. Insbesondere bei Promovierenden der ersten Generation spielt die Loyalität zur Herkunftsfamilie eine große Rolle (vgl. die Ausführungen zur Erlaubnis in Kapitel 4).

Im ersten Fall – du wirst als erfolgreich und hochqualifiziert angesehen – kann eine fehlende innere Erlaubnis dafür sorgen, dass das Fremdbild nicht mit deiner Eigenwahrnehmung zusammengeht. Die positiven Zuschreibungen bereiten dir Unbehagen. Im zweiten Fall – du erfährst Skepsis und Ablehnung – kann die fehlende Erlaubnis dafür sorgen, dass du deinen Doktortitel als nicht gerechtfertigt oder wertlos empfindest. Ganz gleich, welche Reaktionen im Außen du erwartest: Wenn du deine innere Erlaubnis für die Promotion in deine Haltung integrierst, kannst du bei dir selbst bleiben und dich davor schützen. Versetze dich einmal an das Ende deiner Promotionsphase und spüre den Unterschied der beiden folgenden Aussagen:

Ohne innere Erlaubnis:	Mit innerer Erlaubnis:
„Meine Promotion ist nicht so gut, wie andere sie wahrnehmen. Wenn ich ehrlich bin, steht mir der Doktortitel nicht zu.“	„Meine Promotion ist ein großer persönlicher Erfolg. Ich habe den Doktortitel verdient und bin stolz darauf.“

Auch innere Verbote in Form von negativen Glaubenssätzen können ein echtes mentales Bremspedal sein. Sie sind häufig der Grund dafür, dass eine gute Struktur nicht umsetzbar ist und die Promotion keinen guten Platz in deinem Leben hat (siehe Kapitel 4). Beispiele dafür sind etwa:

- Meine Promotion schadet meiner Familie.
- Wenn ich meine Promotion beende, gehöre ich nicht mehr zu meiner (Ursprungs-) Familie.
- Als Mutter darf ich nicht beruflich ambitioniert sein.
- Eine Promotion mit Kind kann nur durch harte Arbeit zum Erfolg führen.
- Mit dem Doktortitel muss ich einen zeitintensiven und schwierigen Beruf ausüben.

Wenn du das Gefühl hast, dich selbst mit inneren Verboten auszubremsen, kannst du ab jetzt bewusst gegensteuern. Versuche dich einmal darin und erteile dir selbst die Erlaubnis dafür,

- als Elternteil beruflich erfolgreich zu sein.
- deinen eigenen Weg zu gehen.
- das berufliche Ziel zu verfolgen, was dich erfüllt.
- mit Freude und Leichtigkeit zum Erfolg zu gelangen.
- nach der Promotion ein gutes Leben zu führen.

Diese Erlaubnis zu spüren, kann ein längerer Prozess sein. Ganz wichtig dafür: Hinderliche Glaubenssätze sollten immer behutsam verändert werden. Bisher hatten sie eine wichtige Funktion in deinem Leben und es gab einen guten Grund, sie bisher nicht loszulassen. Bitte suche dir Unterstützung, wenn du dich näher damit auseinandersetzen möchtest.

Mit einer kleinen Übung kannst du herauszufinden, ob deiner inneren Erlaubnis noch etwas im Wege steht. Probiere die folgenden Sätze für dich aus und beobachte, inwiefern du ihnen innerlich zustimmst[36]:

Ich kann erfolgreich sein.
Ich möchte erfolgreich sein.
Es ist gut für mich, wenn ich erfolgreich bin.
Es ist gut für andere, wenn ich erfolgreich bin.
Ich darf erfolgreich sein.
Ich werde erfolgreich sein.

Welcher Satz ist gerade für dich der Wichtigste? Welchen möchtest du dir gerne häufiger sagen?

Es lohnt sich aus meiner Sicht sehr, das Zugeständnis für deinen Erfolg nach und nach in deine Haltung zu integrieren. Dadurch wird auch ein Leben nach der Promotion wieder greifbar und weitere Perspektiven können entstehen.

8.6 Deine Individualität anerkennen

In diesem Abschnitt möchte ich dich dazu einladen, deinen individuellen Weg wertzuschätzen und frustrierende Vergleiche loszulassen. Die innere kritische Stimme ist bei den meisten meiner Coachingklient:innen sehr laut. Immer wieder stellt sie ihnen das vernichtende Urteil aus: *Du bist nicht gut genug. Alle anderen sind besser als du.* Als

36 Diese Sätze sind Teil des Zielkognitionstests, mit denen im Emotionscoaching innere Konflikte oder Blockaden aufgespürt werden können (vgl. Eilert 2021: 432).

Elternteil wie auch als Wissenschaftler:in hast du vielleicht den Anspruch, alles perfekt zu machen. Du hast bereits in Kapitel 3 gesehen: Dein Eindruck, nicht zu genügen, ist zum Großteil systembedingt. Im Wissenschaftssystem werden zu 100% korrekte Ergebnisse erwartet, Mittelmäßigkeit ist nicht veröffentlichungswürdig, Scheitern ist keine Option und Kritik meistens destruktiv. Im Privaten führt der *Muttermythos* zu Schuldgefühlen, wenn die Kinder fremdbetreut sind oder die vermeintlichen Standards an Ernährung und Freizeitaktivitäten nicht eingehalten werden. Bereits durch die Gleichzeitigkeit deiner Lebensbereiche widersetzt du dich der Erwartung, für die Familie und die Wissenschaft zu jeweils 100% verfügbar zu sein. Allein aus diesem Grund gibt es Menschen, die es – vergleichend gedacht – besser machen können: Sie investieren ihre gesamte Zeit in ihre Forschung oder konzentrieren sich ganz auf die Fürsorge ihrer Kinder. Du kennst vielleicht auch diese eine Kollegin, die vermeintlich viel mehr Stunden in ihre Dissertation investiert, viel bessere Texte produziert, viel mehr Hintergrundwissen im Fach hat, viel bessere Präsentationen abliefert und/oder was sonst dafür sorgt, dass du dich selbst als „schlechtere" Wissenschaftlerin siehst. Und du kennst bestimmt auch dieses eine Elternteil, das (vermeintlich) in Konflikten mit dem Kleinkind viel gelassener bleibt, dem Kind viel gesündere Nahrung zubereitet, sich in Schule oder KiTa viel stärker engagiert oder viel gesünder ist als du, weil sie auf Kaffee verzichtet und/oder was dich sonst an deinen eigenen Qualitäten als Elternteil zweifeln lässt.

Das Gefühl, nicht gut genug zu sein, entsteht vor allem durch solche Vergleiche mit anderen Personen. Und solange deine Unzulänglichkeit der Antrieb für dein Handeln ist, schadest du dir selbst.

> „All unser Streben nach Perfektion, nach Besonderssein, nach Starksein führt schlussendlich zu emotionaler Belastung, wenn es von der Angst getrieben wird, nicht geliebt zu werden, wenn wir einen Fehler machen, mittelmäßig sind, verlieren oder Schwäche zeigen" (Brähler 2015: 71).

Mein Impuls für deine Grundhaltung ist daher, so viele vergleichende Gedanken wie möglich beiseitezulassen. Falls du dich doch vergleichst, vergleiche dich nur mit deinem früheren Ich. Richte deinen Blick auf dich selbst. Schaue so liebevoll auf dich, wie du deine schlafenden Kinder betrachtest. Nimm dich, gefühlt oder tatsächlich, selbst in den Arm. Und lass dir gesagt sein: Du machst das alles gut. Es ist deshalb gut, weil es dein individueller Weg ist. Jede Promotion verläuft anders. Jeder Weg zum Doktortitel ist individuell. Kein Elternteil auf dieser Welt geht auf dieselbe Art und Weise mit dem eigenen Kind um. Jedes Paar, jede:r Alleinerziehende findet einen eigenen Weg der Vereinbarkeit. Gerade *weil* du mit Kind promovierst, geht es fortwährend darum, deinen ganz eigenen Weg abzustecken. Und deshalb sind auch die anderen Wege nicht die, die für dich stimmig wären. Du kannst sie loslassen und dir noch einmal vor Augen führen: Das hier ist ganz allein dein Weg, dein Leben mit Promotion und Kind zu gestalten. Im Reflexionsblatt hast du die Gelegenheit, dir deine eigenen Wegweiser (Werte) wieder bewusst zu machen. Zur Ermutigung können diese Worte dienen:

> „Eines der fünf Versäumnisse, die Menschen am Ende ihres Lebens bereuten, war, nicht den Mut aufgebracht zu haben, ihr eigenes Leben zu leben, und dass sie stattdessen ihr Leben entsprechend der Erwartungen anderer zugebracht hatten" (Brähler 2015: 69f.).

Wenn du dich zukünftig beim Vergleichen ertappst, kannst du das als Erinnerung daran sehen, dich wieder auf dich und deine Individualität zu besinnen.

8.7 Deine Selbstfürsorge zur Regel machen

„You can't pour from an empty cup." Hast du diesen Spruch schon einmal gehört? Ich nutze ihn hier als Einladung an dich, dich selbst an die erste Stelle zu stellen. Lasse es zum Teil deiner Haltung werden, dass du zuerst für dich sorgst. Dieser Abschnitt richtet sich besonders an dich als Mutter – es wird später deutlich, warum.

Stell dir einmal folgende Situation vor: Du beobachtest über mehrere Wochen hinweg, wie eine gute Freundin von dir ihre gesamte Energie für ihre Familie und ihren Job hergibt. Du nimmst wahr, wie sie über ihre Grenzen geht. Und während sie immer tiefer in die Erschöpfung sinkt, verausgabt sie sich weiter. Innehalten, Pausen oder Regeneration erlaubt sie sich nicht, denn sie muss rund um die Uhr für andere Menschen da sein und ihre Pflichten erfüllen. Sie erwartet zu viel von sich, ermahnt sich zum Durchhalten und gibt sich keinen Raum.

Was würdest du ihr gerne zurufen? Woran möchtest du sie erinnern? Was täte ihr gut? Es ist offensichtlich, dass die Strategie „Mehr desselben" nicht zu einer positiven Veränderung führt, sondern vielmehr ihre Gesundheit gefährdet. Was bräuchte sie stattdessen?

Und nun wechsle einmal die Perspektive: Angenommen, du selbst wärst diese Freundin. Wie gehst du mit dir selbst in solchen Momenten um? Wie sehr gestehst du dir zu, dich um dich zu kümmern, für dich zu sorgen? Erkennst du die Notwendigkeit für dich? Wenn du dich und deine Bedürfnisse oft zurückstellst, kann die Perspektive einer guten Freundin ein erster Impuls dazu sein, dich ab jetzt in den Fokus zu rücken.

Dass das nicht so einfach geht, wie es sich liest, liegt mitunter auch im Muttermythos begründet. Hanna Drechsler beschreibt in einer Podcastfolge *Die drei Ebenen von Selbstfürsorge* (November 2022), wie Mütter auch heute durch gesellschaftliche und persönliche Prägungen (unbewusst) beeinflusst sind. Demnach ist Selbstfürsorge in der Mutterrolle nicht vorgesehen. Das veraltete, aber noch wirkende Bild vermittelt stattdessen: Mütter wenden ihre gesamte Energie wie selbstverständlich für Familie und Fürsorge auf und schöpfen dazu aus einer „nie endenden Quelle von Liebe". Sollte Energie „übrig" sein, so fließt diese wiederum in die Erfüllung der Rolle. Diesem Bild nach ist es gar nicht denkbar, dass Mütter Energie für sich benötigen, geschweige denn mehr Energie als nötig zur Verfügung haben.

Wenn es dir schwerfällt, dir Raum für dich zu nehmen und die Zeit so zu nutzen, wie es dir wirklich guttut, kannst du einmal prüfen, inwieweit dein Mutterbild dich davon abhält. Zugleich kann das der erste Schritt sein, aus diesem Denken auszubrechen und dir ab jetzt immer mehr diese „Sorge für dich“ zukommen zu lassen. In der genannten Podcastfolge wird Selbstfürsorge auf drei Ebenen gedacht und damit die Voraussetzung geschaffen, sie nachhaltig in die eigene Haltung zu integrieren:

– *Die praktische Ebene*
  Hiermit sind deine konkreten Aktivitäten gemeint. Mit Bezug auf das Zitat zu Beginn: Was brauchst du, um dein Gefäß aufzufüllen? Was tut dir gut? Was stärkt dich (wirklich)? Das ist individuell und kann sich durchaus über die Zeit verändern.
– *Die innere Ebene:*
  Diese meint die Haltung dir selbst gegenüber. Nur mit einer inneren Erlaubnis (also nicht nur für den Promotionserfolg, sondern auch für deine Erholung!) erlebst du die Selbstfürsorge als kraftspendend. Gedanken, Glaubenssätze und fehlende Vorbilder können hier Einfluss nehmen.
– *Die organisatorische Ebene:*
  Diese betrifft den großen Punkt der Vereinbarkeit. Wie viel Freizeit hast du für dich? Wann sind die genannten Absprachen möglich? Wie könnt ihr Care-Arbeit umorganisieren und ungestörte Zeit fest einplanen?

An dieser Stelle kannst du erneut einen Blick auf deine Lebenstorte aus Kapitel 4 werfen. Gibt es einen Bereich für Selbstfürsorge? Wie groß ist er? Wie füllst du ihn? Mache dir noch einmal klar: An deiner Dissertation zu schreiben ist nicht Freizeit. Dir steht ungestörte Zeit für dich zu, in der du anderen Dingen nachgehst als deiner Promotion.

Wenn du hier Widerstand spürst, ist das nachvollziehbar. In deinem Alltag ist es garantiert alles andere als leicht, dir noch mehr Zeit freizuschaufeln. Die Promotion fühlt sich immer dringender an. Selbst wenn du freie Zeit einplanst, ist nicht sicher, dass der Plan aufgeht. Und dennoch möchte ich dich ermutigen, diesen Raum für dich immer wieder einzufordern. Spätestens, wenn du die Überforderung jetzt gerade spürst, halte an. Frage dich: Was macht dir Freude? Was inspiriert dich? Woraus ziehst du Kraft? Gib dir nach und nach die Erlaubnis, diese Dinge auch – und gerade! – jetzt während der Promotionsphase in deinen Alltag zu integrieren. Es braucht eine echte Entschlossenheit, um hier etwas zu verändern. Wenn dieser Impuls etwas in dir bewegt, ist es vielleicht gerade Zeit dafür. Deine Schritte können dabei klein sein und es ist sinnvoll, in kleineren und größeren Zeitfenstern zu denken. Im Reflexionsblatt findest du eine Anregung dazu.

Während du promovierst und deinen Kindern Fürsorge gibst, lass also auch dir diese Fürsorge zukommen und erlaube dir, ein Mehr an Energie zu spüren. Zwar nützen diese Einheiten in zweiter Linie auch deiner Promotion und deiner Familie, doch letztendlich benötigt Selbstfürsorge keinen Zweck. Sie steht dir zu.

8.8 Dich in Zuversicht und Vertrauen üben

In meinen Coachinggesprächen wird immer wieder deutlich, wie viel gedanklichen Raum die *Worst Case*-Szenarien zum Fortgang der Promotion einnehmen. Die Angst, die Promotion nicht zu schaffen, ist oftmals größer als die Zuversicht, sie gut genug zu meistern.

Dass wir Gefahren, Ängsten und Sorgen mehr Beachtung schenken als einem möglichen Erfolg, ist im menschlichen Organismus angelegt. In der Steinzeit hat dieser Fokus das Überleben gesichert: Gefahren (Angriff eines Raubtiers) und Mangel (Nahrungsknappheit) mussten ständig im Bewusstsein sein. In deiner aktuellen Situation sind diese lebensbedrohlichen Szenarien so nicht gegeben. Du kannst daher mental gegensteuern, wenn dein Gehirn in den emotionalen Gefahrenmodus umschaltet. Das merkst du etwa daran, dass die Gedanken an ein mögliches Scheitern Überhand nehmen und du von Sorgen wie gelähmt bist. Dieser Modus erlaubt es nicht, die Situation im Ganzen wahrzunehmen. Du übersiehst dann schnell, was bereits alles da ist. Auch du hast mit hoher Wahrscheinlichkeit bereits dein Können unter Beweis gestellt (sonst würdest du gerade nicht an einer Dissertation arbeiten), wichtige Zwischenschritte erreicht, an Tiefpunkten neue Ressourcen entwickelt und dir viele Gründe für Freude geschaffen. Wenn du statt des Mangels die Fülle wahrnimmst, kann dich das direkt in eine zuversichtlichere Stimmung versetzen. Dazu gehört das Vertrauen in deine Fähigkeiten und Entscheidungen. Wer zuversichtlich ist, schafft sich selbst ein Gefühl der Sicherheit, indem er:sie möglichen Unsicherheiten und Herausforderungen mit der Idee begegnet, dass sie zu bewältigen sind.

Ich lade dich hiermit ein, auf die *Worst Case*-Szenarien eine neue Perspektive einzunehmen und der Möglichkeit Raum zu geben, dass alles gut ausgehen wird. Gehe ab jetzt mit dem Motto „Es könnte funktionieren" in deine Schreibzeiten. Wenn du kleinere Kinder hast, können sie dir ein wunderbares Vorbild sein. Wenn sie etwas beginnen, gehen sie davon aus, dass es funktionieren wird. Der Erfolg ist absolut denkbar, die innere kritische Stimme (noch) nicht vorhanden. Zwar ist der Frust manchmal groß, wenn der Erfolg nicht eintritt, doch das hindert sie wiederum nicht an weiteren Versuchen, an ihr Ziel zu kommen (vgl. Kapitel 2 zur Inspiration durch Kinder).

Die positiv-realistische Grundhaltung ist dabei nicht illusorisch. Wenn du ehrlich bist: Dass du deine Dissertation eines Tages abgibst und erfolgreich verteidigst, ist eine reale Möglichkeit, oder? Wie oft gehst du innerlich von deinem Erfolg aus? Siehst du dich vor deinem inneren Auge mit deiner fertigen Dissertation, nach deiner Verteidigung, mit deiner Promotionsurkunde in der Hand? Falls du es noch nicht (regelmäßig) tust: Betrachte deine erfolgreiche Promotion einmal als echte Option. Was wäre, wenn alles gutgeht? Was würdest du heute anders machen, wenn du bereits die Sicherheit hättest, dass dir die Promotion gelingt?

Um dich selbst in Zuversicht zu üben, ist es hilfreich,

- deinen bisherigen Weg mit den überwundenen Tiefpunkten und neu aktivierten Ressourcen zu sehen.
- die Dinge in deinem Leben zu schätzen, die bereits da sind und über die du froh bist.
- dich selbst mit deinen Stärken und Schwächen zu akzeptieren.
- das Leben als großes Ganzes zu sehen, von dem Freude und Schmerz ein Teil sind.
- deinen Fehlern die negative Bewertung zu nehmen und sie als Teil deiner Entwicklung zu sehen.

Ein weiterer Schritt in eine zuversichtliche Haltung ist es, dich morgens von (negativen) Nachrichten fernzuhalten. Eine Harvard-Studie ergab, dass Menschen sich den ganzen Tag über deutlich schlechter fühlen, wenn sie zu Tagesbeginn nur drei Minuten lang negative Nachrichten konsumierten.[37] Dies wirke sich auch auf den Umgang mit Herausforderungen aus:

„We believe that negative news influences how we approach our work and the challenges we encounter at the office because it shows us a picture of life in which our behavior does not matter. The majority of news stories showcase problems in our world that we can do little or nothing about" (Achor/Gielan 2015). Die Hilflosigkeit, die wir fühlen, wenn wir mit negativen Nachrichten konfrontiert sind, lässt den *Circle of Concern* größer werden und den eigenen Einfluss verschwindend gering erscheinen. Zuversicht zu verspüren, bedeutet nicht, die besorgniserregenden Zustände in der Welt zu ignorieren, sondern einen ganz bewussten Umgang damit zu wählen. Achor und Gieland empfehlen etwa, die Alarmfunktion für Nachrichten auszuschalten und gezielt auch positive Nachrichten zu lesen. Für deinen Alltag kannst du einmal prüfen, mit welchen Informationen im Außen und mit welchen Gedanken im Innen du dich zu Beginn deines Tages versorgst.

Um deine eigene Zuversicht zu stärken, finde mehr und mehr in das Vertrauen, dass du für jede Herausforderung das richtige Werkzeug in dir selbst finden wirst. Promotion und Elternschaft sind Lebensbereiche, in denen du wächst. Fehler sind die Momente, in denen du etwas Neues lernst. Deine Herausforderungen kannst du mit deinen Fähigkeiten bewältigen – und wenn nicht, dann eignest du sie dir an. Unterstützend kannst du dir noch einmal die Ressourcen bewusst machen, die ich in Kapitel 2

37 https://hbr.org/2015/09/consuming-negative-news-can-make-you-less-effective-at-work#:~:text=Individuals%20who%20watched%20just%20three,compared%20to%20the%20positive%20condition [Zugriff: 23.4.2024]

beschrieben habe. Auch in den Affirmationen am Ende dieses Kapitels findest du hilfreiche Erinnerungen daran, dass du auf dich vertrauen kannst.

8.9 Die Zauberformel für Eltern: Struktur – Flexibilität – Akzeptanz

Der Dreiklang aus diesen drei Qualitäten stammt von einer promovierenden Mutter, die ihn sich selbst zum Mantra für ihren Alltag gemacht hat. Diese Kombination findet bei vielen promovierenden Eltern Anklang und fügt sich perfekt in die realistisch-positive Grundhaltung ein. Du wirst sehen, dass hier viele der bereits besprochenen Themen zusammenfließen.

Was genau ist unter den einzelnen Qualitäten zu verstehen und wie nutzt du sie für dich?

Struktur

... bedeutet, dass du dir die optimalen Bedingungen schaffst, um regelmäßig und langfristig an der Dissertation zu arbeiten (so wie in den Kapiteln 4 bis 6 beschrieben).

Flexibilität

... meint die Grundidee, dass es jederzeit anders kommen kann als du geplant hast. Du gehst davon aus, dass du einen Umgang damit finden wirst, wenn ein Plan nicht umsetzbar ist.

Akzeptanz

... beschreibt die Annahme der Gegebenheiten. Statt mit verpassten Gelegenheiten zu hadern, richtest du deinen Blick ins Hier und Jetzt. Von hier aus findest du wieder ins Handeln.

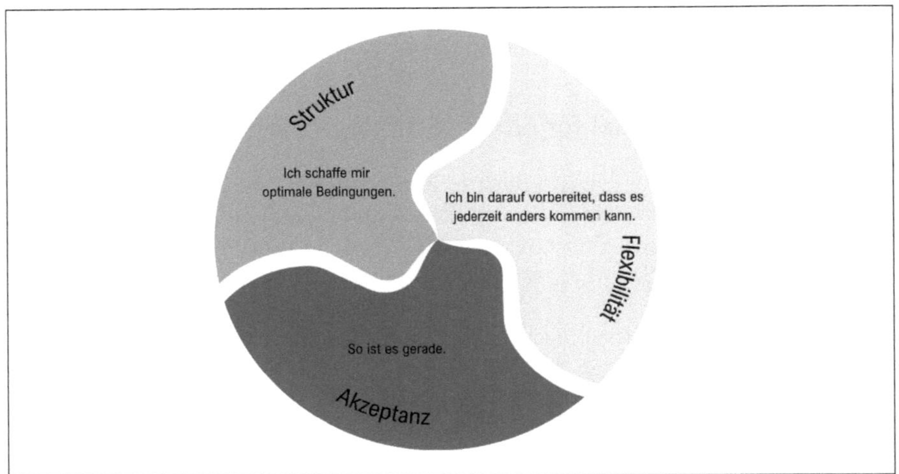

Abbildung 12: Dreiklang für Selbstwirksamkeit in der Promotion mit Kind

Wenn du dieses Zusammenspiel in deine Haltung integrierst, kannst du auf den Wellen deiner Promotion mit Kind surfen. Dazu erhältst du eine Portion Selbstwirksamkeit: Du weißt, was in deiner Verantwortung liegt und bleibst handlungsfähig. Deinen *Circle of Influence* dehnst du aus, indem du mit unerwarteten Ereignissen im Außen einen bewussten Umgang wählst.

Bevor ich eine Beispielsituation erläutere, möchte ich den Punkt der Akzeptanz aufgreifen. Die unerwarteten Veränderungen anzunehmen, ist sicherlich die schwierigste Disziplin. Hier kollidieren in der Promotion mit Kind häufig ein Gemenge aus Leistungsdruck, Stress und hohen Erwartungen mit deiner Verantwortung für ein Kind und die dazugehörige Fremdbestimmtheit. Die folgenden Worte verdeutlichen, dass es nicht darum geht, etwas gutzuheißen, was dir eigentlich widerstrebt:

> „Akzeptieren heißt nicht ‚lieben, was ist' oder ‚sich fügen'. Es bedeutet einfach, sich klarzumachen, dass es für den Augenblick keine andere Realität gibt, und je mehr man mit ihr in Kontakt ist, umso besser kann man Mittel und Wege finden, sie zu leben und zu ‚nutzen'" (Poletti/Dobbs 2015: 43).

Vor allem kannst du dich also darin üben, in die Realität einzutauchen und von hier aus weiterzudenken. Dabei kannst du wiederum fair mit dir umgehen und dir Verständnis entgegenbringen. Schauen wir auf ein dir sicher gut bekanntes Beispiel: Dein Kind wird krank, du bist gerade verantwortlich und deine geplante Schreibeinheit fällt unerwartet aus. Wie kannst du dir die drei Qualitäten zunutze machen?

Deine *Struktur* hast du bereits vorab geschaffen. Die Schreibeinheit war geplant, die Aufgabe ist klar umrissen. Ein Blick nach vorne zeigt, dass das nächste Zeitfenster bereits klar ist. Um sicherzugehen, dass es nicht ebenfalls ausfällt, holst du eine Back-up-Person ins Boot oder planst ein neues Zeitfenster, in dem das Kind betreut ist. Dank deiner *Flexibilität* kannst du dich zügig auf die neue Situation einstellen. Du stellst dir Fragen zum Umgang mit dem ausgefallenen Zeitfenster, die dich in eine Vorwärtsbewegung bringen: „Kann ich mir Möglichkeiten schaffen, um heute noch zu schreiben?“ Vielleicht rufst du jemanden an und verteilst die Care-Arbeit um. „Wenn nicht in der geplanten Zeit, wann ist die nächste Möglichkeit?“ „Wie gehe ich jetzt gut mit mir selbst um?“ „Was brauche ich gerade?“ „Wie gestalte ich jetzt die Zeit mit meinem Kind?“ Und schließlich gehst du in die *Akzeptanz*:

- Fall A: Du hast keine Betreuungsalternative und betreut dein Kind selbst. Du lässt das ursprünglich geplante Schreiben gedanklich los und wendest dich deinem Kind zu. Deinen Tag setzt du ohne schlechtes Gewissen fort.
- Fall B: Eine andere Person springt kurzfristig ein und versorgt dein Kind. Du machst dir bewusst, dass es gut versorgt ist und wendest dich deiner Schreibaufgabe zu. Deinen Tag setzt du ohne schlechtes Gewissen fort.
- Fall C: Du findest eine Option zum Schreiben, die du in den Tag mit deinem Kind integrieren kannst (z. B. während das Kind schläft oder sich selbst beschäftigt). Du prüfst, ob deine Energie dafür ausreicht und was du selbst brauchst. Die Option bleibt eine Option. „Alles kann, nichts muss.“

Wenn du dich in diesem Zusammenspiel übst, kannst du dir innerlich Sicherheit verschaffen. Und wenn du ins Wanken gerätst, erinnere dich: Du machst das alles gerade so gut, wie es dir möglich ist. Es wird nicht jeden Tag gleich gut gelingen und das ist das Menschliche daran.

8.10 Zwölf Affirmationen für jeden Tag

Um deine neue Grundhaltung zu verinnerlichen, findest du abschließend eine Auswahl an Affirmationen. Affirmationen sind positive Aussagen, die du dir selbst gegenüber triffst. Sie knüpfen damit an den zweiten Abschnitt dieses Kapitels an: Wie du mit dir selbst sprichst, ist entscheidend dafür, wie du dich in deinem Promotions- und Familienalltag fühlst. Affirmationen leben von der Wiederholung. Ich habe selbst einmal über zwei Monate hinweg den Tag damit begonnen, zehn positive Sätze zu mir zu sagen und mir dabei Gehör zu schenken. Gekostet hat es mich jeden Morgen zwei Minuten, die Erfahrung war nachhaltig bestärkend.

Im Folgenden findest du zwölf Affirmationen, die zugleich als inhaltlicher Abschluss dieses Kapitels dienen. Jede von ihnen kann eine Erinnerung daran sein, auf dich zu achten, deinen Weg zu gehen, gut mir dir selbst zu sein und dir deine Promotion mit Kind so angenehm wie möglich zu gestalten. Lies sie dir am besten laut vor und lass die Worte nachwirken. Im Reflexionsblatt kannst du sie noch genauer auf deine Bedürfnisse zuschneiden.

Ich verdiene es, meine Promotion ambitioniert zu verfolgen und gleichzeitig eine liebevolle und unterstützende Elternrolle zu erfüllen.

Jeder Schritt, den ich in meiner Promotion mache, ist ein Geschenk für meine Familie und meine Zukunft.

Ich bin in der Lage, mir Unterstützung zu suchen. Es ist okay, um Hilfe zu bitten, wenn ich sie brauche.

Ich bin nachsichtig mit mir selbst, wenn die Dinge nicht nach Plan laufen. Jeder Tag ist eine neue Gelegenheit, um weiterzumachen.

Ich bin für meine Kinder ein Vorbild, indem ich für meine Ziele einstehe, einen guten Umgang mit Widerständen finde und Fehler als Chancen zum Wachsen begreife.

Ich bin kreativ und finde Lösungen für die Herausforderungen in meiner Forschung und in meiner Familie. Mein Denken wird durch meine Rolle als Elternteil bereichert.

Ich schaffe eine Balance zwischen meiner Promotion und meiner Familie. Meine Kinder wissen, dass sie geliebt und gesehen werden.

Ich gehe meinen eigenen Weg und lasse mich von Zuversicht, Entschlossenheit und Freude begleiten.

Ich gebe jeden Tag das, was ich geben kann. Das ist mehr als genug.

Es ist in Ordnung, Pausen einzulegen und mir Momente der Ruhe zu gönnen. Diese Phasen der Erholung sind kein Luxus, sondern essenziell, um meine mentale und physische Gesundheit während der Promotionsphase zu erhalten.

Ich nehme an, was ist, und behalte mein Ziel im Auge.

Ich bin stolz auf die kleinen Erfolge, die ich jeden Tag erreiche, sei es in meiner Forschung oder im Familienleben. Jeder Fortschritt ist ein Grund zum Feiern.

Lass diese Sätze in Ruhe auf dich wirken. Sprich sie in Gedanken oder laut aus, bevor du dich das nächste Mal an die Dissertation setzt. Und gib dir vor allem Zeit. Es ist okay, wenn du sie zunächst nicht ganz glauben kannst. Gehe dir selbst gegenüber in die Offenheit, dass sie wahr werden *können* oder tue einmal so, als ob sie bereits auf dich zuträfen. Und dann beobachte, welche Unterschiede du feststellen kannst.

Wenn du an dieser Stelle angekommen bist, hast du dich bereits mit vielen Aspekten deiner Promotion befasst. Dazu gehören etwa die Rahmenbedingungen deiner Promotion mit Kind, deine Alltags- und Aufgabengestaltung, deine Routine und deine innere Haltung. Du weißt, wie du dich mental stärken kannst, ohne schwierige Gegebenheiten zu ignorieren. Damit bist du bestens vorbereitet, um in eine Veränderung zu gehen. Im nächsten Kapitel kannst du deine bisherigen Reflexionen zusammenführen und kleine und konkrete Schritte für deinen Alltag formulieren. Auch das, was bereits gut läuft, erhält einen Platz.

8.11 Deine Checkliste zu Kapitel 8

Zunächst folgt hier wieder die Gelegenheit, dir die Anregungen aus diesem Kapitel mithilfe einer Checkliste in Erinnerung zu rufen.

In Kapitel 8 hast du

- ☐ eine Idee dazu bekommen, wie du deine Aufmerksamkeit auf die Dinge lenkst, die du verändern kannst.
- ☐ anhand von Beispielen gesehen, wie du dir selbst gegenüber fair begegnest.
- ☐ einen zyklischen Blick auf die Erstellung deiner Dissertation eingenommen.
- ☐ dich mit Möglichkeiten beschäftigt, deinen Promotionsweg positiv zu gestalten.
- ☐ erfahren, welche Rolle die innere Erlaubnis für deinen Erfolg spielen kann.
- ☐ den Wert deines ganz eigenen Wegs in den Blick genommen.
- ☐ über die Relevanz von Selbstfürsorge nachgedacht.
- ☐ Impulse bekommen, um zuversichtlich auf deine Promotion mit Kind zu schauen.
- ☐ dich mit dem Dreiklang aus Struktur, Flexibilität und Akzeptanz beschäftigt.
- ☐ eine Auswahl von Affirmationen erhalten, die dich innerlich stärken können.

8.12 Transfer in den Alltag: Deine Haltung positiv-realistisch ausrichten

In welchem Bereich möchtest du dein Mindset für deine Promotion mit Kind stärken? Im Reflexionsblatt erwartet dich dieses Mal eine Auswahl an Übungen. Diese reichen von der Ausdehnung deines Einflussbereichs über freundliche Worte an dich selbst und Ideen für deine Selbstfürsorge bis hin zur Gestaltung deiner eigenen Affirmationen. Setze einfach bei den Impulsen an, die dich beim Lesen angesprochen haben und schneide sie mithilfe der Übungen auf dich zu. So werden sie nachhaltig nutzbar.

An dieser Stelle ist wie immer ein guter Moment, um direkt zum Reflexionsblatt überzugehen:

Reflexionsblatt Kapitel 8: Deine Haltung ausrichten.

Hier erwartet dich eine Inspirationsquelle für ein gut ausgerichtetes Mindset.

Im nächsten Kapitel tauchst du in deinen Veränderungsprozess ein. Es wird greifbar und nachhaltig.

9 Deinen Veränderungsprozess gestalten

Jetzt bist du fast am Ende dieses Buches angekommen – oder hast vielleicht bis zu dieser Seite vorgeblättert, um endlich loszulegen. Und ums Loslegen soll es nun gehen: Wie kannst du mit den Impulsen aus diesem Buch eine nachhaltige Veränderung für deine Promotion mit Kind erwirken?

Veränderung ist ein komplexer Prozess. Du brauchst dafür unter anderem Entschlossenheit, Mut, Konfliktbereitschaft und Durchhaltevermögen. Unterwegs können sich innere Widerstände einstellen, Zweifel aufkommen oder das Gefühl von Rückschritt entstehen. Wenn du deiner Promotion ernsthaft mehr Raum schaffen willst, wird das Leben immer wieder kleine oder größere Stolpersteine bereithalten. Du kannst es dir vorstellen wie eine Rückversicherung, ob du es wirklich ernst meinst mit der Veränderung.

Wenn du die vorherigen Kapitel durchgearbeitet hast, weißt du bereits, wo in etwa deine Anknüpfungspunkte liegen. In diesem Kapitel findest du heraus, wie genau du vorgehen kannst. Du kannst dazu mit deinen bisherigen Ideen weiterarbeiten und natürlich neue Gedanken einfließen lassen. Falls dir an der einen oder anderen Stelle gedankliche Impulse fehlen, lade dir einfach das entsprechende Reflexionsblatt herunter und fülle es nachträglich oder auch ein zweites Mal aus. Arbeite in deinem Tempo und folge deinen Eingebungen. Zunächst geht es darum, dich mit einigen Wissensimpulsen auf deine Veränderung vorzubereiten und damit für den neu angestrebten Alltag startklar zu machen.

9.1 Warum Veränderungen anstrengend sind

Wenn du schon einmal versucht hast, eine neue Gewohnheit zu etablieren oder eine alte Gewohnheit aufzugeben, erinnerst du dich vielleicht daran, wie schwierig das war. Fakt ist: Unser Gehirn liebt Bewährtes. Es kann dabei auf bestehende Abläufe zurückgreifen und im Energiesparmodus agieren. Neue Verhaltensweisen haben es dagegen schwer; sie sind unbequem. Die Veränderung stellt für unser System ein echtes Risiko dar: Aus der bisherigen Sicherheit wird Unsicherheit, der neue Modus ist noch nicht vertraut und der Körper reagiert mit Stress. Daher spüren wir oft Anstrengung und Widerstände. Lentrodt (o. J.) beschreibt das Risiko der Veränderung mit folgenden Worten:

> „Etwas Vertrautes zu tun, selbst wenn es unzufrieden und unglücklich macht, gibt ein Gefühl von Sicherheit und ist einfacher, als sich mit der Veränderung auseinanderzusetzen. Das Bekannte scheint besser zu sein als alles Unbekannte, weil ich

es kenne, weil ich weiß, wie ich handeln muss, wie ich mich schützen kann ... Und niemand kann mir wirklich garantieren, dass es besser wird; es könnte ja sogar noch schlechter werden!"

Eine Veränderung anzugehen, hat also einen Preis. Und gleichzeitig können wir aus einer anderen Perspektive feststellen, dass Veränderung eigentlich immer stattfindet. Leben ist ständige Entwicklung. Wer könnte uns das besser vor Augen führen als unsere Kinder? Es kostet demnach auch Energie, an Altem festzuhalten und nicht mit der Veränderung zu gehen. Beim Lesen dieses Buches hat sich in dir womöglich auch schon etwas verändert. Du schaust vielleicht aufmerksamer auf dich selbst, auf deine Dissertation oder auf deine Gedanken über beides.

Das Konzept der Neuroplastizität belegt auf physischer Ebene, dass Veränderung möglich ist: Unser Gehirn hat die Fähigkeit, sich anzupassen. Unser ganzes Leben lang können neuronale Verknüpfungen neu gebildet werden. Je häufiger wir das Gleiche tun, desto stärker werden diese Verknüpfungen und desto selbstverständlicher bestimmen sie unser Denken. Auch die Art, wie du mit dir selbst sprichst, beeinflusst das Gehirn: Bist du sehr streng und kritisch mit dir, wird das Stresszentrum im Gehirn aktiviert. Neurotransmitter und Hormone wie Cortisol werden ausgeschüttet. Wenn du dir hingegen mit Selbstmitgefühl begegnest (vgl. auch Kapitel 8), wird u. a. der Neurotransmitter Serotonin freigesetzt, der Gefühle von Glück und Zufriedenheit fördert. Du kannst dir diese Flexibilität deines Gehirns für deine Veränderung zunutze machen, indem du ganz bewusst neue Gewohnheiten einübst und deine Haltung veränderst.

Vermutlich hast du in der letzten Zeit bereits gespürt, dass es an der einen oder anderen Stelle eine Veränderung braucht. Wut ist ein Gefühl, dass oft sehr deutlich darauf hinweist: So kann es nicht gehen. Wenn du beispielsweise im Familienleben deine Grenzen übergehst oder im Promotionsalltag entgegen deinen Werten handelst, kann sich das in Wut oder Unzufriedenheit äußern. Und es ist gut möglich, dass du einer Veränderung ambivalent gegenüberstehst. Ein Teil von dir möchte dich davor schützen und geht in den Widerstand. Ein anderer Teil von dir möchte dazulernen und hat sich genau deshalb diese *Challenge* ausgesucht. Es wird vermutlich unbequem, aber es wird sich rückblickend auch gelohnt haben.

Change is inevitable, change will always happen, but you have to apply direction to change, and that's when it's progress. (Doug Baldwin)

Schauen wir zunächst, warum es *nicht* ohne Weiteres möglich ist, in die Veränderung zu gehen und daraus einen persönlichen Fortschritt zu machen.

9.2 Was deiner Veränderung im Weg stehen kann

Wir wenden uns diesem Aspekt mit einem Augenzwinkern zu. Ich erläutere dir im Folgenden, wie du deine Veränderung nahezu unmöglich werden lässt. Dieser Argumentationskopfstand kann als erster Schritt augenöffnend sein; im zweiten Schritt folgt die Umkehr. Was kannst du also tun, um deinen Veränderungsprozess zum Scheitern zu bringen?

Neun Möglichkeiten, um deine Veränderung unmöglich zu machen:

1. *Setze dir ein möglichst vages Ziel.*
   Es ist wichtig, dass du nicht genau weißt, was du verändern möchtest. Bleibe bei einem unbestimmten Gefühl und denke nicht genauer darüber nach. Vermeide Konkretisierungen.

2. *Wähle für deine Veränderung einen Zeitpunkt, an dem sie absolut nicht in dein Leben passt.*
   Besonders zu empfehlen sind Veränderungen, die an deiner Lebensrealität vorbeigehen. Lasse die Anforderungen, die durch deine familiäre Situation entstehen, bei der Planung unbedingt unberücksichtigt.

3. *Verändere möglichst viel auf einmal.*
   Achte darauf, dass du dich überforderst. Suche dir viele verschiedene Anknüpfungspunkte und stecke besonders viel Kraft in den Versuch, sie alle gleichzeitig anzugehen. Veränderung geht nur ganz oder gar nicht.

4. *Richte deinen Fokus auf die Möglichkeit des Scheiterns.*
   Wichtig ist, dass du dir unterwegs immer wieder klar machst, dass du erfolglos sein wirst. Die meisten Veränderungsversuche laufen ins Leere, so wird es auch bei dir sein. Begegne deinen Hindernissen mit Angst und lass dich von deinen negativen Gedanken einschüchtern.

5. *Verändere dich für andere und vernachlässige deine eigenen Wünsche.*
   Folge für deine Veränderung ausschließlich den Ideen deiner Mitmenschen. Stelle diese Personen in den Fokus und dich selbst hintenan. Gib die Verantwortung ab. Dass du deine Werte vernachlässigst, ist unabdingbar.

6. *Brich deinen Veränderungsprozess so früh wie möglich ab. Nimm den ersten Widerstand zum Anlass dafür.*
   Höre auf, sobald du spürst, dass es schwierig wird. Gehe davon aus, dass der Widerstand unüberwindbar ist. Es nützt nichts, noch einen neuen Versuch zu starten. Am Ball zu bleiben ist vertane Mühe. Entweder deine Veränderung funktioniert sofort oder gar nicht.

7. *Gehe deine Veränderung im Alleingang an und lass andere Menschen außen vor.* Informiere möglichst niemanden über dein Vorhaben. Am besten ist es, wenn du dir keine Unterstützung holst und dich immer wieder auf deine Einzelkämpfer:innenrolle besinnst. Solltest du über deine Veränderung sprechen wollen, rechne mit Unverständnis und Zurückweisung. Rechtfertigungen und Entschuldigungen für dein Vorhaben sind in diesem Fall die naheliegenden Strategien.
8. *Schenke deiner inneren Kritikerin/deinem inneren Kritiker möglichst viel Gehör.* Führe dir alle Gründe vor Augen, aus denen es eine schlechte Idee ist, dich zu verändern. Höre auf alle Zweifel und besonders auf die innere Stimme, die dir sagt, dass du dafür nicht gut genug bist. Mache dir bewusst: Du hast es nicht verdient, in einer besseren Situation zu sein.
9. *Bleibe passiv und schiebe den ersten Schritt möglichst lange auf.* Zu empfehlen ist, dass du möglichst lange nicht ins Handeln kommst. Wähle den ersten Schritt so groß, dass du ihn nicht gehen kannst. Und dann starre deine Veränderungsidee ehrfürchtig an, ohne sie dir zu eigen zu machen.

Du siehst, es gibt eine Menge Möglichkeiten, um deinen Veränderungsprozess bereits im Keim zu ersticken. Auch wenn die Strategien so auf den Kopf gestellt ironisch klingen: Prüfe einmal rückblickend, ob du (unbewusst) einer der genannten „Empfehlungen“ gefolgt bist, wenn du deine Ideen zuvor nicht umsetzen konntest. Nimm diese Beobachtung an und begegne dir selbst gegenüber zugewandt und neugierig. Wir alle sind sehr kreativ, wenn es darum geht, die Unsicherheit der Veränderung nicht eingehen zu müssen. Was aber hilft nun tatsächlich, um in deiner Promotion mit Kind etwas zu verändern?

9.3 Wie du deine Veränderung angehen kannst

Du wechselst nun wieder in die andere Perspektive und erfährst, wie du dich selbst im Veränderungsprozess unterstützen kannst. Anschließend widmest du dich deiner persönlichen Situation und entwickelst Schritt für Schritt deine Strategie.

Grundsätzlich gilt es, bei deiner Veränderung das Außen und das Innen mitzudenken. Neben der Sache selbst (*Was genau* willst du verändern?), der Struktur (*Welchen Rahmen* schaffst du dir?) und deinem Verhalten (*Wie handelst* du?) spielt auch deine Haltung eine wichtige Rolle (*Mit welchen Überzeugungen* gehst du in diesen Prozess?). Im Laufe des Buches hast du zu beiden Ebenen bereits Impulse erhalten und in den Reflexionsblättern deine Situation intensiv reflektiert. Ich empfehle dir auch jetzt, deine Veränderung für die Promotion mit Kind als ganzheitlichen Prozess anzugehen.

10 Anhaltspunkte, um eine nachhaltige Veränderung zu bewirken:

1. *Entwickle Klarheit.*
   Die Richtung deiner Veränderung so klar wie möglich zu haben, ist eine elementare Bedingung. Beobachte genau, vor welchen Herausforderungen du stehst. Und dann gehe der Frage nach, was du überhaupt verändern möchtest, um ihnen anders zu begegnen. Wie hättest du es gerne? Wovon willst du weg? Wo willst du stattdessen hin? Finde nach und nach heraus, worum es dir geht und steuere dein Ziel an. Das gelingt umso besser, je mehr du mit dir selbst in Kontakt bist. Mit den Reflexionen in diesem Buch hast du bereits die Voraussetzung geschaffen.
2. *Wähle einen guten Zeitpunkt.*
   Vielleicht hast du das Gefühl, du hättest längst etwas verändern sollen und bist zu spät dran. Es gab jedoch auch gute Gründe, warum du es noch nicht getan hast. Wenn du jetzt über Veränderung nachdenkst, prüfe einmal, wie stimmig der Zeitpunkt dafür ist. Was ist gerade realistisch möglich? Wie verträgt sich deine neue Wunschsituation mit deinen Lebensbedingungen? Lassen sie sich ebenfalls mitverändern oder könnten sie ihr entgegenstehen? Eine herausfordernde Zeit mit Baby, ein Jobwechsel, ein geplanter Umzug – das können Gründe dafür sein, mit der Veränderung zu warten.
3. *Gib dir Zeit.*
   Um langfristig eine Veränderung zu erwirken, brauchst du in deinem Prozess Zeit und Geduld. Lass dich von deinem Ziel anziehen, doch nimm dir auch den Raum zum Innehalten. Es ist notwendig, unterwegs zu reflektieren, wo du stehst. So wie deine Promotion kannst du auch deine Veränderung als eine zyklische Bewegung betrachten. Sie vollzieht sich in mehreren Schleifen. Die Themen können sich wiederholen, doch dein Umgang damit wird jedes Mal anders sein. Beobachte, wie sich dein Blick auf deine Themen mit der Zeit verändert.
4. *Gehe einen Schritt nach dem anderen.*
   Ebenso wie für die Promotion gilt für deine Veränderung: Es kann nicht alles auf einmal passieren. Deine Kinder werden immer einen Teil deiner Zeit, Energie und Aufmerksamkeit in Anspruch nehmen. Das kannst du als Fakt in deine Überlegungen mit einbeziehen. Denke daher in kleinen Schritten und schaffe dir Erfolgsmomente, indem du diese Schritte gehst. Nimm dir nicht den ganzen Marathon vor, sondern die erste Teilstrecke. Konzentriere dich nicht auf den ganzen Berg, sondern auf den ersten Hügel. So wird es erst möglich, dass du vorangehst und nicht vor Ehrfurcht erstarrst.
5. *Verbinde dich mit deinem Ziel.*
   Frage dich ganz genau nach dem Grund und dem Ziel deiner Veränderung. Warum gehst du los? Wozu dient dir die Veränderung? Was hat sie für Auswirkungen? Im

„Warum und Wozu" liegt der Schlüssel für deine Motivation. Du kannst sie verstärken, indem du dir die Zukunft vorstellst und dir genau ausmalst, was anders sein wird. Damit entwickelst du eine Art Anziehungskraft aus der Zukunft. Hanna Drechsler weist in ihrer Podcastfolge „Wie du den Mut findest, für Veränderung loszugehen" darauf hin, dass es häufig einen Grund hinter dem Warum gibt, den zu kennen es lohnt. Angenommen, du bist unzufrieden mit deinem Promotionsfortschritt und willst deiner Promotion mehr konzentrierte Zeit widmen. Die Veränderung, die du anstrebst, ist vielleicht, feste Zeiträume einzurichten und dich besser zu fokussieren. Der Grund *hinter* dieser Veränderung ist dann dein Wunsch nach Fortschritt und Zufriedenheit. Es geht also nicht ausschließlich um die Zeit und die geschriebenen Seiten, sondern auch um ein positiveres Gefühl gegenüber deiner Promotion. Wenn du dich mit diesem tieferen Grund verbindest, kann dich das durch schwierige Phasen tragen.

6. *Verändere dich für dich selbst/dir selbst entsprechend.*
   Worum geht es *dir*? Welche Situation möchtest *du* verändern? Inwiefern fühlen sich deine Ideen für dich selbst stimmig an? Es ist wichtig, dass du dich nicht für andere veränderst, sondern für dich selbst. Richte deine neuen Ideen an deinen Bedürfnissen und Werten aus. Erinnere dich daran, dass du dich von fremden Erwartungen freimachen darfst. Nachhaltig ist, was dir selbst entspricht.

7. *Betrachte Widerstände als Teil der Veränderung.*
   Bei jeder angestrebten Veränderung ist es ratsam, innere Widerstände von Beginn an mit in die Gleichung aufzunehmen. Unbequeme Momente werden Teil deiner Reise sein – weiter oben hast du gelesen, dass das mit Unsicherheit zu tun hat. Es gehört also zu deinem Prozess, Ängste, Sorgen, Zweifel oder auch Schmerz zu erleben. Du kannst dich bereits vorher darauf einstellen, dass diese Momente eintreten werden. Weiterhin kannst du dir vor Augen führen, dass nicht alle Beteiligten mit deiner Veränderung zufrieden sein werden. Wenn du unterwegs an diesen Punkt kommst, erinnere dich daran und bleibe bei dir selbst. Widerstände sind ein Zeichen dafür, dass du bereits mittendrin bist. Je mehr Klarheit du über die Gründe hast, desto besser kannst du damit umgehen. Schlussendlich geht es darum, für dich persönlich etwas zu verbessern.

8. *Hole dir unterstützende Menschen ins Boot.*
   Du kannst deinen Weg leichter beschreiten, wenn du dich von unterstützenden Menschen begleiten lässt. Vielleicht gibt es bereits Menschen in deinem Leben, die du um Unterstützung bitten kannst. Vielleicht ist es an der Zeit, dir genau diese Menschen zu suchen.[38] Wichtig ist, dass sie dir wohlwollend gegenüberstehen. Veränderung gelingt leichter, wenn es Personen gibt, die an dich glauben und die stolz

38 Falls du hier ein gedankliches Fragezeichen hast: Die Suche nach Unterstützung kannst du im folgenden Abschnitt als einen ersten Veränderungsschritt festhalten.

sind auf deine Entwicklung. Liebevolle Erinnerungen an dein Vorhaben und gemeinsam zelebrierte Belohnungen sind außerdem ein motivierender Antrieb.

9. *Kenne deine Ressourcen.*
   Mache dir für den vor dir liegenden Weg immer bewusst, welche Strecke du bereits gegangen bist. Hinter dir liegt eine Wegstrecke, auf der du unheimlich viele Schätze eingesammelt hast. Was hat sich bereits verändert? Was ist gerade in Bewegung? Wie hast du bis hierher dafür gesorgt, dass es dir besser geht? Verbinde dich mit deinem Erfahrungsschatz und all deinen Ressourcen. In guten Phasen hast du Stolz, Zufriedenheit oder Lebensfreude gespürt. In schwierigen Phasen hast du deine Haltung verändert, neue Fähigkeiten entwickelt oder einen Umgang mit Schmerz und Rückschlägen gefunden. Insbesondere Elternschaft lehrt uns, mit Unsicherheit umzugehen. Viele bewältigte Situationen haben dich bereits geprägt und tuen es jeden Tag aufs Neue. Du kannst dir immer wieder bewusst machen, was dich als Mensch auszeichnet. Alle diese Ressourcen stehen dir auch für deinen nächsten Veränderungsprozess zur Verfügung.

10. *Gehe los.*
    Wenn alle Vorkehrungen getroffen sind, du Klarheit und Unterstützung hast und um deine Ressourcen weißt, dann geht es ums Machen. Du gehst los – für dich, für deine Promotion, für deine Familie. Durch Aktivität wird aus deinen Ideen Realität. Spüre die Freude, dass du genau jetzt im Außen etwas in Bewegung setzt, was vielleicht schon lange im Innen gereift ist. Lass auch alle anderen Gefühle zu. Du weißt bereits, dass sie dich begleiten dürfen; deinen ersten Schritt verhindern können sie jedoch nicht mehr.

> *„Die reinste Form des Wahnsinns ist es, alles beim Alten zu belassen und gleichzeitig zu hoffen, dass sich etwas ändert.“ Albert Einstein*

Jetzt liegt es also an dir, deinen Alltag mit Promotion und Familie so zu verändern, dass du dich wohlfühlst. Du kannst die Veränderung selbst gestalten, anstatt sie dem Zufall zu überlassen. Dich selbst kannst du unterstützen, indem du gut auf dich achtest. Was brauchst du, um zu weitergehen? Wo kannst du nachjustieren? Flexibilität und Kontinuität sind auch hier wichtige Qualitäten, um dich immer wieder neu auf den Prozess einzulassen.

Tabelle 6 zeigt noch einmal auf, worauf es (nicht) ankommt, um deinen Veränderungsprozess nachhaltig und eigenverantwortlich zu gestalten.

Tabelle 6: Hinderliche und förderliche Haltungen für Veränderung

Wie du Veränderung verhinderst	*Wie du Veränderung möglich machst*
Setze dir ein möglichst vages Ziel.	Entwickle Klarheit über dein Ziel.
Wähle für deine Veränderung einen Zeitpunkt, an dem sie absolut nicht in dein Leben passt.	Wähle einen realistischen Zeitpunkt.
Verändere möglichst viel auf einmal.	Gehe einen Schritt nach dem anderen.
Richte deinen Fokus auf die Möglichkeit des Scheiterns.	Verbinde dich mit deinem Ziel.
Verändere dich für andere und vernachlässige deine eigenen Wünsche.	Verändere dich für dich selbst.
Brich deinen Veränderungsprozess beim ersten Widerstand ab.	Betrachte Widerstände als Teil des Prozesses.
Gehe deine Veränderung im Alleingang an und lass andere Menschen außen vor.	Lass dich von unterstützenden Menschen begleiten.
Schenke deiner inneren Kritikerin/deinem inneren Kritiker möglichst viel Gehör.	Kenne deine Ressourcen.
Bleibe passiv und schiebe den ersten Schritt möglichst lange auf.	Gehe los.

Ich möchte dich an dieser Stelle auch daran erinnern, dass es manchmal gar keiner Veränderung bedarf. Wenn gerade alles rundläuft, dann ist das wunderbar. Warte nicht auf Widerstände, sondern genieße, dass es momentan keine gibt. Mit diesen Punkten im Hinterkopf wendest du dich nun noch einmal deinem Promotions- und Familienalltag zu.

9.4 Und jetzt du: Schritt für Schritt in die Veränderung

In diesem Abschnitt wirst du selbst aktiv. Es geht nun darum, deine Gedanken zu den einzelnen Kapiteln zusammenzuführen und in konkrete Schritte zu gießen. Aus diesem Grund findet deine Reflexion dieses Mal direkt *im* Kapitel statt. Ich leite dich mit aufeinander aufbauenden Impulsen durch den Prozess. Zum Download steht für dich am Ende dein Etappenplan für deine Promotion bereit, in dem du anschließend alles übersichtlich zusammenführst.

Ich lade dich ein, deine Antworten direkt in die vorgesehenen Textfelder zu schreiben. Indem du aufschreibst, was du verändern möchtest, führst du dir deine Ziele genau vor Augen. Du gewinnst beim Ausformulieren noch mehr Klarheit und bringst Struktur in deine Gedanken. Was du aufschreibst, bleibt im Gedächtnis. Zudem kann es guttun, dich in diesen Prozess zu begeben und mit dem Schreiben bereits einen ersten Schritt zu gehen. Du kannst das Aufschreiben deiner Gedanken als einen grundlegenden Teil dieses Kapitels betrachten. Lass dich dabei von inneren kritischen Stimmen nicht ablenken und vertraue auf deine Ideen. Lege dir also gleich einen Stift bereit und gehe zur ersten Schreibübung über.

Deine Bestandsaufnahme

Im ersten Schritt geht es darum, zu notieren, was jetzt nach dem Lesen des Buches und deinen Reflexionen präsent ist. Bringe ganz ungefiltert deine Gedanken zu Papier und schreibe frei drauflos.

☞ Impuls 1

Wie geht es dir, wenn du an deine Promotion im Familienalltag denkst? Welche Bilder tauchen in deinem Kopf auf? Welche Fragen stellst du dir? Nimm dir ein paar Minuten Zeit und schreibe auf, was dich gerade in deinem Alltag mit Promotion und Kind bewegt.

☞ Impuls 2

Wirf noch einmal einen kritischen Blick auf deine aktuelle Situation und notiere dir, was dich stört. Was möchtest du nicht mehr sein, nicht mehr machen, nicht mehr haben?

Wenn du das Reflexionsblatt zu Kapitel 2 ausgefüllt hast, nimm dir deine Antworten hervor und vergleiche. Was wiederholt sich? Was ist anders?

Platz für Notizen

> „Ich kann freilich nicht sagen, ob es besser werden wird, wenn es anders wird; aber so viel kann ich sagen: Es muss anders werden, wenn es gut werden soll."
> (Georg Christoph Lichtenberg)

Daher gehst du jetzt der Frage nach, was überhaupt anders werden sollte und wie es eigentlich gut wäre. Die Perspektive ist nun eine konstruktive. *Hier kannst du dich zusätzlich von deinen Antworten aus dem Reflexionsblatt zu Kapitel 3 inspirieren lassen.*

☞ Impuls 3

Vervollständige die folgenden Satzanfänge intuitiv. Es geht hier nicht um richtig oder falsch, sondern darum, deinen eigenen Ideen weiter auf die Spur kommen.

Um gut zu promovieren, brauche ich…

Um gut für meine Kinder zu sorgen, brauche ich…

Um mich in meinem Leben wohlzufühlen, brauche ich…

___

___

___

Diese Gedanken kannst du nun in klar formulierte Bedürfnisse gießen. Du identifizierst im nächsten Schritt drei wichtige Bedürfnisse für deine Promotion mit Kind.

☞ Impuls 4

Lade dir die **Bedürfnisliste** im Downloadbereich herunter. Gehe die Begriffe durch und markiere spontan die drei, die dich am meisten ansprechen. Für diese Auswahl beschreibst du nun Folgendes: Woran bemerkst du in deinem Alltag, dass dieses Bedürfnis gerade nicht erfüllt ist? Was ist deine erste Idee, um es dir ein Stück weit zu erfüllen? Wichtig: Es geht noch nicht um einen ausgereiften Plan, sondern um spontane Einfälle oder Erinnerungen an vormals gedachte Ideen. Sie dürfen sich unrealistisch und verrückt anhören. Nichts ist hier falsch.

1.
Daran merke ich, dass mir ______________________ fehlt:

Eine erste Idee für mehr ______________________ in meinem Tag:

2.
Daran merke ich, dass mir ______________________ fehlt:

Eine erste Idee für mehr ______________________________ in meinem Tag:

3.
Daran merke ich, dass mir __________ fehlt:

Eine erste Idee für mehr ___________ in meinem Tag:

Schaue einmal, was diese Bedürfnisse miteinander verbindet. Welches Thema kristallisiert sich vielleicht schon heraus? Worum geht es in deiner Veränderung? *Bevor du diese Frage beantwortest, gehe noch einmal die Reflexionsblätter zu Kapitel 4 und 5 (insbesondere deine Gedanken zu deiner Lebenstorte und den Veränderungswünschen) durch und markiere dir wichtige Stellen.*

Platz für Notizen

☞ Impuls 5

Mit allen bisherigen Überlegungen im Hinterkopf: Wie lautet die Überschrift für deine Veränderung?

Deine Veränderung angehen

Jetzt wendest du dich deinem Ziel zu. Du hast oben gesehen, dass es hilfreich ist, dein Ziel genau zu benennen und dich damit zu verbinden. Ich lade dich außerdem mit den nächsten Impulsen dazu ein, dein Ziel auf Risiken zu überprüfen und dir zugleich deine Ressourcen bewusst zu machen.

☞ Impuls 6

Was möchtest du erreichen? Beschreibe dein Ziel so konkret wie möglich. Achte darauf, dass du ergebnisorientiert und positiv formulierst.

Im Reflexionsblatt zu Kapitel 5 (Fazit) hast du notiert, welchen Aspekten in deiner Alltagsgestaltung du mehr Aufmerksamkeit widmen möchtest. Im Reflexionsblatt zu Kapitel 6 hast du bereits einen oder mehrere Bereiche ausgewählt, in denen du etwas verändern möchtest und deine Schritte konkretisiert. Wenn sie deinem Veränderungswunsch entsprechen, nutze sie gerne als Ausgangspunkte für deine Zielformulierung.

Dein Ziel:

☞ Impuls 7

Wie sieht dein Leben aus, wenn du dieses Ziel erreicht hast? Wovon tust du mehr? Wovon tust du weniger? Wie fühlst du dich? Woran wird für deine Familie spürbar, dass du dein Ziel erreicht hast? Fühle dich so richtig ein und visualisiere deine neue Situation. Nimm' dafür ein Blatt Papier zur Hand und zeichne eine (unperfekte) Skizze.

☞ Impuls 8

Und nun überprüfe dein Ziel mithilfe der folgenden Checkliste auf Stimmigkeit:

- ☐ Ist es *dein* Ziel?
- ☐ Liegt es in deinem Einflussbereich?
- ☐ Hast du ein gutes Gefühl, wenn du an dein Ziel denkst?
- ☐ Passt das Ziel zu dir und deinen Werten?
- ☐ Entspricht das Ziel deiner Vorstellung von deinem Leben?
- ☐ Ist jetzt ein guter Zeitpunkt für dich, um das Ziel anzugehen?

Ist ein Kriterium nicht erfüllt, dann überprüfe, ob du noch etwas an deiner Formulierung verändern willst.

Deine überarbeitete Zielformulierung:

Nachdem du dein Ziel benannt hast, führst du dir nun die Nachteile und Vorteile deiner Veränderung vor Augen. Du findest damit heraus, welchen Preis du eventuell zahlst und wie groß das Risiko ist, das du eingehst. Mit den Vorteilen zeigst du dir auf, warum es sich trotz dieses Preises lohnt, dein Ziel zu erreichen.

☞ Impuls 9

Was könnte schlimmstenfalls passieren, wenn du dein Ziel erreichst? Steht etwas auf dem Spiel?

☞ Impuls 10

Warum ist es gut, dein Ziel zu erreichen? Liste hier zehn Gründe auf.

10 Gründe, warum es gut ist, dein Ziel zu erreichen

1.
2.
3.
4.
5.
6.
7.
8.
9.
10.

Stelle sicher, dass du alle zehn Zeilen ausgefüllt hast, bevor du weitergehst.

Deine Ressourcen

Nun weißt du, warum es gut und sinnvoll ist, auf dein Ziel hinzuarbeiten. Um dich innerlich zu stärken, wendest du dich als nächstes deinen Ressourcen zu. Wenn du anerkennst, was du bereits mitbringst, wirst du mit mehr Zuversicht auf dein Ziel blicken. Vielleicht erinnerst du dich: „Wer zuversichtlich ist, schafft sich selbst ein Gefühl der Sicherheit, indem er:sie möglichen Unsicherheiten und Herausforderungen mit der Idee begegnet, dass sie zu bewältigen sind“ (Kapitel 7). Betrachte dich also mit einem positiven und wertschätzenden Blick und lasse hier deine persönliche Ressourcensammlung entstehen.

☞ Impuls 11

Wofür schätzen dich deine Mitmenschen (Partner:in, Freund:innen, Kolleg:innen,...)?

☞ Impuls 12

Was zeichnet dich aus? *Nimm hierzu auch deine Wertesammlung aus dem Reflexionsblatt zu Kapitel 8 (Übung: Deine Individualität anerkennen) zur Hand.*

☞ Impuls 13

Was kannst du richtig gut? Was fällt dir leicht? Woran hast du Freude?

☞ Impuls 14

Welche Hürden hast du im letzten Jahr genommen und was hast du jeweils dadurch gelernt?

☞ Impuls 15

Auf welche deiner Eigenschaften kannst du dich in deinem Veränderungsprozess verlassen? *Du kannst dir hierzu auch deine gesammelten Stärken aus dem Reflexionsblatt zu Kapitel 2 noch einmal ansehen.*

1.
2.
3.
4.
5.

Mit deinen Ressourcen bist du bereits in deiner Innenwelt angekommen. Hier verweilst du noch einen Moment, wenn es jetzt darum geht, deine Zuversicht weiter zu stärken.

An dein Ziel glauben

Je mehr du daran glaubst, dein Ziel erreichen zu können, desto mehr bist du bereit, Rückschläge in Kauf zu nehmen. Letztere stehen beim nächsten Impuls im Fokus; und gleichzeitig bereitest du deinen Umgang damit vor und bringst dich im Fall der Fälle wieder in die Handlungsfähigkeit.

☞ Impuls 16

Welche möglichen Hindernisse siehst du auf dich zukommen? Vergleiche dazu auch die Nachteile, die du weiter oben zu deiner Veränderung notiert hast. *Wenn du im Reflexionsblatt zu Kapitel 4 deine Zweifel analysiert hast, beziehe sie hier ebenfalls mit ein.* Wie wirst du damit umgehen? Trage in die Tabelle deine Erste-Hilfe-Strategien ein für den Fall, dass dieses Hindernis eintritt. Was wäre dein erster Schritt? Wen könntest du um Rat fragen? Welcher der Gründe für dein Ziel könnte dem Hindernis gegenüberstehen?

Mögliches Hindernis	*Erste-Hilfe-Strategie*

☞ Impuls 17

Welche Überzeugungen über dich als Promovierende:n mit Kind möchtest du ab jetzt hinter dir lassen? *Wenn du im Reflexionsblatt zu Kapitel 5 Erwartungen formuliert hast, von denen du dich lösen möchtest, lasse sie mit in deine Antwort einfließen.*

☞ Impuls 18

Dass du dein Ziel erreichst, hängt auch davon ab, wie du innerlich auf dich und deinen Erfolg schaust. Erteile dir an dieser Stelle noch einmal die Erlaubnis dazu, deine Promotion erfolgreich abzuschließen. Warum hast du deinen Erfolg verdient? *Ergänze auch den letzten Satz aus dem Dialog mit deiner inneren Kritikerin/deinem inneren Kritiker aus dem Arbeitsblatt zu Kapitel 8 (Übung: Dir deinen Erfolg erlauben).*

☞ Impuls 19

Formuliere nun deine persönlichen Mutmachsätze für deine Promotion mit Kind. Was möchtest du dir selbst sagen? Was lässt dich durchhalten? *Nutze dazu auch deine Ideen aus dem Arbeitsblatt zu Kapitel 8 (Übung: Freundliche Worte an dich selbst richten).*

☞ Impuls 20

Wie wirst du auf dem Weg zu deinem Ziel gut für dich sorgen? *Greife dazu auf deine Selbstfürsorgeideen zurück, die du im Reflexionsblatt zu Kapitel 8 notiert hast.*

Unterstützung für deinen Weg

An dieser Stelle kannst du dich darauf besinnen, welche Menschen du für dein Vorhaben bereits an deiner Seite hast oder gerne an deiner Seite hättest.

☞ Impuls 21

Wenn du auf das letzte Jahr zurückblickst, wem bist du dankbar – und wofür?

☞ Impuls 22

Was wünscht du dir für das kommende Jahr von diesen Personen?

☞ Impuls 23

Wen möchtest du noch ins Boot holen? Mit wem wünscht du dir mehr Austausch? *Im Reflexionsblatt zu Kapitel 5 (Übung: Reflexion deiner (Erwartungs-)Erwartungen) hast du Personen aufgelistet, die deiner Annahme nach etwas Bestimmtes von dir erwarten. Angenommen, du könntest diese Personen für dich nutzen, wie könnte ihre Unterstützung aussehen? Um was würdest du sie bitten?*

☞ Impuls 24

Was kann dein:e Partner:in (weiterhin) tun, um dich zukünftig zu unterstützen?

☞ Impuls 25

Um dein Ziel zu erreichen, musst du unter Umständen mit bestimmten Personen ins Gespräch gehen. *Im Reflexionsblatt zu Kapitel 7 (Übung: Konflikte ergründen) hast du vielleicht einen Konflikt benannt, in dem du dich gerade befindest.* Nutze hier die Chance, ein dir wichtiges Gespräch vorzubereiten.

Mit wem möchtest du sprechen?	
Worüber?	
Wann ist dafür ein guter Zeitpunkt?	
Mit welchem Ergebnis möchtest du aus dem Gespräch gehen?[39]	
Versetze dich in die Lage deines Gegenübers: Was könnte das Thema bei dieser Person auslösen? Wie könnte sie schlimmstenfalls reagieren? Wie bestenfalls?	
Was brauchst du, um das Gespräch zu führen?	

Mit diesen Überlegungen hast du dir alle wichtigen Voraussetzungen geschaffen, um nachhaltig etwas in deiner Promotion mit Kind zu verändern. Es ist jetzt alles da, was du brauchst. Mache dir diesen wichtigen Schritt einmal bewusst. Lege das Buch zur Seite, atme tief durch und kehre nach einer Pause wieder zurück für den letzten Schritt, deine Umsetzungsplanung.

39 Ein gewünschtes Ergebnis kann auch sein, dass du ohne Unterbrechung deine Wahrnehmung geschildert hast.

Ins Tun kommen

Zum Abschluss geht es darum, dein Ziel in konkrete und machbare Schritte herunterzubrechen. Lies dir noch einmal dein oben formuliertes Ziel durch und verbinde dich innerlich damit.

Nun tauchst du in ein kurzes Brainstorming ein: Trage sämtliche Ideen für kleine Umsetzungsschritte zusammen, die dir in den Sinn kommen. Sie können aus den vorherigen Übungen stammen oder ganz neu auftauchen. Du brauchst nicht zurückzublättern. Verlass dich darauf, dass das Wichtigste hängen geblieben ist und jetzt wieder auftauchen wird oder in Form einer neuen Idee zum Vorschein kommt.

Sammle also ganz ungeordnet alles, was dir einfällt. Es geht an dieser Stelle noch nicht um die tatsächliche Umsetzung, sondern vielmehr um die Fülle an Möglichkeiten. Alles ist erlaubt, deine Ideen dürfen unrealistisch oder verrückt klingen. Schreibe hier mindestens dreißig Möglichkeiten auf, wie du zeitnah und mitten in deinem Alltag deine Veränderung angehen kannst. Es ist hilfreich, wenn du die Liste so schnell wie möglich füllst und einfach drauflos schreibst. Deine innere Kritikerin/dein innerer Kritiker hat Pause. Bleibe dran, falls dir die Ideen auszugehen scheinen. Die guten Einfälle kommen oft zum Schluss, wenn wir denken, dass uns nichts mehr einfällt.

 Impuls 26

Was kannst du alles tun, um deinem Ziel näher zu kommen?

30 Möglichkeiten, um dein Ziel zu erreichen

1.	16.
2.	17.
3.	18.
4.	19.
5.	20.
6.	21.
7.	22.
8.	23.
9.	24.
10.	25.
11.	26.
12.	27.
13.	28.
14.	29.
15.	30.

Hast du deine Ideen eingetragen? Gibt es noch einen unrealistischen Gedanken, den du ergänzen möchtest? Dann füge ihn hinzu.

Nun darf deine innere Kritikerin/dein innerer Kritiker aus der Pause zurückkehren und dich bei der Auswahl unterstützen. Du legst nun fest, welche deiner Ideen du umsetzen wirst. Folgende Kriterien helfen dir dabei, die Handlungsschritte auszuwählen, die jetzt gerade zu dir passen:

- ☐ Ist der Schritt wichtig für deine Promotion?
- ☐ Ist er positiv formuliert?
- ☐ Ist er für dich persönlich machbar?
- ☐ Fühlt sich das erwartete Ergebnis gut an?
- ☐ Kannst du den Schritt schon morgen umsetzen?

Kreise alle Ideen ein, auf die das zutrifft.

☞ Impuls 27

Notiere dir hier fünf Handlungsschritte, die du ab jetzt umsetzen möchtest:

1.
2.
3.
4.
5.

Wenn sich eine Idee zu groß anfühlen sollte, dann prüfe einmal, wie du sie kleiner machen kannst. Dabei hilft die Frage: Was muss passieren, damit du den Schritt morgen schon tun kannst? Wenn du beispielsweise ein Gespräch führen möchtest, aber dich dazu mit jemandem verabreden musst, dann wäre nicht unbedingt das Gespräch selbst dein erster Schritt, sondern die Terminanfrage oder deine inhaltliche Vorbereitung darauf.

9.5 Transfer in den Alltag: Etappenplan für deine weitere Promotion mit Kind

Deine fünf konkreten, machbaren und positiv formulierten Handlungsschritte finden nun auf deinem persönlichen Promotionsetappenplan Platz. Lade ihn dir gleich herunter:

Trage die Schritte untereinander in die Liste ein. Fülle die dazugehörigen Zeilen aus. Und weil es wichtig ist, auch Zwischenschritte und kleine Erfolge zu feiern: Trage für jede Aufgabe ein, was du dir Gutes tust, wenn du sie erledigt hast. So ist jeder Schritt mit einer Anerkennung verbunden. Wenn alles geschafft ist, kannst du die Liste mit den nächsten fünf Schritten ausfüllen – vielleicht sind es welche aus Impuls 26 oder es ergeben sich neue.

Du weißt nun, was für deine Promotion zu tun ist und wie du diese Veränderung angehen kannst. Damit hast du dir Klarheit geschaffen und kannst dich auf den Weg machen. Vergiss nicht, dass Widerstände Teil des Weges sein werden. Auch hier hast du bereits vorgesorgt.

Wenn du magst, teile deine neu formulierten oder bereits erledigten Promotionsschritte mit mir und schreibe mir dazu eine E-Mail.

9.6 Wenn du (noch) keine Kinder hast oder (noch) nicht promovierst

Vielleicht hast du dieses Buch zur Hand genommen, um herauszufinden, ob eine Promotion mit Kind für dich infrage kommt. Wenn entweder deine Promotion oder deine Familiengründung noch in der Zukunft liegen, kannst du dieses Kapitel ebenfalls für dich nutzen.

Beantworte für einen kurzen Check-in zunächst diese Fragen:

Welches sind die drei größten Erkenntnisse aus dem Buch?

Welche Fragen stellst du dir nach dem Lesen?

Was brauchst du gerade, um deinem Ziel ein Stück näher zu kommen?

Wähle aus den Übungen in diesem Kapitel die aus, von denen du dich angesprochen fühlst. Sie haben etwas mit dir zu tun und es lohnt sich, sie von deinem jetzigen Standpunkt aus zu beantworten. Nutze die Möglichkeit, für deine Zukunft die nächsten Schritte zu formulieren. Lass dich dazu gerne ermutigen durch das Motto aus Kapitel 3: „Nicht ob, sondern wie.“ Also: Wie kannst du dir deine Promotion mit Kind ermöglichen? Was wären die nächsten drei Schritte?

9.7 Deine Checkliste zu Kapitel 9

Auch das vorletzte Kapitel endet mit einer Checkliste, die du für einen Abgleich nutzen kannst.

In Kapitel 9 hast du

- ☐ erfahren, warum Veränderung für dein System ein Risiko darstellt.
- ☐ „Tipps" erhalten, wie du Veränderung unmöglich machen kannst.
- ☐ zehn Gelingensbedingungen für einen nachhaltigen Veränderungsprozess kennen gelernt.
- ☐ deinen persönlichen Ist- und Soll-Zustand abgeglichen und deine Bedürfnisse identifiziert.
- ☐ dir deine Ressourcen vor Augen geführt.
- ☐ dich mit dem Ziel deiner Veränderung verbunden.
- ☐ mögliche Hindernisse ausgemacht und dazu passende Strategien entworfen.
- ☐ verschiedenste Handlungsschritte entwickelt und daraus fünf konkrete Schritte abgeleitet.
- ☐ diese Schritte mit allen Details in deinen Etappenplan (digital) übertragen.
- ☐ wenn du noch keine Kinder hast oder noch nicht promovierst, dir deine Erkenntnisse aus diesem Buch notiert und erste Schritte hin zu deinem Ziel formuliert.

Deinen Transfer in den Alltag hast du bereits mit deinem Etappenplan umgesetzt. Damit bist du deiner erfolgreichen Promotion ein großes und greifbares Stück nähergekommen. Klopfe dir dafür noch einmal anerkennend auf die Schulter!

Im nächsten und letzten Kapitel habe ich dir eine Reihe von Rettungsseilen zusammengestellt. Wenn es in deinem Promotions- und Familienalltag schwierig werden sollte, kannst du auf sie zurückgreifen und ich an wesentliche Ideen aus diesem Buch erinnern.

10 Rettungsseile für die Promotion im Sturm des Alltags

Seien wir realistisch: Im Promotionsalltag mit Kind kommen die kleineren und größeren Verzweiflungsmomente meistens plötzlich. Du wirst dir in diesen Situationen nicht die Zeit dafür nehmen können, dieses Buch nochmals in Ruhe durchzuarbeiten oder die entscheidenden Stellen zu finden. Daher habe ich für dich einen Notfallkoffer erstellt, auf den du kurzfristig zurückgreifen kannst. In Kapitel 6 habe ich von Promotionsinseln geschrieben, auf die du für das Schreiben deiner Dissertation reist. Wenn dein Alltagsmeer von einem Sturm erfasst wird, ganz egal ob auf organisatorischer Ebene oder in deiner Gefühlswelt, schnappe dir ein Rettungsseil aus diesem Koffer und bringe dich zunächst in Sicherheit. Ergänzend zu meinem Angebot an Rettungsseilen findest du eine **Notfallliste** zum Download. Dort kannst du wichtige Informationen und persönliche stärkende Gedanken notieren. Hänge sie gerne neben deinem Etappenplan auf oder lege sie dir auf den Desktop.

10.1 Wie du die Rettungsseile nutzen kannst

Wenn du dich bereits intensiv mit dem Buch beschäftigt und die Reflexionsblätter bearbeitet hast, wirst du dich mithilfe der folgenden Notfalltipps leicht an die für dich wesentlichen Punkte erinnern. Betrachte die folgenden Anregungen als Erste-Hilfe-Maßnahmen, mit denen du für den Moment wieder in eine innere Sicherheit kommst. Du kannst dich an ihnen zurück in deine Handlungsfähigkeit hangeln, indem du einen Schritt zurücktrittst und zusiehst, wie sich der Sturm beruhigt. Dabei hilft in allen Notfällen: *Tief ein- und ausatmen und wieder bei dir selbst ankommen.*

Noch ein Hinweis, bevor es losgeht: Solltest du mehrfach an den gleichen schwierigen Punkt kommen und feststellen, dass dich ein Thema immer wieder trifft, bedarf es womöglich einer tieferen Klärung. Schaue dir dieses Thema am besten in einem professionellen Setting an.

10.2 Schwierige Situationen in der Promotion mit Kind von A–Z

Alltag lässt keinen Raum für die Promotion

Nimm zur Kenntnis, dass du genau in diesem Moment deiner Promotion Raum gibst, indem du dich mit dieser Frage beschäftigst. Manchmal braucht es einen neuen Zugang. Verschaffe dir Klarheit mit einer kurzen Analyse und mache dir Notizen zu den folgenden Fragen:

- Hat deine Promotion ein eigenes Stück in deiner Lebenstorte (vergleiche Kapitel 4)?
- Wie gut ist dieses Stück von den benachbarten Bereichen abgegrenzt?
- Welche Einflüsse im Außen schränken den Raum für deine Promotion ein?
- Welche Vorkommnisse in deiner Innenwelt erschweren deinen Zugang?
- Welche Risiken gehst du ein, wenn du dich deiner Dissertation widmest?
- Wodurch würde sich deine Dissertation eingeladen fühlen?

Sofortmaßnahme: Nutze die nächstmögliche Gelegenheit für eine Arbeitsphase von 15 Minuten. Falls du eine konkrete Aufgabe brauchst, zeichne eine *Mindmap* zur Frage: Was braucht meine Dissertation? Schalte in diesem Zeitfenster äußere Störfaktoren aus. Beobachte, wie du auch inmitten des Alltagstrubels kleine konzentrierte Momente erlebst.

Ambivalenz

Prioritäten festzulegen, bedeutet immer, dich zu entscheiden zwischen dir selbst, deiner Promotion, deiner Familie. Das bringt die Gleichzeitigkeit in deinem Leben mit sich. Deine Rollen als Promovierende und als Elternteil harmonieren nicht ohne Weiteres. Mache dir die Bedingungen von Wissenschaft und Gesellschaft bewusst, innerhalb derer du agierst. Du gibst gerade dein Bestes, um darin zu bestehen. Nimm deine Empfindungen einmal zur Kenntnis und versuche, in die Akzeptanz zu kommen. So ist es gerade. Es ist beides da, und noch viel mehr.

Anfangen mit dem Schreiben fällt schwer

Führe dir zunächst vor Augen, was heute bereits hinter dir liegt. Dann erinnere dich daran, wie gut ein bewusster Übergang tut und nimm dir dafür jetzt 10 Minuten Zeit.

Finde zunächst Klarheit darüber, was dich gerade abhält:

- Liegt die Ursache in deiner äußeren Umgebung? Dann richte dir eine gute Arbeitsatmosphäre ein.
- Liegt die Ursache in deiner inneren Welt? Dann schreibe frei heraus, was dich beschäftigt (siehe die Erläuterungen zum *Freewriting* in Kapitel 6).
- Liegt die Ursache in der Aufgabe an sich? Dann finde heraus, wie du sie noch kleiner oder zugänglicher machen kannst (siehe Kapitel 5).

Schaue auch im Reflexionsblatt zu Kapitel 6 (Übung: Übergänge gestalten: Einchecken) nach, welche Übergänge du als hilfreich notiert hast. Wenn dieser Schritt getan ist: Stelle einen Timer auf 15 Minuten und widme diese Zeit gezielt deiner heutigen Aufgabe.

Care-Aufgaben grätschen in die Promotionszeit rein

Zeit für einen *brain dump*: Welche Care-Aufgaben hast du gerade im Kopf? Nimm dir einen Zettel und notiere alles, was du heute noch für deine Familie erledigen willst. Lege diesen Zettel jetzt ganz bewusst zur Seite. Die Aufgaben sind hier offiziell für später geparkt. Die Zeit für deine Dissertation ist jetzt. Du hast es verdient, dich ihr jetzt konzentriert zuzuwenden. *Wenn du mehr Zeit hast, lies im Reflexionsbogen zu Kapitel 7 (Übung: Mental Load fairteilen) nach, welche Aufgaben du auf lange Sicht mit deinem:deiner Partner:in neu aufteilen möchtest.*

Einzelkämpfer:innengefühl

Auch wenn sie nicht in deinem nächsten Umfeld sind: Es gibt viele promovierende Mütter und Väter. Stelle dir vor, wie eine:r von ihnen gerade auch dieses Buch in der Hand hält. Du bist nicht alleine.

Schreibe dir eine kurze Notiz dazu, dass du dir eine verbündete Person wünscht und nimm diesen Wunsch mit in die nächsten Tage. Lass weitere Ideen dazu entstehen. Der Austausch von Erfahrungen sowie gegenseitige emotionale Unterstützung können einen bedeutenden Unterschied machen. Sofortmaßnahme: Welchem Menschen kannst du jetzt eine kurze Nachricht schreiben?

Emotionale Begleitung der Kinder hängt nach

Ganz egal ob Wut, Traurigkeit, Aufregung, Schmerz: Wenn du heute schon dein Kind emotional begleitet hast, ist es nur nachvollziehbar, dass dir diese intensive Situation nachhängt. Atme einmal tief ein und aus. Führe ein kurzes Selbstgespräch, in dem du geduldig und liebevoll mit dir bist. Wenn du dein Verhalten in der Situation infrage stellst: Verzeihe dir. Du hast das getan, was gerade für dich möglich war. Sofortmaßnahme: Was tut dir jetzt gut, um zu dir selbst zu finden? *Sieh auch im Reflexionsblatt zu Kapitel 8 nach (Übung: Deinen Weg positiv gestalten und Ideen für deine Selbstfürsorge).*

Erschöpfung und Schlafmangel

Sofortmaßnahme: Mache genau jetzt fünf Minuten Pause. Lege das Buch und dein Handy zur Seite, lege dich auf den Boden und schließe die Augen. Komm ganz zur Ruhe.

Für den Rest des Tages: Mache Schlaf zu deiner obersten Priorität. Überlege, welche Möglichkeiten es gibt, dir heute Nacht mehr Ruhe als sonst zu nehmen.

Für deine nächste Promotionsinsel: Wähle eine Aufgabe für deine Dissertation, die von dir wenig Energie erfordert. Lass dich von den Beispielen aus der flexiblen To-do-Liste in Kapitel 5 inspirieren.

Fokussieren auf die Dissertation gelingt nicht

Checke kurz bei dir ein. Auf einer Skala von 1 bis 10:

- Wie ist gerade dein Energielevel?
- Wie klar ist deine Aufgabe?
- Wie hoch ist deine Motivation?

Deine Antworten liegen größtenteils über 5? Dann wähle aus der Liste *„15 Dinge, die dir helfen, den Fokus zu halten“* in Kapitel 6 eine Methode, die dir jetzt weiterhilft.

Du hast in allen Bereichen weniger als 5 angegeben? Dann ist es Zeit für eine echte Auszeit. Widme den Tag ganz bewusst dir und deiner Familie und kehre bei nächster Gelegenheit mit neuer Frische an deinen Schreibtisch zurück.

Frust

Sofortmaßnahme: Gib deinem Frust Raum. Springe, schreie, tanze, singe oder schüttle dich. Tue alles, was dir hilft, um dir körperlich Luft zu verschaffen. Dann komme langsam wieder zur Ruhe.

Frage dich, was genau die Ursache für deinen Frust ist. Zeichne einen Kreis und trage um den Kreis herum die Dinge ein, die außerhalb deiner Kontrolle liegen. Diesen Bereich gilt es als Tatsache für diesen Moment anzunehmen. Trage in den Kreis die Dinge ein, die du jetzt gerade selbst in der Hand hast. Konzentriere dich auf letztere und schaue, welcher erste kleine Schritt sich daraus ergibt. Wenn du dem genauer nachgehen möchtest, lies dir den Abschnitt „Den eigenen Einflussbereich kennen“ in Kapitel 8 durch.

Hoffnungslosigkeit

Sofortmaßnahme: Schreibe ein paar intuitive Zeilen zu der Frage: Was ist gerade schwierig? Was genau hattest du dir erhofft, das nun nicht mehr machbar erscheint? Was hat sich verändert? Dann nimm diese Empfindung an und schenke dir selbst Mitgefühl.

Um dein aktuelles Gefühl in den gesamten Prozess einzuordnen, schaue dir noch einmal die Phasen einer Promotion in Kapitel 4 an. In welcher Phase verortest du dich gerade? Inwiefern könnte deine Hoffnungslosigkeit damit zusammenhängen?

Nun gilt es, den Weg für die Zuversicht zu ebnen. Was ist inmitten aller Herausforderungen gerade ein Lichtblick? Woraus hast du schon einmal Hoffnung geschöpft? *Lass dich hierbei von deinen Antworten aus dem Reflexionsblatt zu Kapitel 8 (Übung: Zuversicht und Vertrauen stärken) unterstützen.*

Innere Unruhe

Mit hoher Wahrscheinlichkeit sind bei dir gerade zu viele gedankliche Tabs offen und du versuchst, sie gleichzeitig zu bearbeiten. Sofortmaßnahme: Lege eine Hand auf deinen Bauch und nimm ein paar bewusste Atemzüge. Atme tief durch die Nase in den Bauch ein und lasse deine Ausatmung mit jedem Mal länger werden. *Sprich laut oder in Gedanken die Affirmationen aus Kapitel 8 oder deine eigenen Affirmationen aus dem dazugehörigen Reflexionsblatt aus.*

Nimm nun innerlich das Tempo raus. Gleichzeitigkeit und Schnelligkeit sind keine gute Kombination, um ins Arbeiten zu finden. Schalte von *Multi-* auf *Singletasking* um. Frage dich dazu: Welche eine Aufgabe hat jetzt Vorrang? Stelle dir einen Timer auf 30 Minuten und arbeite nur an dieser Aufgabe. Notiere dir danach: Was ist jetzt noch nötig, um diese Aufgabe abzuschließen? Sollte die Unruhe anhalten, dann lege einen Spaziergang an der frischen Luft ein und kehre mit erfrischtem Geist zurück.

Kind ist krank und Promotionszeit droht auszufallen

Triff anhand der folgenden Fragen eine Einschätzung deiner Situation:

- Wie schwer ist dein Kind erkrankt?
- Je nach Alter und Wohlbefinden: Welche Art von Fürsorge wird es brauchen?
- Kommt eine Person für die Pflege deines Kindes infrage oder braucht es dich?
- Wie viel Energie hast du gerade selbst?
- Was würde schlimmstenfalls passieren, wenn du heute nicht an deiner Dissertation arbeitest?
- Was ist eventuell trotzdem möglich?
- Wann kannst du die Arbeitszeit für heute nachholen und was ist dafür wichtig?

Wenn du deine Notfallliste bereits ausgefüllt hast, schaue auch hier nach, welche Strategien du notiert hast.

Kontaktaufnahme mit Betreuungsperson ist schwierig

Notiere dir Stichpunkte zu den folgenden Fragen:

- Angenommen, du wüsstest, dass deine Betreuungsperson zu 100% positiv auf deine Nachricht reagiert: Was würdest du ihr jetzt und hier schreiben?
- Was brauchst du gerade von ihr? Wie könnte sie dir jetzt am besten helfen?
- Welche Frage beschäftigt dich gerade?

Schreibe alles ungefiltert auf. Alternativ kannst du auch eine Sprachnotiz in dein Handy sprechen. Gehe deinen Text durch und markiere dir wichtige Informationsschnipsel. Mit etwas zeitlichem und emotionalen Abstand entscheide dann, welche Aussagen zu eurer aktuellen Betreuungsbeziehung passen: Was ist sinnvoll, deiner Betreuungsperson mitzuteilen? Was kannst du an anderer Stelle klären? Was wäre eine kleine Maßnahme, mit der du diese Beziehung ein Stück verbindlicher/freundlicher/angenehmer gestalten könntest? Schreibe einen Entwurf für eine E-Mail oder mache dir ein paar Notizen für ein Telefonat. Trage dir einen Termin ein, an dem du die E-Mail verschickst oder den Anruf tätigst. Sollte die Betreuungsbeziehung über längere Zeit hinweg schwierig oder konflikthaft sein, suche dir unbedingt Unterstützung. An vielen Hochschulen gibt es dafür Ombudsstellen oder Vertrauenspersonen.

Konzentrieren fällt schwer

Sofortmaßnahme: Prüfe als erstes, was dich gerade noch vom Arbeiten abhält. Gibt es Ablenkungen? Hast du bereits alle Störungen ausgeschaltet?

Führe einen kurzen Aufgabencheck durch:

- Welche Aufgabe hast du vor dir?
- Zu welchem Ziel trägt sie bei?
- Wie machbar erscheint sie dir jetzt gerade?
- Wie gut passt die Aufgabe gerade zu deinem Energielevel?

Wenn du die Aufgabe nach wie vor angehen möchtest, schaffe dir eine produktive Atmosphäre. Stelle dir Konzentrationsmusik an, setze Kopfhörer auf, starte einen Pomodorotimer. Falls auch das nicht hilft, wähle einen neuen Zugang zu deinem Text. Sprich eine Audionotiz ein, anstatt zu schreiben; zeichne eine Skizze zu dem Paper, das du gerade liest; ordne deine Struktur mithilfe von Post-Its und Stiften neu an. Wähle ein Vorgehen, was du so noch nie probiert hast. *Wenn die Aufgabe nicht die richtige ist, wähle eine der anderen Aufgaben, die du im Arbeitsblatt zu Kapitel 5 (Übung: Aufgaben zur Erreichung deiner Fokusziele) formuliert hast.*

Kritik von außen verletzt dich

Sofortmaßnahme: Mache dir bewusst, dass du *nicht* identisch mit deiner Dissertation bist. Im Gegenteil: Als Mensch bist und bleibst du wertvoll und genau richtig so, wie du bist.

Zur Vertiefung: Zeichne zwei Kreise auf ein Blatt Papier. In den einen schreibst du „ICH“, in den anderen „MEINE DISS“. Trage jeweils drei wichtige Ressourcen in den Kreis ein: Was macht dich als Mensch aus? Was macht deine Dissertation wertvoll? Schreibe nun die Kritikpunkte, die du gehört hast, um das Feld herum, auf das sie sich beziehen. Gib die Kritikpunkte dabei so objektiv wie möglich wieder und interpretiere nichts weiter hinein. Welche Punkte sind sachlich formuliert und laden dich ein, einen Schritt weiterzukommen? Von welchen Punkten willst du dich freimachen? *Vergleiche auch deine Gedanken zu den (Erwartungs-)Erwartungen im Reflexionsblatt zu Kapitel 5.*

Für die unsachlichen Kritikpunkte kannst du dich zusätzlich fragen, was sie mit der anderen Person zu tun haben könnten. Mit hoher Wahrscheinlichkeit betreffen sie dich selbst weniger, als du anfangs wahrgenommen hast.

Motivationstief

Sofortmaßnahme: Überlege dir eine kleine und einfache Aktion, um dir deine Aufgabe möglichst angenehm zu machen. Erinnere dich daran, dass du nicht zwingend Motivation brauchst; es geht auch ohne. Jetzt ist deine Promotionszeit, also nutze sie für dein Projekt!

Zur Vertiefung: Notiere dir fünf Gründe für deine Promotion: Warum ist es gut, sie erfolgreich abzuschließen? Siehe dich vor deinem inneren Auge in dem Moment, wo du deine fertige Dissertation einreichst. Spüre die Erleichterung, wenn eine große Last von dir abfällt. *Lies dir noch einmal dein Warum für die Promotion durch, welches du im Reflexionsblatt zu Kapitel 4 formuliert hast.*

Perfektionismus bremst dich aus

Mache dir bewusst, dass Perfektion eine Illusion ist: eine Vorstellung, die sich stetig verändert; ein Ergebnis, das für jeden etwas Anderes meint; ein Zustand, der unerreichbar ist. „Perfektionismus sucht nicht nach Perfektion; er sucht nach Fehlern." Daher bringt er dich in diesem Moment keinen Schritt weiter.

Sofortmaßnahme: Starte unperfekt. Mit einem halbfertigen Satz. Mit einer besonders schlechten Überschrift. Mit einer unausgegorenen Frage. Mit einem Fakt, den du nur halb verstanden hast.

Wenn es um das konkrete Aufschreiben geht: Stelle deine Schriftfarbe auf weiß und lass deine Gedanken in das Dokument fließen. Dann ändere die Farbe auf grau und lies deine Gedanken durch. Markiere dir die Fragmente, mit denen du jetzt weitermachen möchtest.

Prokrastinieren

Sofortmaßnahme: Erkenne dich dafür an, dass du dich gerade beim Prokrastinieren ertappt hast. Das ist der erste Schritt, denn du bist damit bereits aus dem Tunnel herausgetreten.

Notiere auf einem Zettel die Aufgabe, mit der du eigentlich jetzt anfangen müsstest. Trage um sie herum die Gefühle ein, die du damit verbindest. Frage dich, wovor dich das Aufschieben gerade schützt.

Zur Vertiefung kannst du dich fragen, welches Bedürfnis hinter dem Aufschieben steckt. Siehe auch im Abschnitt *Deine Bedürfnisse* in Kapitel 9 nach und prüfe, ob eines der Bedürfnisse auch jetzt gerade unerfüllt ist. Brauchst du gerade Entspannung? Mehr Leichtigkeit? Mehr Zufriedenheit? Wie kannst du jetzt ein klein wenig davon in deine Arbeit holen?

Wäge den kurzfristigen Gewinn des Aufschiebens gegen den langfristigen Erfolg ab. Wenn du einen Schritt für deine Dissertation machst, wird sie langfristig fertig! Jetzt ist der Moment, in dem du darauf Einfluss nehmen kannst.

Schlafmangel

siehe *Erschöpfung*

Schlechtes Gewissen

Sofortmaßnahme: Trete innerlich einen Schritt zurück und siehe dich einmal von außen in deiner Situation. Lege eine Hand auf dein Herz und erkenne die Ambivalenz an, die du gerade fühlst. Es gibt mindestens zwei Handlungsweisen, die gerade präsent sind und die sich nicht vereinbaren lassen. Das ist okay und Teil der Promotion mit Kind.

Zur Vertiefung: Schaue dir den inneren Konflikt, für den dein schlechtes Gewissen steht, einmal genauer an. Um welche Frage geht es? Welche Sätze hörst du innerlich dazu? Welche Erwartungen konkurrieren hier? Wem gehören diese Stimmen? Halte alle unterschiedlichen Stimmen einmal schriftlich fest. Markiere dir die Sätze, die deiner eigenen Stimme entsprechen. Welche Sätze gehören anderen Personen, vielleicht auch der Gesellschaft oder dem Wissenschaftssystem? Führe dir noch einmal vor Augen, mit wie vielen unterschiedlichen, teils widersprüchlichen Erwartungen du als Wissenschaftler:in und Elternteil konfrontiert bist. In der Annahme, dass du es ohnehin nicht „richtig“ machen kannst: Was möchtest *du* jetzt als Nächstes tun?

Schreibblockade

Sofortmaßnahme: Nimm zunächst den Druck aus der Situation. Viel hilft in diesem Fall nicht viel. Bewege dich und atme ein paar Mal tief durch. Lass alle Erwartungen und allen Stress los.

Frage dich, ob jetzt ein guter Moment zum Schreiben ist.

Wenn nicht: Was brauchst du vorher noch?

Wenn ja: Fange so unkompliziert und klein wie nur möglich. Schreibe dir fünf Fragen auf, die du dir jetzt gerade stellst. Führe ein Brainstorming durch und sammle Schlüsselbegriffe für deinen Text. Schreibe mehrere Versionen für deinen nächsten Satz und lass sie nebeneinander stehen. Gehe spielerisch vor. Mache dir bewusst: Dieser Entwurf ist nur für dich selbst; niemand außer dir wird ihn so lesen. Freue dich auf das Wiedersehen mit deinem Kind und überlege dir, was ihr gemeinsam unternehmen könnt, nachdem du heute deine nächsten Schritte im Schreibprozess gegangen bist.

Schwangerschaft

Sofortmaßnahme: Erlaube dir, alle Gefühle zu fühlen, die gerade da sind. Es ist normal, dass dieser neue Zustand verunsichernd ist, ganz egal ob du ihn dir gewünscht hast oder nicht. Lass erstmal einige Tage verstreichen und beobachte, wie es dir mit der Neuigkeit geht.

Vielleicht machst du dir mit Blick auf deine Promotion jetzt Sorgen. Falls dem so ist, führe eine kleine Bestandsaufnahme durch. Notiere dir zu den folgenden Fragen alles, was dir einfällt, so dass die Unsicherheit im Innen einen Platz auf dem Papier findet.

- Was weißt du zu diesem Zeitpunkt bereits mit Sicherheit?
- Welche Fragen stellst du dir in diesem Augenblick?
- Was sind deine größten Sorgen? Auf einer Skala von 1 bis 10, mit welcher Wahrscheinlichkeit werden sie eintreten?
- Was möchtest du unbedingt klären? Mit wem möchtest du sprechen?
- Was willst du zunächst mit dir selbst ausmachen?

Ich möchte dich ermutigen, dabei zuversichtlich zu bleiben und dem Klärungsprozess Zeit zu geben. Vieles wird sich mit der Zeit beantworten; andere Dinge hast du gerade nicht selbst in der Hand. Vertraue darauf, dass du bereits über die wichtigsten Kompetenzen verfügst und dass du auch diese neue Situation bewältigen kannst. Kümmere dich gut um dich selbst/um deine schwangere Partnerin und nimm dir Raum für den Gedanken, dass du ein (weiteres) Kind bekommst. Herzlichen Glückwunsch dazu!

Selbstzweifel

Sofortmaßnahme: Gib dir selbst Wertschätzung. Du hast bereits so vieles bewältigt in deinem Leben. Und du hast dir mit der Promotion eine besondere Herausforderung gesucht. Dass sie dich ab und an ins Wanken bringt, ist Teil des Prozesses.

Zur Vertiefung: Nimm eine zweiminütige Sprachnachricht an dich selbst auf, in der du all deine Zweifel verbalisierst. Sprich aus, was du befürchtest, wozu du dich nicht fähig fühlst, warum du unzufrieden mit dir bist. Nun suche dir einen anderen Platz im Raum und stelle dir vor, dass du hier den Platz eines guten Freundes/einer guten Freundin eingenommen hast. Höre dir die Sprachnachricht an und formuliere anschließend deine Antwort aus der Sicht dieser vertrauten Person. Sei dabei respektvoll, unterstützend und verständnisvoll und sorge dafür, dass auch deine Antwort mindestens zwei Minuten lang ist. Nimm nun wieder deinen ursprünglichen Platz ein und höre dir die Nachricht an. Lass dich von den Worten bestärken und tue dir anschließend etwas Gutes.

Streit mit Partner:in hängt nach

Sofortmaßnahme: Erkenne an, dass der Streit dich gerade Kraft und Energie kostet. Vermutlich steht ein Thema dahinter, was dir sehr am Herzen liegt. Gehe in Gedanken kurz der Frage nach, was genau dich an diesem Streit festhalten lässt. Was ärgert dich so? Was hat dich verletzt? Was willst du unbedingt noch loswerden? Was bedauerst du vielleicht?

Wenn du sehr aufgebracht bist, nimm dir fünf Minuten Zeit, um dich zu bewegen. Schaue dann, wie du den Streit für eine Weile ruhen lassen kannst. Lege einen Zeitpunkt fest, an dem du der Auseinandersetzung noch einmal auf den Grund gehen wirst. Finde heraus, was du jetzt Gutes für dich tun kannst. Dann komme körperlich und gedanklich auf deiner Promotionsinsel an. Woran wirst du heute arbeiten? Was ist gleich dein erster Schritt? Worauf freust du dich heute? Sollten die Gedanken an den Streit weiterhin in deine Arbeit hineinfunken, dann mache dir jedes Mal eine kleine Notiz und kehre zu deiner Aufgabe zurück.

Zur Vertiefung: Wenn du ahnst, dass der Streit für einen tieferen Konflikt steht, schaue ihn dir mithilfe des Eisbergmodells aus Kapitel 7 genauer an. Achte darauf, dass du die Zeit dafür begrenzt, falls du das während der Arbeitszeit tust.

Überforderung

Als Wissenschaftler:in und Mutter/Vater ist unheimlich viel los in deinem Leben. In diesem Moment ist es dir *zu* viel – erst recht, um mit irgendetwas direkt anfangen zu können. Noch mehr Aktivität wird dich an diesem Punkt nicht zu mehr Produktivität führen. Halte daher das bildliche Hamsterrad einmal an und steige aus. Schließe kurz die Augen und atme tief ein uns aus. Spüre deine Füße auf dem Boden. Komm im Hier und Jetzt an.

Nun frage dich, woraus genau das Gefühl der Überforderung resultiert. Liegt es …

- an der Menge der Aufgaben (Du hast dir zu viel vorgenommen.)
- an der Schwierigkeit der Anforderungen (Du weißt nicht, wie es geht.)
- an der Dringlichkeit (Du willst es sofort erledigen.)
- an der Gleichzeitigkeit (Du willst Aufgaben aus unterschiedlichen Bereichen erledigen.)?

Schreibe dir fünf Aufgaben auf, die dir sofort in den Kopf kommen. Ordne sie den Bereichen Promotion, Familie, Lehre/Job und Sonstiges zu und notiere dir, wie viel Zeit du für jede Aufgabe benötigst. Ist jetzt gerade deine Promotionszeit? Dann nimm dir nur die Aufgaben aus diesem Bereich vor. Stelle dir die Fokusfrage (siehe Kapitel 6): Welche der Aufgaben würde dich heute Abend am meisten ärgern, wenn du sie nicht erledigt hättest? Prüfe, ob dein geschätzter Zeitaufwand mit der Zeit übereinstimmt, die du gerade zur Verfügung hast. Falls nicht, brich deine Aufgabe noch weiter herunter. Wenn die Aufgabe zu schwierig ist, überlege dir, wen du fragen oder wo du recherchieren kannst. Mache so wenig wie möglich und mache es dir so leicht wie möglich. Bleibe jedoch bei deiner Dissertation, wenn diese Zeit dafür eingeplant ist.

Unfertiges muss liegen bleiben

Die Abholzeit oder das aufgewachte Kind reißen dich aus deinem Promotionsfluss heraus? Baue dir gedanklich eine Brücke zum nächsten Mal. Speichere das Gefühl von Produktivität ab. Es ist gut, dass du vorangekommen bist! Was möchtest du dir selbst merken für den Moment, wenn du wieder an die Dissertation zurückkehrst? Was nimmst du aus deiner heutigen Promotionszeit noch mit? Nimm dir eine Minute Zeit und schreibe eine Notiz an dich selbst. Dann stehe bewusst von deinem Platz auf und gib deinem anderen Lebensbereich langsam wieder Raum. Zur Vertiefung lies in Kapitel 6 nach, wie du dir das Auschecken beim nächsten Mal erleichtern kannst.

Unterforderung

Auch Unterforderung, z. B. Eintönigkeit oder zu wenig geistige Beanspruchung, kann dich aus dem Konzept bzw. aus der Zufriedenheit bringen. Wenn deine Promotionsaufgabe aus diesem Grund unattraktiv erscheint, teile sie in besonders kleine Häppchen ein. Das gilt sowohl zeitlich als auch inhaltlich. Fokussiere dich auf das nächste Zwischenergebnis und wähle eine stimmige Belohnung dafür aus. Wenn du dich im Zusammensein mit deinem Kind unterfordert fühlst, finde eine Aktivität, die dir selbst guttut. Macht einen kleinen Ausflug, nimm dein Buch mit auf den Spielteppich oder richte deinen Fokus ganz auf das Beobachten deines Kindes. Je nach Alter könnt ihr kleine Auszeiten vereinbaren, in denen jede:r für sich ist (sichtbarer Timer oder Sanduhr helfen bei der Einschätzung). *In diesem Fall kannst du eine 5-Minuten-Selbstfürsorgeidee aus dem Reflexionsblatt zu Kapitel 8 umsetzen.*

Veränderung gerät ins Stocken

Vielleicht hast du dir vorgenommen, für deine Promotion etwas anders zu machen als bisher, etwa neue Gewohnheiten zu etablieren oder alte Verhaltensweisen abzulegen. Sollte dein Prozess ins Stocken geraten, erinnere dich daran: Widerstände und Blockaden sind Teil davon. Wenn du kannst, heiße sie willkommen und nimm sie ein Stück mit. Mit hoher Wahrscheinlichkeit steckst du bereits mitten im Prozess. Kannst du hier auch einen Moment ausruhen? Wo möchtest du als nächstes hin? Was braucht es, damit du noch ein Stückchen weiterkommst?

Zur Vertiefung: Überprüfe anhand der „Kopfstandargumente" aus Kapitel 9, inwiefern du es deiner Veränderung eventuell schwer machst. Nimm gerne eine Prise Humor mit in diese Analyse.

Vereinbarkeitsstruggle raubt Energie

So wie unzählige berufstätige Eltern versucht auch ihr gerade etwas passend zu machen, was nicht besonders gut zusammenpasst. Mache dir bewusst, dass die gesellschaftlichen Bedingungen nicht so sind, dass Familie, Beruf und Promotion reibungslos darin harmonieren können. Hinzu kommt, dass Vereinbarkeit ein Rädchen ist, dass immer in Bewegung ist. Welchen Anspruch an dich selbst kannst du zu deiner Entlastung in diesem Moment herunterschrauben? Wohin fließt gerade zu viel Energie?

Schaue dir deinen persönlichen Dreiklang aus Struktur, Flexibilität und Akzeptanz an. Wo gibt es dort vielleicht ein Ungleichgewicht, das dich gerade unzufrieden macht? *Lies noch einmal im Reflexionsblatt zu Kapitel 8 (Übung: Reflexion zum Dreiklang) nach, was bereits alles da ist.* Du machst gerade so Vieles möglich. Mehr als 100% gehen nicht und 80% sind völlig ausreichend.

Vergleiche ziehen dich runter

Sofortmaßnahme: Stelle einen Timer auf sieben Minuten und ergänze in einem *Freewriting* den Satzanfang *Ich bin die richtige Person für meine Dissertation, weil…* oder *Ich schließe meine Promotion erfolgeich ab, weil….* oder *Meine Promotion wird gut, weil….*

Nimm die anfänglichen Widerstände mit in deinen Schreibprozess. Lass dich von deinen Antworten überraschen. Markiere dir anschließend die wichtigen Stellen und fasse sie in einem dritten Schritt in einem Satz zusammen.

Zur Vertiefung: Jede Dissertation entsteht unter anderen Bedingungen und am Ende geht es darum, deinen eigenen Weg zu finden. Du promovierst auf deine eigene Art und Weise – genau das wird am Ende deine Arbeit von anderen unterscheiden. Es ist nicht entscheidend, dabei so zu denken, zu schreiben oder zu argumentieren wie eine andere Person. Wissenschaft bedeutet auch, unterschiedliche begründete Meinungen nebeneinander stehen zu lassen. Vielleicht gibt es Menschen, von denen du dich gerne inspirieren lässt und denen du einen Platz in deinem Schreibprozess geben möchtest. Personen, die dir nicht guttun, verweist du innerlich ganz entschieden auf ihren Platz zurück.

Zeitdruck/Zeitmangel

Sofortmaßnahme: Verschaffe dir einen Überblick darüber, was in der Promotion bis wann passieren muss. Triff eine Einschätzung darüber, wie realistisch es ist, dass du diese Schritte in dieser Zeit tatsächlich machst.

Zur Vertiefung: Auch wenn die beiden Begriffe hier zusammengefasst sind, lohnt sich eine Differenzierung für deine Situation. Zeit*druck* liegt vor, wenn du angesichts der Promotion und des dafür vorgesehenen Zeitrahmens Stress empfindest (subjektiv). Hier helfen eine realistische Planung, sinnvoll geschnürten Aufgabenpakete und eine stetige Reflexion derselben. *Nimm dir die Aufgaben im Reflexionsblatt zu Kapitel 5 (erneut) zur Hand, wenn du hier konkrete Ideen benötigst.* Schaue außerdem, was dir innerlich Sicherheit und Ruhe gibt, um den empfundenen Druck zu verringern.

Ist *objektiv* gesehen nicht genug Zeit vorhanden, um deine Promotion abzuschließen, dann besteht Zeit*mangel*. Eine Option wäre, den Zeitrahmen für deine Aufgaben auszuweiten, etwa indem du nach Möglichkeiten der Verlängerung suchst. Eine andere Option wäre, die Promotion an den gegebenen Zeitrahmen anzupassen, z. B. indem du den Umfang deiner Dissertation reduzierst. Auch Abstriche in der Qualität sind unter Umständen eine Möglichkeit, um die Aufgabe an die Zeit anzupassen.

Wenn du in einer der beiden Situationen steckst, hilft vielleicht der etwas unbequeme Gedanke: Es geht nur so schnell, wie es geht.

Ziellosigkeit

Du weißt gerade nicht, wohin dich dein Weg führt und ob es der richtige ist? Ich lade dich zu einer kreativen Übung ein, die dir eine neue Perspektive ermöglicht. Für den folgenden *Freewriting*-Impuls tust du so, als wärst du deine Dissertation. Gehe für zehn Minuten schriftlich der Frage nach, was deine Dissertation dir wohl zu sagen hat. Wie immer: Bleibe im Schreibfluss und bringe alle deine Gedanken zu Papier, auch ein Stocken oder eine Ratlosigkeit. Bist du bereit? Dann schreibe auf: *Ich bin deine Diss, und ich…* und lass deine Gedanken fließen.

Übrigens: Es ist okay, wenn du jetzt noch nicht weißt, wie du an dein Ziel kommst. Dein Weg entsteht, während du ihn gehst. Gestalte dir die Etappe, auf der du jetzt unterwegs bist, so schön wie möglich. *Lies auch im Reflexionsblatt zu Kapitel 8 (Übung: Deinen Weg positiv gestalten) nach, welche Ideen du dazu bereits identifiziert hast.*

10.3 Transfer in den Alltag: Deine persönliche Notfallliste

Im Laufe deiner Promotion und Elternschaft hast du unheimlich viele Ressourcen und Strategien entwickelt, dank derer du weitergehen konntest. Im Laufe des Buches sind vermutlich einige wieder in dein Bewusstsein gerückt. Vielleicht hast du dein Repertoire auch ein wenig erweitern können. Alles, was dir hilft und dich weiterbringt, kannst du in diesem Reflexionsblatt festhalten.

Lade dir deine Notfallliste gleich herunter und schaffe dir mit deinen persönlichen Rettungsankern Sicherheit für deinen Promotionsalltag mit Kind:

Reflexionsblatt Kapitel 10: Notfallliste.

Deine Arbeit mit diesem Buch endet an dieser Stelle. Nimm es jederzeit wieder zur Hand, wenn du Bereiche vertiefen möchtest, und lass dich von deinen Ideen tragen.

11 Schlusswort

Promovieren und Elternsein sind „Projekte“, die jeden Tag aufs Neue mehr Fragen aufwerfen, als dass sie Antworten bringen. Ständig ist Improvisation gefragt, ständig kollidieren Bedürfnisse, ständig wirst du bewertet. Diese Umstände können verunsichern, irritieren, verärgern, aber auch erfreuen, bereichern und amüsieren. In jedem Fall bedeuten sie persönliche Entwicklung. Du hast dich für diese anspruchsvolle Reise entschieden, und dafür verdienst du Anerkennung. Kinder großzuziehen ist eine wichtige gesellschaftliche Aufgabe; mit deiner Dissertation leistest du einen Beitrag zur Forschung in deinem Bereich.

Von welchem Punkt aus du in die Lektüre dieses Buches gestartet bist, kann unterschiedlich sein: Vielleicht bist du ganz neu auf dieser Reise, vielleicht hast du über mehrere Jahre hinweg Erfahrungen gesammelt. Vielleicht hast du aus Neugier zu diesem Buch gegriffen; vielleicht belastet dich deine Situation; vielleicht bist du mit einer konkreten Frage gestartet; vielleicht hast du Inspiration gesucht, vielleicht wolltest du dich informieren oder vorbereiten. Was auch immer dich motiviert hat: Ich hoffe, du hast etwas davon gefunden.

Ich bedanke mich bei dir, dass du dieses Buch zur Hand genommen hast. Du hast dich mit deinen Fragen auf den Weg gemacht, bist deinen Gedanken nachgegangen und hast dir Unterstützung gesucht. Wenn du die Reflexionsblätter genutzt hast, hast du dich intensiv mit dir selbst auseinandergesetzt. Erkenne an, was du dir, deiner Promotion und Familie damit Gutes getan hast. Wenn du jetzt jede Menge neue Ideen auf deiner Liste hast und Lust auf Veränderung verspürst, genieße diesen Moment. Und gib dir gleichzeitig Zeit für deinen Prozess. Bleibe geduldig mit dir selbst. Jeder Tag ist wie ein kleiner Neuanfang, du kannst es immer wieder probieren.

Solltest dich zukünftig Momente der Einsamkeit einholen, mache dir bewusst, dass mit dir viele Personen diesen Weg gehen. Ihr alle tragt dazu bei, dass sich zukünftige promovierende Eltern in dieser Doppelrolle wohler fühlen, indem Wissenschaft und Elternschaft nebeneinanderstehen können. Ihr seid in vielerlei Hinsicht Inspiration: Die Wissenschaft braucht Forscher:innen wie euch, die das System irritieren, indem sie auch Familie haben und nicht ihr ganzes Leben der Wissenschaft widmen. Die Gesellschaft braucht Eltern wie euch, die berufliches Engagement mit familiärer Verantwortung zusammendenken. Eure Kinder erleben, dass es möglich ist, Träume zu verfolgen und für diejenigen da zu sein, die ihr liebt. Entschlossenheit und Verunsicherung können dabei Hand in Hand gehen.

Lass dich noch einmal daran erinnern, dass es nicht darum geht, perfekt zu sein. Es gibt keine festgeschriebenen Regeln, wie Elternschaft und Promotion zu sein haben, geschweige denn, wie sie sich reibungslos kombinieren lassen. Du darfst hier deinen eigenen Weg gehen. Jeder Schritt, den du unternimmst, jeder Rückschlag, den du überwindest, lässt dich wachsen. Und bei aller Veränderung: Schaue auch auf das, was bereits da ist. Genieße die kleinen Alltagsmomente, feiere deine Fortschritte und freue dich über die Menschen, die dich begleiten.

Für deine Wegstrecke zur Promotion und darüber hinaus wünsche ich dir Erfolg, Erfüllung und Freude.

Majana (Beckmann)

12 Quellen

Achor, Shawn/Gielan, Michelle (2015): Consuming Negative News Can Make You Less Effective at Work. Harvard Business Review. URL: https://hbr.org/2015/09/consuming-negative-news-can-make-you-less-effective-at-work#:~:text=Individuals%20who%20watched%20just%20three, compared%20to%20the%20positive%20condition [Zugriff: 24.11.2023].

Althaber, Agnieszka/Hess, Johanna/Pfahl, Lisa (2011): Karriere mit Kind in der Wissenschaft: egalitärer Anspruch und tradierte Wirklichkeit der familiären Betreuungsarrangements von erfolgreichen Frauen und ihren Partnern. In: Rusconi, Alessandra/Solga, Heike (Hrsg.), Gemeinsam Karriere machen: die Verflechtung von Berufskarrieren und Familie in Akademikerpartnerschaften. Opladen: Verlag Barbara Budrich, S. 83–116.

Beaufaÿs, Sandra/Krais, Beate (2005): „Doing Sciene – Doing Gender. Die Produktion von Wissenschaftlerinnen und die Reproduktion von Machtverhältnissen im wissenschaftlichen Feld.“ Feministische Studien 23(1), S. 82–99. https://doi.org/10.1515/fs-2005-0108

Bodenmann, Guy (2019): Von der Partnerschaft zur Elternschaft: Wie belastend ist die Transition wirklich? Handout. Universität Zürich.

Böning, Anja/Möller, Christina (2019): „Also, ich bin eigentlich in alles mehr oder weniger reingestolpert.“ In: Stamm, Margrit (Hrsg.), Arbeiterkinder und ihre Aufstiegsangst. Opladen: Verlag Barbara Budrich, S. 61–82.

Brähler, Christine (2015): Selbstmitgefühl entwickeln: Liebevoller werden mit sich selbst. München: Scorpio Verlag.

Brandt, Gesche/Briedis, Kolja/Schwabe, Ulrike (2021): Promovieren mit Kind: Welche Rolle spielen Promotionskontexte für eine erfolgreiche Vereinbarkeit von familialen und beruflichen Anforderungen in der Promotionsphase? Beiträge zur Hochschulforschung, 43(3), S. 8–30.

Bundesministerium für Bildung und Forschung (2010): Kinder - Wunsch und Wirklichkeit in der Wissenschaft: Forschungsergebnisse und Konsequenzen. Fritsche, Angelika/Renkes, Veronika (Red.). Bonn, Berlin. URL: https://www.gesis.org/fileadmin/cews/www/download/Broschuere_KinderWunsch.pdf [Zugriff: 16.04.2024].

Bundesministerium für Familie, Senioren, Frauen und Jugend, perspektiven-schaffen.de (o. J.): Kinder profitieren davon, wenn sich beide Eltern in Familie und Beruf einbringen. URL: https://www.perspektiven-schaffen.de/ps-de/fuer-erwerbstaetige-und-wiedereinsteigende/partnerschaft-familie-und-beruf/-kinder-profitieren-davon-wenn-sich-beide-eltern-in-familie-und-beruf-einbringen--188046 [Zugriff: 01.02.2024].

Czerney, Sarah/Eckert, Lena/Martin, Silke (2022): Mutterschaft und Wissenschaft in der Pandemie. Opladen: Verlag Barbara Budrich.

Covey, Stephen (1989): The 7 habits of highly effective people. New York: Free Press.

Drechsler, Hanna (2022, 13. Dezember): Die drei Ebenen von Selbstfürsorge. [Audio-Podcast] In: Drechsler, Hanna (Moderatorin), Eltern in Balance, Folge 104.

Drechsler, Hanna (2022, 20. Dezember): Wie du den Mut findest, für Veränderung loszugehen. [Audio-Podcast] In: Drechsler, Hanna (Moderatorin), Eltern in Balance, Folge 105.

Eckert, Lena (2020): Mutter_Wissen_schaftler*in – ein paradoxes Phänomen? In: Czerney, Sarah/Eckert, Lena/Martin, Silke (Hrsg.), Mutterschaft und Wissenschaft: Die (Un-)Vereinbarkeit von Mutterbild und wissenschaftlicher Tätigkeit. Wiesbaden: Springer Verlag.

Eilert, Dirk (2021): Integratives Emotionscoaching mit emTrace: Wie emotionale Veränderung wirklich gelingt. Paderborn: Junfermann Verlag.

Engl, Joachim/Thurmaier, Franz (2009): Wie redest Du mit mir? Fehler und Möglichkeiten in der Paarkommunikation. Freiburg im Breisgau: Herder Verlag.

Flöther, Choni/Oberkrome, Sarah (2017): Hochqualifiziert am Herd? Die berufliche Situation von promovierten Frauen und Männern innerhalb und außerhalb der Wissenschaft. In von Alemann, Anette/ Beaufaÿs, Sandra/Kortendiek, Beate (Hrsg.), Alte neue Ungleichheiten? Auflösungen und Neukonfigurationen von Erwerbs- und Familiensphäre, S. 143–162. Opladen: Verlag Barbara Budrich. https://nbn-resolving.org/urn:nbn:de:0168-ssoar-58327-7

Friedrich-Schiller-Universität Jena (2012): Aktive Väter in der Wissenschaft. URL: https://www.db-thueringen.de/receive/dbt_mods_00021495 [Zugriff: 01.02.2024].

Fröhlich, Laura (2020): Die Frau fürs Leben ist nicht das Mädchen für alles. München: Kösel.

Henning, Klaus (2020): (Allzu) Praktisches zum Entstehen einer Dissertation: 11 Phasen der Kreativität und des Leidens. URL: https://henning4future.com/wp-content/uploads/2020/08/11-Phasen-einer-Dissertation.text_.pdf [Zugriff: 16.08.2023].

Hofman, Maren (2019): „Schnappen Sie nicht nach den Karotten, die man Ihnen vor die Nase hält“. manager magazin Online. URL: https://www.manager-magazin.de/unternehmen/karriere/jutta-allmendinger-ueber-frauenquote-maennerrollen-und-arbeitsmodelle-a-1257193.html [Zugriff: 01.02.2024].

Imlau, Nora (2022): Deine Grenze ist mein Halt. Weinheim: Beltz.

Kaiser, Mareice (2021): Das Unwohlsein der modernen Mutter. Hamburg: Rowohlt.

Kühn, Mine/Dudel, Christian/Werding, Martin (2023): Maternal health, well-being, and employment transitions: A longitudinal comparison of partnered and single mothers in Germany. Social science research 114, 102906.

Konsortium Bundesbericht Wissenschaftlicher Nachwuchs (2017): Bundesbericht Wissenschaftlicher Nachwuchs 2017: Statistische Daten und Forschungsbefunde zu Promovierenden und Promovierten in Deutschland. Bielefeld: W. Bertelsmann Verlag.

Konsortium Bundesbericht Wissenschaftlicher Nachwuchs (2021): Bundesbericht Wissenschaftlicher Nachwuchs 2021: Statistische Daten und Forschungsbefunde zu Promovierenden und Promovierten in Deutschland. Bielefeld: W. Bertelsmann Verlag.

Krempkow, René (2014): Nachwuchsforschende mit Kind als Herausforderung der Wissenschaft in Deutschland. In: Die Hochschule (2). URL: https://scilogs.spektrum.de/wissenschaftssystem/vereinbarkeit/ [Zugriff: 01.02.2024].

Lange, Janine/Ambrasat, Jens (2022): Familie, Karriere oder beides? Die spezifischen Vereinbarkeitsprobleme im Wissenschaftsbereich. In Korff, Svea/Truschkat, Inga (Hrsg.), Übergänge in Wissenschaftskarrieren. Wiesbaden: Springer Verlag.

Lentrodt, Stefan (o. J.): Warum Veränderungen so schwierig sind. [Blog]. URL: https://www.doclentrodt.de/warum-veraenderungen-so-schwierig-sind/ [Zugriff: 23.04.2024].

Lerchenmüller, Marc J. (2022): Der Gender Gap in der Wissenschaft. ifo Schnelldienst 75, S. 24–27. München: ifo Institut.

Lipphardt, Veronika/Rühl, Giesela/Seifert, Karoline/Towfigh, Emanuel V. (2016): Wie familiengerecht ist Deutschlands Wissenschaftssystem? Berlin: Die Junge Akademie.

Lott, Yvonne/Bünger, Paula (2023): Mental Load: Frauen tragen die überwiegende Last. Wirtschafts- und Sozialwissenschaftliches Institut, Report Nr. 87. Düsseldorf: Hans-Böckler-Stiftung.

Mai, Jochen (2023): Selbstzweifel: Ursachen und 5 Tipps. URL: https://karrierebibel.de/selbstzweifel/ [Zugriff: 31.01.2024].

Metz-Göckel, Sigrid/Möller, Christina/Auferkorte-Michaelis, Nicole (2009): Wissenschaft als Lebensform – Eltern unerwünscht? Kinderlosigkeit und Beschäftigungsverhältnisse des wissenschaftlichen Personals aller nordrhein- westfälischen Universitäten. Opladen: Verlag Barbara Budrich.

Metz-Göckel, Sigrid/Heusgen, Kirsten/Möller, Christina/Schürmann, Ramona/Selent, Petra (2014): Karrierefaktor Kind: Zur Generativen Diskriminierung im Hochschulsystem. Opladen: Verlag Barbara Budrich.

Mierau, Susanne (2020): Mutter. Sein. Weinheim: Beltz.

Poletti, Rosette/Dobbs,Barbara (2015): Akzeptieren, was ist: Loslassen und inneren Frieden finden. München: Scorpio Verlag.

Röhr-Sendlmeier, Una (2009): Berufstätige Mütter und die Schulleistungen ihrer Kinder. Bildung und Erziehung (2), S. 225–242.

Rohrmann, Sonja (2019). Hoch fliegen, tief stapeln. Ursachen und Auswirkungen des Impostor-Phänomens. Forschung & Lehre (3), S. 176–177.

Roos, Tanja/Roos, Chris (2023): Das Ich im Du. Berlin: Ullstein.

Schellhammer, Silke (2007): Die neuen Väter. Spektrum. URL: https://www.spektrum.de/magazin/die-neuen-vaeter/875487# [Zugriff: 01.02.2024].

Schürmann, Ramona/Sembritzki, Thorben (2017): Wissenschaft und Familie: Analysen zur Vereinbarkeit beruflicher und familialer Anforderungen und Wünsche des wissenschaftlichen Nachwuchses. DZHW.

Schutzbach, Franziska (2021): Die Erschöpfung der Frauen: Wider die weibliche Verfügbarkeit. München: Droemer Knaur.

Sellin, Rolf (2014): Bis hierher und nicht weiter. Wie Sie sich zentrieren, Grenzen setzen und gut für sich sorgen. München: Kösel.

Sher, Barbara (2010): Wishcraft: Wie ich bekomme, was ich wirklich will. München: Deutscher Taschenbuch Verlag.

van Riesen, Kathrin (2019): Zum Verhältnis von Familien- und Gleichstellungspolitiken – oder wer profitiert eigentlich von geschlechterneutralen Familienpolitiken? ceWsJOURNAL (119). URL: https://www.gesis.org/fileadmin/cews/www/CEWSjournal/CEWS-journal119.pdf [Zugriff: 23.04.2024].

Zykunov, Alexandra (2022): „Wir sind doch alle längst gleichberechtigt!“. Berlin: Ullstein.

Abbildungs- und Tabellenverzeichnis

Abbildungen

Urheberin sämtlicher Abbildungen ist die Autorin.

Tabellen

Eigene Notizen